机电装备电气与可编程序控制技术
（第2版）

刘 军 杨 晨 主 编

李 伟 郭 鹤 王 权 副主编

郭莹莹 参 编

电子工业出版社
Publishing House of Electronics Industry
北京 · BEIJING

内 容 简 介

本书系统地介绍了机电装备电气控制技术与可编程序控制技术，包括两大部分内容：第一部分介绍机电装备电气控制技术，主要介绍机电装备电气控制系统中的常用低压电器、电气控制电路的基本控制规律、典型机床电气控制系统分析、电气控制系统的设计；第二部分介绍可编程序控制技术，主要介绍日本三菱电机公司的 FX_{2N} 系列可编程序控制器及其基本指令应用、可编程序控制器步进指令及状态编程法、可编程序控制器应用指令及编程、可编程序控制器控制系统应用设计、MCGS 组态控制系统。每章后都附有习题与思考题，便于学生加深对本书知识的理解。

本书既可作为高等院校机械设计制造及其自动化、机械电子工程等专业的本科生及机械制造与自动化、机电一体化等相关专业的专科生教材使用，也可供机电控制领域的教师、研究人员和工程技术人员学习参考。

图书在版编目（CIP）数据

机电装备电气与可编程序控制技术 / 刘军，杨晨主编. —2 版. —北京：电子工业出版社，2022.8

ISBN 978-7-121-43760-1

Ⅰ. ①机…　Ⅱ. ①刘…②杨…　Ⅲ. ①机电设备－电气设备②可编程序控制器　Ⅳ. ①TM92②TM571.61

中国版本图书馆 CIP 数据核字（2022）第 101404 号

责任编辑：郭穗娟

印　　刷：天津画中画印刷有限公司
装　　订：天津画中画印刷有限公司
出版发行：电子工业出版社
　　　　　北京市海淀区万寿路 173 信箱　　邮编　100036
开　　本：787×1 092　1/16　印张：16　字数：406.4 千字
版　　次：2019 年 8 月第 1 版
　　　　　2022 年 8 月第 2 版
印　　次：2022 年 8 月第 1 次印刷
定　　价：69.80 元

凡所购买电子工业出版社图书有缺损问题，请向购买书店调换。若书店售缺，请与本社发行部联系，联系及邮购电话：(010)88254888，88258888。

质量投诉请发邮件至 zlts@phei.com.cn，盗版侵权举报请发邮件至 dbqq@phei.com.cn。

本书咨询联系方式：(010)88254502，guosj@phei.com.cn。

前　言

机电装备电气与可编程序控制技术是综合了计算机技术、自动控制技术和通信技术的一门新兴技术，是实现工业生产、科学研究以及其他各个领域自动化的重要手段之一，应用十分广泛。

电气控制与可编程序控制器起源于同一体系，只是发展阶段不同，但在理论和应用上是一脉相承的。"机电装备电气与可编程序控制技术"是为高等院校的机械设计制造及其自动化、机械电子工程、电气工程等专业开设的一门重要的专业课程。本书把电气控制技术和可编程序控制器应用技术的内容融汇在一起，能够更好地体现出它们之间的内在联系，使本书的结构和理论基础系统化，更具有科学性和先进性。本书列举了一些在工业生产中的例子，旨在提高读者的编程能力和实践动手能力。

本书由郑州科技学院刘军和杨晨主编，郑州科技学院李伟、郭鹤、王权为副主编。其中刘军编写了前言与第 1 章，杨晨编写了第 2、3 章，郭鹤编写了第 4、5 章，李伟编写了第 6、10、11 章，王权编写了第 8、9 章。郑州科技学院郭莹莹编写了第 7 章。

本书是普通高等教育机械类应用型人才及卓越工程师培养教材，可供普通高等工科院校，高等职业技术教育院校及其他有关专业师生使用，也可供有关技术人员参考使用。本书的部分内容参照了有关文献，恕不能一一列举，在此对所有参考文献的作者表示感谢。

由于编者水平有限，书中不足之处在所难免，敬请读者批评指正！

编　者
2021 年 10 月

目　　录

第1章 »»»»»»
绪论

在现今社会中，电气控制技术已在各行各业中被广泛应用，其电气控制系统已经是实现工业生产自动化的重要技术手段。因此，电气控制技术是工业自动化、电气技术等专业的一门理论性和实践性极强的专业技术课。

电气控制与可编程序控制器（PLC）起源于同一体系，只是发展阶段不同，但在理论和应用上是一脉相承的。本书将电气控制技术和可编程序控制器应用技术的内容编写在一起，能够更好地体现出它们之间的内在联系。

1.1 电气控制技术的概述

1.1.1 电气控制技术的定义

电气控制技术是以各类电动机为动力的传动装置或者系统为对象，以实现生产过程自动化的控制技术。所谓"自动控制"是指在没有人直接参与（或仅有少数人参与）的情况下，利用自动控制系统，使被控对象（或生产过程），自动地按预定的规律去进行工作。

在电气控制技术中，其控制系统是主要的组成部分。本门课程的第一部分就是将电气控制系统作为主要的研究对象进行理论和实践这两个环节的学习和探讨。

电气控制系统是由各种控制电器、设备、连接导线组成的，以实现对生产设备进行电气控制的体系。它是电气控制技术具体体现的主干部分。

1.1.2 电气控制技术的发展概述

1. 电气控制技术的发展经历了三个阶段

（1）继电器-接触器控制。20 世纪 30 年代，以各种有触点的继电器、接触器、行程开关等自动控制电器组成的控制电路称为继电器-接触器控制方式。它经历了较长的发展历史。

（2）顺序控制器。20 世纪 60 年代开发了顺序控制器。采用晶体管无触点的逻辑控制，通过在矩阵板上插接晶体管实现编程。它比继电器-接触器控制增加了灵活性、通用性，提高了可靠性，使用操作也比较方便。

（3）可编程序控制器。20 世纪 70 年代，可编程序控制器的出现使顺序控制器很快退出市场，并且逐渐取代复杂的继电器-接触器控制。

2. 电气控制技术的发展过程

（1）单机控制→生产线控制：在控制方法上，从手动控制发展到自动控制。

（2）简单控制→复杂控制：在控制功能上，从简单控制发展到智能化控制。

（3）硬件控制→软件控制：在控制操作上，从烦琐发展到信息化处理。

（4）继电器-接触器控制→可编程序控制：在控制原理上，从单一的有触点硬接线继电器逻辑控制系统发展到以微处理器或微计算机为中心的网络化自动控制系统。

电气控制柜和可编程序控制器实物如图1-1所示。从外形大小可以看出，可编程序控制器更加小巧，携带方便。

（a）电气控制柜　　　　　　　　　　　　　　　（b）可编程序控制器

图1-1　　电气控制柜和可编程序控制器实物

1.2　可编程序控制器概述

1.2.1　可编程序控制器的定义

可编程序控制器（Programmable Controller）原本简称PC，但个人计算机（Personal Computer）也简称PC。为了避免混淆两者，人们把最初用于逻辑控制的可编程序控制器称为 Programmable Logic Controller（简称PLC）。本书部分图表由于空间有限，就以PLC作为可编程序控制器的简称。

可编程序控制器的问世只有30多年的历史，但发展极为迅速。为了确定它的性质，国际电工委员会（International Electrical Committee）在1987年颁布的可编程序控制器标准草案中，对可编程序控制器作了如下定义：可编程序控制器是一种专门为在工业环境下应用而设计的数字运算操作的电子装置。它采用可以编制程序的存储器，用来在其内部存储执行逻辑运算、顺序运算、定时、计数和算术运算等操作的指令，并能通过数字式或模拟式的输入和输出控制各种类型的机械或生产过程。可编程序控制器及其有关的外部设备都应按照易于与工业控制系统形成一个整体，易于扩展其功能的原则而设计。

上述定义中有3点值得注意：

（1）可编程序控制器是"数字运算操作的电子装置"，其中带有"可以编制程序的存储器"，能够进行"逻辑运算、顺序运算、定时、计数和算术运算"工作，可以认为可编程序控制器具有计算机的基本特征。事实上，可编程序控制器无论从内部构造、功能及工作原理上看都是不折不扣的计算机。

（2）可编程序控制器是"为工业环境下应用"而设计的计算机。工业环境和一般办公环境有较大的区别，可编程序控制器具有特殊的构造，使它能在高粉尘、高噪声、强电磁干扰和温度变化剧烈的环境下正常工作。为了能控制"机械或生产过程"，它又要能"易于与工业控制系统形成一个整体"，这些都是个人计算机不可能做到的。但可编程序控制器不是普通的计算机，它是一种工业现场使用的计算机。

（3）可编程序控制器能控制"各种类型"的工业设备及生产过程。它易于扩展其功能，它的程序能根据控制对象的不同要求，让使用者"可以编制程序"。也就是说，可编程序控制器较其以前的工业控制计算机，如单片机工业控制系统，具有更大的灵活性，它可以方便地应用在各种场合，它是一种通用的工业控制计算机。

通过以上定义可知，相对一般意义上的计算机，可编程序控制器并不仅仅具有计算机的内核，它还配置了许多使其适用于工业控制的器件。它实质上是经过一次开发的工业控制用计算机。但是，从另一个角度来说，它是一种通用机，不经过二次开发，它就不能在任何具体的工业设备上使用。不过，自其诞生以来，电气工程技术人员感受最深刻的一点是可编程序控制器二次开发编程十分容易。再加上其体积小、工作可靠性高、抗干扰能力强、控制功能完善、适应性强、安装接线简单等众多优点，可编程序控制器在短短的 30 多年中获得了突飞猛进的发展，在工业控制中获得了非常广泛的应用。

1.2.2　可编程序控制器的发展史

可编程序控制器是最重要、最普及、应用场合最多的工业控制器。与机器人、CAD/CAM 并称为工业生产自动化的三大支柱。

世界上公认的第一台可编程序控制器是 1969 年由美国数字设备公司（DEC）研制的。1971 年，日本从美国引进这一项技术，并研制出他们国家的第一台可编程序控制器。1973—1974 年，德国和法国也研制出了各自的可编程序控制器。1974 年，我国开始研制，1977 年研制成功了以微处理器 MC-14500 为核心的可编程序控制器，并开始在工业生产中应用。

世界上可编程序控制器产品按地域，分成以下三大流派。

美国：A-B 公司、通用电气公司等。

欧洲：德国的西门子公司。

日本：三菱电机公司。

美国和欧洲地区的可编程序控制器技术是独立研究开发的，产品有明显的差异性；日本的可编程序控制器技术是由美国引进的，两国的可编程序控制器产品性能较为相似。

1.2.3　可编程序控制器的应用领域

可编程序控制器不仅仅在工厂自动化领域（FA），而且在其他工业领域也被广泛使用。可编程序控制器可应用在交通、食品、制造业、娱乐、健康与医疗、建筑与环境、农业与渔业等行业。PLC 领域如图 1-2 所示。

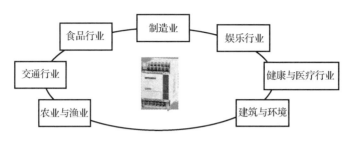

图 1-2　PLC 的应用领域

1. 制造业

PLC 是典型工厂自动化的主干控制设备，制造业领域处处有微型 PLC 的应用。PLC 可应用于自动装配机、传输带、机械手、自动测试装置、元件供给机、成型品取出机、切割机、旋转台等各种机械生产领域，图 1-3 是 PLC 在制造业中的应用。

2. 娱乐行业

PLC 被应用于许多游乐园中的娱乐设施及其他有趣的方面。例如，滑雪场升降机门的控制、人造降雪机、霓虹灯广告、舞台装置（窗帘的升降）、发光喷泉、娱乐场的摇摆椅等，图 1-4 是 PLC 在娱乐行业中的应用。

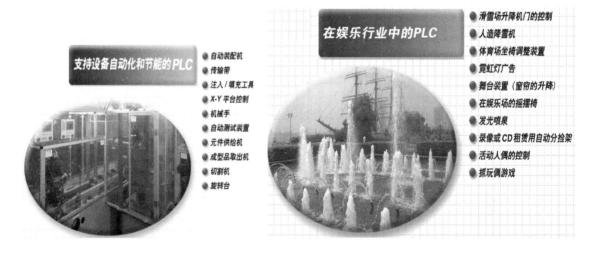

图 1-3　PLC 在制造业中的应用　　　　图 1-4　PLC 在娱乐行业中的应用

3. 健康与医疗行业

PLC 也被用于各种保健服务和医疗器械的外围装置中，如医用灭菌装置、医用洗净装置、医用自动床、步行机、取放机械（药物用）、电池驱动轮椅、敬老院的淋浴设备、家用电梯等，图 1-5 是 PLC 在健康与医疗行业中的应用。

4. 食品行业

PLC 在食品行业中的应用可以提高食品生产的高效性和安全性，如自动售货机、比萨饼烤炉、切肉机、洗碗碟机、烤面包机、自动烤炉、制面机等机电装备中的 PLC 应用，图 1-6 是 PLC 在食品行业中的应用。

图 1-5　PLC 在健康与医疗行业中的应用

图 1-6　PLC 在食品行业中的应用

5. 交通行业

PLC 也会被应用在汽车和轮船相关的设备中，例如，洗车机、轮胎清洗机、垃圾车、列车座椅调整装置、立体停车库、停车场大门、车辆称重仪、小汽车搬运车辆等一般都是用 PLC 来控制的。图 1-7 是 PLC 在交通行业中的应用。

6. 建筑与环境领域

建筑与环境领域经常用到 PLC，如空气调节系统、房屋建造用垂直升降机、自动照明系统、自动门、钢筋焊接机、钢筋切割机、窗户清洗机等就是常见的 PLC 应用例子。图 1-8 为 PLC 在建筑和环境领域的应用。

图 1-7　PLC 在交通行业中的应用

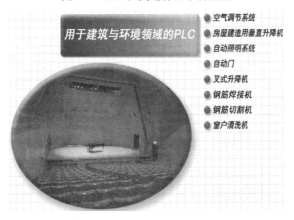

图 1-8　PLC 在建筑与环境领域的应用

7. 零售业

PLC 在零售业中的应用也很广泛，例如，纽扣装订机、捆扎机、洗衣店的装袋机、贴标机、工业洗衣机、婚礼用舞台装置、展览会演示装置、餐馆里的通风设备等都应用了 PLC，图 1-9 为由 PLC 控制的工业洗衣机。

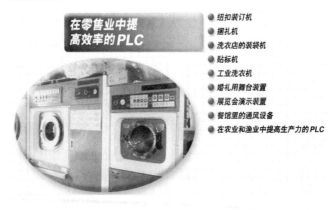

图 1-9　由 PLC 控制的工业洗衣机

习题及思考题

1-1　电气控制技术的定义是什么？

1-2　电气控制技术发展经历了哪几个阶段？

1-3　简述 PLC 的定义。

1-4　PLC 的应用领域有哪些？请举出一些例子。

1-5　世界上公认的 PLC 产品按地域分有哪三大流派？

第2章 »»»»»»
常用低压电器

低压电器是组成各种电气控制成套设备的基础配套组件，它的正确使用是低压电力系统可靠运行、安全用电的基础和重要保证。

本章主要介绍常用低压电器的结构、工作原理、用途及其图形符号和文字符号，为正确选择和合理使用这些电器进行电气控制电路的设计打下基础。

2.1 电器的功能、分类和工作原理

2.1.1 电器的功能

电器是一种能根据外界的信号（机械力、电动力和其他物理量）和要求，手动或自动地接通、断开电路，以实现对电路或非电对象的切换、控制、保护、检测、变换和调节的元件或设备。

电器的控制作用就是手动/自动地接通或断开电路，"通"称为"开"，"断"称为"关"。因此，"开"和"关"是电器最基本和典型的功能。

2.1.2 电器的分类

1. 按工作电压等级分类

（1）高压电器。用于交流电压 1200V、直流电压 1500V 及以上电路中的电器，如高压断路器、高压隔离开关、高压熔断器等。

（2）低压电器。用于交流 50Hz（或 60Hz）额定电压为 1200V 以下、直流额定电压为 1500V 及以下的电路中的电器，如接触器、继电器等。

2. 按动作原理分类

（1）手动电器。人手操作发出动作指令的电器，如刀开关，按钮等。

（2）自动电器。产生电磁力而自动完成动作指令的电器，如接触器、继电器、电磁阀等。

3. 按用途分类

（1）控制电器。用于各种控制电路和控制系统的电器，如接触器、继电器、电动机启动器等。

（2）配电电器。用于电能的输送和分配的电器，如高压断路器等。

（3）主令电器。用于自动控制系统中发送动作指令的电器，如按钮、转换开关等。

（4）保护电器。用于保护电路及用电设备的电器，如熔断器、热继电器等。

（5）执行电器。用于完成某种动作或传送功能的电器，如电磁铁、电磁离合器等。

2.1.3 电磁式电器的工作原理

低压电器中大部分为电磁式电器，各类电磁式电器的工作原理基本相同，由检测部分（电磁机构）和执行部分（触点系统）组成。

1. 电磁机构

1）电磁机构的结构形式

电磁机构由线圈、铁芯和衔铁组成，其结构形式按衔铁的运动方式可分为直动式和拍合式。图 2-1 和图 2-2 分别是直动式电磁机构和拍合式电磁机构的常用结构形式。

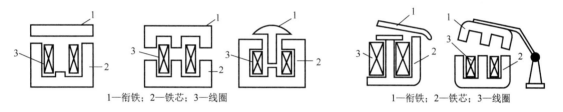

1—衔铁；2—铁芯；3—线圈　　　　　　　1—衔铁；2—铁芯；3—线圈

图 2-1　直动式电磁机构的常用结构形式　　　图 2-2　拍合式电磁机构的常用结构形式

线圈的作用是将电能转换为磁能，即产生磁通，衔铁在电磁吸力作用下产生机械位移使铁芯吸合。通入直流电的线圈称为直流线圈，通入交流电的线圈称为交流线圈。

直流线圈通电，铁芯不会发热，只有线圈发热。因此，线圈与铁芯接触有利于散热。线圈做成无骨架、高而薄的瘦高型，以改善线圈自身散热。铁芯和衔铁由软钢或工程纯铁制成。

对于交流线圈，除了线圈发热，由于铁芯中有涡流和磁滞损耗，铁芯也会发热。为了改善线圈和铁芯的散热情况，在铁芯与线圈之间留有散热间隙，而且把线圈做成有骨架的矮胖型。铁芯用硅钢片叠成，以减少涡流。

另外，根据线圈在电路中的连接方式可分为串联线圈（电流线圈）和并联线圈（电压线圈）。串联（电流）线圈串接在电路中，流过的电流大，为减少对电路的影响，线圈的导线粗，匝数少，线圈的阻抗较小。并联（电压）线圈并联在电路上，为减少分流作用，需要较大的阻抗，因此线圈的导线细且匝数多。

2）电磁机构的工作原理

电磁铁工作时，线圈产生的磁通作用于衔铁，产生电磁吸力，并使衔铁产生机械位移；衔铁复位时，复位弹簧将衔铁拉回原位。

当线圈中有工作电流通过时，电磁吸力克服弹簧的反作用力，使得衔铁与铁芯闭合，由连接机构带动相应的触点动作。在交流电流产生的交变磁场中，为避免因磁通过零点而造成衔铁的抖动，需要在交流电器铁芯的端部开槽，嵌入一个铜制的短路环，使环内感应电流产生的磁通与环外磁通不同时过零点，使电磁吸力 F 总是大于弹簧的反作用力，因而可以消除交流铁芯的抖动。

2. 触点系统

触点是电磁式电器的执行元件，用来接通或断开被控制电路。触点的结构形式很多，按触点控制的电路分类，可分为主触点和辅助触点。主触点用于接通或断开主电路，允许通过较大的电流；辅助触点用于接通或断开控制电路，只能通过较小的电流。

按触点原始状态分类，可分为常开触点和常闭触点：原始状态时（线圈未通电）断开，线圈通电后闭合的触点称为常开触点；原始状态闭合，线圈通电后断开的触点称为常闭触点（线圈断电后所有触点复原）。

按触点结构形式分类，可分为桥式触点和指式触点，如图 2-3 所示。

按触点接触形式分类，可分为点接触、线接触和面接触 3 种，如图 2-4 所示。

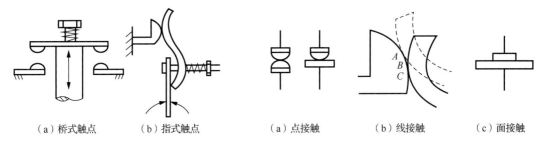

（a）桥式触点 （b）指式触点	（a）点接触 （b）线接触 （c）面接触
图 2-3　按触点结构形式分类	图 2-4　按触点接触形式分类

3. 灭弧工作原理

在通电状态下动、静触点脱离接触时，由于电场的存在，使触点表面的自由电子大量溢出而产生电弧。电弧的存在既烧损触点金属表面、降低电器的使用寿命，又延长了电路的分断时间，因此必须迅速消除。

1）常用的灭弧方法

（1）迅速增大电弧长度。电弧长度增加，使触点间隙增加，电场强度降低。同时又使散热面积增大，降低电弧温度，使自由电子和空穴复合的运动加强，因而电荷容易熄灭。

（2）冷却。使电弧与冷却介质接触，带走电弧产生的热量，也可使复合运动得以加强，从而使电弧熄灭。

2）常用的灭弧装置

（1）电动力灭弧装置（见图 2-5）。双断点桥式触点在分断时具有电动力灭弧功能，不用任何附加装置，便可使电弧迅速熄灭。这种灭弧方法多用于小容量交流接触器中。

（2）磁吹灭弧装置。利用永久磁铁或电磁铁产生的磁场对电流的作用力拉长电弧，或者利用气流使电弧拉长和冷却被熄灭。

（3）栅片灭弧装置。用于灭弧的栅片是一组镀铜薄钢片，它们相互绝缘。电弧进入栅片后被分割成一段段串联的短弧，而栅片就是这些短弧的电极。每两个栅片之间都有 150～250V 的绝缘强度，使整个栅片的绝缘强度大大加强，以致外加电压无法维持，电弧迅速熄灭。

由于栅片灭弧装置在交流电下的灭弧效果比直流电下的灭弧效果强得多，因此在交流电器中常采用栅片灭弧，如图 2-6 所示。

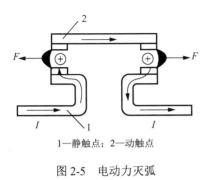

1—静触点；2—动触点

图 2-5 电动力灭弧

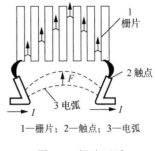

1—栅片；2—触点；3—电弧

图 2-6 栅片灭弧

2.2 低压控制电器

低压控制电器主要用于低压电力拖动系统中，它是一种对电动机的运行进行控制、调节和保护的电器，常用的低压控制电器有刀开关、组合开关、主令电器（按钮、位置开关等）、接触器和继电器。

2.2.1 刀开关

低压刀开关适用于不经常操作的低压电路中，主要用于手动接通与断开的交/直流电路，也可以用于不频繁接通与分断额定电流以下的负载，或作为电源隔离开关使用。刀开关由操纵手柄、触刀、静插座、支座和绝缘底板组成，其结构简图和外形如图 2-7 所示。

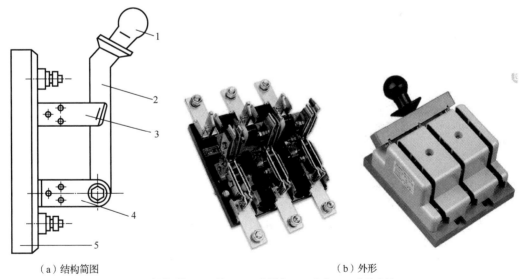

（a）结构简图　　　　　　　　　　　　　（b）外形

1—操纵手柄；2—触刀；3—静插座；4—支座；5—绝缘底板

图 2-7 刀开关的结构简图和外形

刀开关的主要类型有带灭弧装置的大容量刀开关、带熔断器的开启式负荷开关（胶盖开关）、带灭弧装置和熔断器的封闭式负荷开关（铁壳开关）等。

刀开关的主要技术参数：额定电压——长时间工作时所承受的最大电压、额定电流——长时间工作时所通过的最大允许电流以及分断能力等。

选用刀开关时，刀开关的极数要与电源进线相数相等；刀开关的额定电压应大于所控制的电路额定电压；刀开关的额定电流应大于负载的额定电流。

刀开关的图形和文字符号如图 2-8 所示。

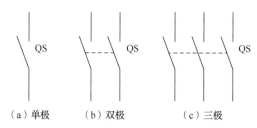

（a）单极　　　　（b）双极　　　　（c）三极

图 2-8　刀开关的图形和文字符号

2.2.2　组合开关

组合开关也是一种刀开关，不过，它的刀片是转动式的，操作比较轻巧，它的动触点（刀片）和静触点装在封闭的绝缘件内，采用叠装式结构，其层数由动触点数量决定，动触点装在操作手柄的转轴上，随转轴旋转而改变各对触点的通断状态。组合开关的外形、结构、图形和文字符号如图 2-9 所示。

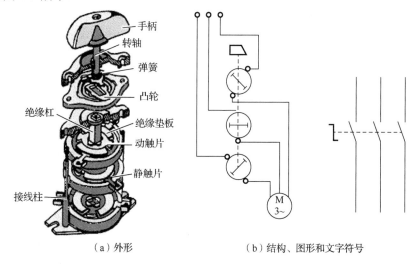

（a）外形　　　　　　　　（b）结构、图形和文字符号

图 2-9　组合开关的外形、结构、图形和文字符号

组合开关一般在电气设备中用于非频繁接通和分断电路、接通电源和负载、测量三相电压以及控制小容量异步电动机的正/反转和星形-三角形连接法降压启动等。

组合开关的主要参数有额定电压、额定电流、极数等，其中额定电流有 10A、25A、60A等几级。全国统一设计的常用产品有 HZ5 系列、HZ10 系列和新型组合开关 HZ15 系列等。HZ10 系列组合开关的技术数据见表 2-1。

表 2-1　HZ10 系列组合开关的技术数据

型号	额定电压/V	额定电流/A	极数	极限操作电流/A		可控制电动机最大容量和额定电流		额定电压及电流下的通断次数			
				接通	分断	容量/kW	额定电流/A	$A\cos\varphi$		直流时间常数/s	
								≥0.8	≥0.3	≤0.0025	≤0.01
HZ10-10	DC 220 AC 380	6	单极	94	62	3	7	20 000	10 000	20 000	10 000
		10									
HZ10-25		25		155	108	5.5	12				
HZ10-60		60									
HZ10-100		100						10 000	5 000	10 000	5 000

2.2.3　主令电器

主令电器是用来发布命令、改变控制系统工作状态的电器，它可以直接作用于控制电路，也可以通过电磁式电器的转换对主电路实现控制，其主要类型有按钮、位置开关、凸轮控制器等。

1．按钮

按钮是用人工手动操作的，并具有储能（弹簧）复位的主令电器，它的结构虽然简单，却是应用很广泛的一种电器，主要用于远距离操作接触器、继电器等电磁装置，以自动切换控制电路。

按钮是最常用的主令电器，在低压控制电路中用于手动发出控制信号。其典型结构如图 2-10 所示，它由按钮帽、复位弹簧、桥式触点和常闭/常开触点等组成。

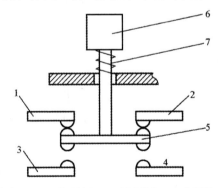

1，2—常闭触点；3，4—常开触点；5—桥式触点；6—按钮帽；7—复位弹簧

图 2-10　按钮的典型结构

按用途和结构的不同，按钮分为启动按钮、停止按钮和复合按钮等。

（1）启动按钮带有常开触点，用手指按下其按钮帽，常开触点闭合；松开手指，常开触点复位。启动按钮的按钮帽采用绿色。

（2）停止按钮带有常闭触点，用手指按下其按钮帽，常闭触点断开；松开手指，常闭触点复位。停止按钮的按钮帽采用红色。

（3）复合按钮带有常开触点和常闭触点，用手指按下按钮帽，其常闭触点先断开，常开触点再闭合；松开手指，常开触点和常闭触点先后复位。

按钮的图形、文字符号和外形如图2-11所示。

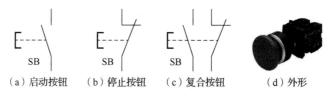

（a）启动按钮　（b）停止按钮　（c）复合按钮　（d）外形

图2-11　按钮的图形、文字符号和外形

为了便于识别各个按钮的作用，避免误动作，通常在按钮帽上做不同标记或把它涂上不同颜色。一般情况下，红色表示停止，绿色表示启动。

2. 位置开关

位置开关主要有两类：行程开关和接近开关。

1）行程开关

位置开关也称为行程开关，主要用于检测工作机械的位置，发出命令以控制其运动方向或行程长短的主令电器。若将行程开关安装于工作机械行程终点处，用于限制其行程，则称为限位开关。

关于行程开关的种类，按接触方式分类，可分为接触式行程开关和非接触式行程开关；按结构分类，可分为直动式行程开关、滚动式行程开关、微动式行程开关。

接触式行程开关依靠运动物体碰撞行程开关的顶杠而使行程开关的常开触点接通和常闭触点分断，从而实现对电路的控制，其结构如图2-12所示。

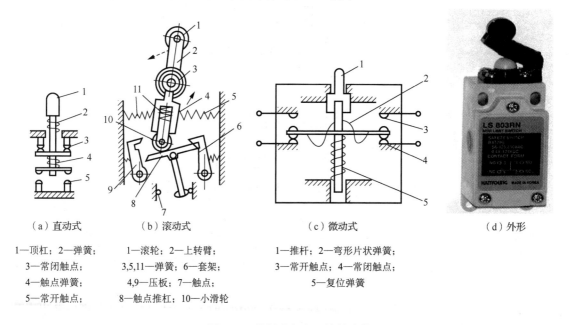

（a）直动式　　（b）滚动式　　　（c）微动式　　　（d）外形

1—顶杠；2—弹簧；　　1—滚轮；2—上转臂；　1—推杆；2—弯形片状弹簧；

3—常闭触点；　　　　3,5,11—弹簧；6—套架；　3—常开触点；4—常闭触点；

4—触点弹簧；　　　　4,9—压板；7—触点；　　　　5—复位弹簧

5—常开触点　　　　　8—触点推杠；10—小滑轮

图2-12　接触式行程开关的结构

行程开关的图形、文字符号如图 2-13 所示。

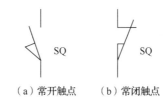

（a）常开触点 　　（b）常闭触点

图 2-13 行程开关的图形、文字符号

2）接近开关

接近式位置开关是一种非接触式的位置开关，是一种开关型的传感器，简称接近开关。接近开关和行程开关相似，都是位置开关。

行程开关和微动式开关均属接触式行程开关，工作时均有挡块与推杠的机械碰撞和触点的机械分合。在动作频繁时，容易发生故障，工作可靠性较低。

接近开关是无触点非接触式的位置开关，当运动部件与接近开关的感应头接近时，就使其输出一个电信号。这类产品的特点是，当挡块运动时，无须与开关的部件接触即可发出电信号。这类开关有接近开关、光电开关等。

接近开关按工作原理分为电感式接近开关、电容式接近开关、霍尔式接近开关、超声波式接近开关、光电式接近开关、磁性接近开关等。对不同材质的检测体和不同的检测距离，应选用不同类型的接近开关，使其在系统中具有高的性价比。因此，在选型时应遵循以下原则。

（1）当检测体为金属材料时，应选用电感式接近开关。

（2）当检测体为非金属材料时，如木材、纸张、塑料等，应选用电容式接近开关。

（3）当要对金属体和非金属体进行远距离检测和控制时，应选用光电式接近开关或超声波式接近开关。

（4）当检测体为金属且检测灵敏度要求不高时，可选用价格低廉的磁性接近开关或霍尔式接近开关。

接近开关由感应头、高频振荡器、放大器和外壳组成。某型号接近开关的图形和文字符号如图 2-14（a）所示，其外形如图 2-14（b）所示。

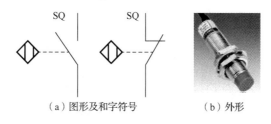

（a）图形及和字符号 　　（b）外形

图 2-14 某型号接近开关的图形、文字符号和外形

3. 凸轮控制器

凸轮控制器用于起重设备和其他电力拖动装置，以控制电动机的启动、正/反转、调速和制动。某型号的凸轮控制器的结构主要由手柄、定位机构、转轴、凸轮和动/静触点组成，如图 2-15（a）所示，其外形如图 2-15（b）所示。

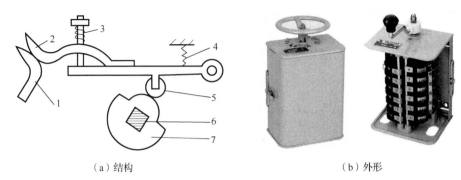

（a）结构　　　　　　　　　　　　　　（b）外形

1—静触点；2—动触点；3—触点弹簧；4—弹簧；5—滚子；6—转轴；7—凸轮

图 2-15　某型号凸轮控制器的结构和外形

转动手柄时，转轴带动凸轮一起转动，转到某一位置时，凸轮顶动滚子，克服弹簧压力使动触点顺时针方向转动，脱离静触点而分断电路。在转轴上叠装不同形状的凸轮，可以使若干触点组按规定的顺序接通或分断。

凸轮控制器的图形和文字符号如图 2-16 所示。由于其触点的分合状态是与操作手柄的位置有关的，因此，在电路图中除画出触点圆形符号之外，还应有操作手柄与触点分合状态的表示方法。其表示方法有两种：

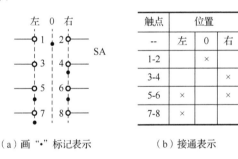

触点	位置		
--	左	0	右
1-2		×	
3-4			×
5-6	×		×
7-8	×		

（a）画"•"标记表示　　　　　　（b）接通表示

图 2-16　凸轮控制器的图形和文字符号

（1）在电路图中画虚线和画"•"的方法，如图 2-16（a）所示，即用虚线表示操作手柄的位置，用有无"•"表示触点的闭合和打开状态。例如，在触点图形符号下方的虚线位置上画"•"，则表示当操作手柄处于该位置时，该触点是处于闭合状态的；若在虚线位置上未画"•"，则表示该触点是处于打开状态的。

（2）在电路图中既不画虚线也不画"•"，而是在触点图形符号上标出触点编号，用接通表示操作手柄于不同位置时的触点分合状态，如图 2-16（b）所示。在接通表中用有无"×"来表示操作手柄不同位置时触点的闭合和断开状态。

2.2.4　接触器

接触器是一种用于频繁接通或断开交直流主电路、大容量控制电路等大电流电路的自动切换电器。在功能上接触器除能自动切换外，还具有手动开关所缺乏的远距离操作功能和欠电压保护功能，但没有自动开关所具有的过载和短路保护功能。接触器生产方便，成本低，主要用于控制电动机、电热设备、电焊机、电容器组等，是电力拖动自动控制电路中应用最广泛的电子元件。

接触器按其主触点控制的电路电流种类分类，有交流接触器和直流接触器两类。

1. 交流接触器

交流接触器用于控制电压高至 380V、电流高至 600A 的 50Hz 交流电路。交流接触器一般有 3 对主触点，2 对辅助触点。主触点用于接通或分断主电路，主触点和辅助触点一般采用双断点的桥式触点，电路的接通和分断由两个触点共同完成。由于这种双断点的桥式触点具有电动力吹弧的作用，因此，10A 以下的交流接触器一般无灭弧装置，而 10A 以上的交流接触器则采用栅片灭弧罩灭弧。图 2-17 为交流接触器的结构示意。

交流接触器工作时，当施加的交流电压应大于线圈额定电压值的 85%时，接触器才能够可靠地吸合。其工作原理如下：在线圈上施加交流电压后，铁芯中产生磁通，该磁通对衔铁产生克服复位弹簧拉力的电磁吸力，使衔铁带动触点动作。触点动作时，常闭先断开，常开后闭合。主触点和辅助触点是同时动作的。当线圈中的电压值降到某一数值时，铁芯中的磁通下降，吸力减小到不足以克服复位弹簧的反力时，衔铁就在复位弹簧的反力作用下复位，使主触点和辅助触点的常开触点断开，常闭触点恢复闭合。这个功能就是接触器的欠电压保护功能。

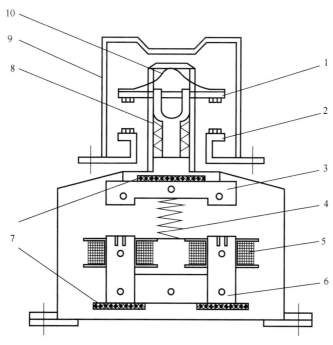

1—动触点；2—静触点；3—衔铁；4—缓冲弹簧；5—电磁线圈；
6—铁芯；7—垫毡；8—触点弹簧；9—灭弧罩；10—触点压力弹簧

图 2-17　交流接触器的结构示意

2. 直流接触器

直流接触器主要用于电压 440V、电流 600A 以下的直流电路。其结构与工作原理基本上与交流接触器相同，即由线圈、铁芯、衔铁、触点、灭弧装置等部分组成。所不同的是除触点电流和线圈电压为直流外，其触点大都采用滚动式接触的指形触点，辅助触点则采用点接触的桥式触点。铁芯由整块钢或铸铁制成，线圈制成长而薄的圆筒形。为保证衔铁可靠地释放，常在铁芯与衔铁之间垫有非磁性垫片。

由于直流电弧不像交流电弧有自然过零点，更难熄灭，因此，直流接触器常采用磁吹式灭弧装置。

3. 接触器的主要技术参数及型号的含义

1）技术参数

（1）额定电压。接触器铭牌上的额定电压是指主触点的额定电压。交流有 127V、220V、380V、500V 等挡位；直流有 110V、220V、440V 等挡位。

（2）额定电流。接触器铭牌上的额定电流是指主触点的额定电流。有 5A、10A、20A、40A、60A、100A、150A、250A、400A 和 600A。

（3）线圈的额定电压。适用于交流电的有 36V、110V、127V、220V、380V；适用于直流电的有 24V、48V、220V、440V。

（4）电气寿命和机械寿命。电气寿命是指在不同使用条件下无须修理或更换零件的负载操作次数；机械寿命是指在需要正常维修或更换机械零件前，包括更换触点所能承受的无负载操作循环次数。

（5）额定操作频率。指接触器每小时的操作次数。

2）接触器的型号含义

接触器的型号含义如下：

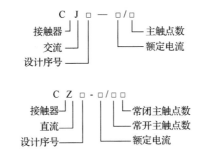

3）接触器的图形和文字符号

接触器的图形和文字符号如图 2-18（a）、图 2-18（b）和图 2-18（c）所示。

（a）线圈　　　（b）常开触点　　　（c）常闭触点

图 2-18　接触器的图形和文字符号

2.2.5　继电器

电磁式继电器是一种自动电器，它的功能是根据外界输入信号的变化，在电气输出电路中，控制电路接通或断开。它主要用来反映各种控制信号，其触点一般接在控制电路中。电磁式电器是应用最早、最多的一种形式。其结构及工作原理与接触器大体相同，在结构上由电磁机构和触点系统等组成。

继电器种类很多，按输入信号可分为电压继电器、电流继电器、功率继电器、速度继电器、时间继电器、压力继电器、温度继电器等；按工作原理可分为电磁式继电器、感应式继电器、电动式继电器、电子式继电器，热继电器等；按用途可分为控制与保护继电器；按输出形式可分为有触点和无触点继电器。

无论继电器的输入信号是电量或非电量，继电器工作的最终目的总是控制触点的分断或闭合，而触点又是控制电路通断的，就这一点来说接触器与继电器是相同的。但是它们又有区别，主要表现在以下 2 个方面：

（1）所控制的电路不同。继电器用于控制电信电路、仪表电路、自控装置电路等小电流电路及控制电路；接触器用于控制电动机等大功率、大电流电路及主电路。

（2）输入信号不同。继电器的输入信号可以是各种物理量，如电压、电流、时间、压力、速度等，而接触器的输入信号只有电压。

下面介绍电磁式继电器、时间继电器和速度继电器。

1. 电磁式继电器

在低压控制系统中采用的继电器大部分是电磁式继电器，电磁式继电器的结构与原理和接触器基本相同。电磁式继电器由电磁机构和触点系统组成。按线圈电流的类型，可分为直流电磁式继电器和交流电磁式继电器。按其在电路中的连接方式，可分为电流继电器、电压继电器和中间继电器等。电磁式继电器的结构如图 2-19 所示。

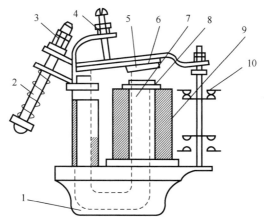

1—底座；2—反力弹簧；3，4—调节螺钉；5—非磁性垫片；
6—衔铁；7—铁芯；8—极靴；9—电磁线圈；10—触点系统

图 2-19　电磁式继电器的结构

1）电流继电器

电流继电器反映的是电流信号。使用时，电流继电器的线圈串联在被测电路中，根据电流的变化而动作。为降低负载效应和对被测量电路参数的影响，线圈匝数少，导线粗，阻抗小。电流继电器除用于电流型保护的场合外，还经常用于按电流原则控制的场合。电流继电器有欠电流和过电流继电器两种。

（1）欠电流继电器。当欠电流继电器线圈中的电流大小为额定电流的 30%～65% 时，该继电器的触点吸合；当该继电器线圈中的电流降至额定电流的 10%～20% 时，其触点断开。因此，在电路正常工作时，欠电流继电器的触点始终处于吸合状态。当电路由于某种原因而使电流降至额定电流的 20% 以下时，欠电流继电器的触点处于释放状态，发出信号，从而改变电路状态。

（2）过电流继电器。其结构、原理与欠电流继电器相同，只不过吸合动作值与释放动作值不同。过电流继电器线圈的匝数很少。直流过电流继电器的吸合动作值为 70%～300% 的额定电流，交流过电流继电器的吸合动作值为 110%～400% 的额定电流。应当注意，过电流继电器在正常情况下（电流为额定值时），其触点处于释放状态，当电路发生过载或短路故障时，过电流继电器的触点处于吸合状态，触点吸合后立即使其所控制的接触器或电路分断，然后触点自身也释放。由于过电流继电器具有短时工作的特点，因此交流过电流继电器不用安装短路环。

常用的交直流通用继电器有 JT4、JT14 等系列，表 2-2 所列为 JL14 系列交/直流电流继电器的技术数据。

表 2-2　JL14 系列交/直流电流继电器的技术数据

电流种类	型号	线圈额定电流/A	吸合动作电流值调整范围	触点组合形式	用途	备注
直流	JL14-□□Z JL14-□□ZS	1,1.5、2.5、5、10、15、25、40、60、100、150、300、600、1200、1500	（70%～300%）I_N	3 常开，3 常闭 2 常开，1 常闭 1 常开，2 常闭 1 常开，1 常闭	在控制电路中过电流或欠电流保护用	可替代 JT3-，JT4-J、JT4-S、JL3、JL3-J 等老产品
	JL14-□□ZO		（30%～65%）I_N 或释放动作电流值为（10%～20%）I_N			
交流	JL14-□□J JL14-□□JS		（110%～400%）I_N	2 常开，2 常闭 1 常开，1 常闭		
	JL14-□□JG			1 常开，1 常闭		

继电器的型号含义如下：

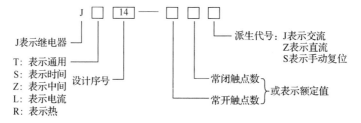

2）电压继电器

电压继电器反映的是电压信号。使用时，电压继电器的线圈并接于被测电路，线圈的匝数多、导线细、阻抗大。继电器根据所接电路电压值的变化，其触点处于吸合或释放状态。常用的有欠（零）电压继电器和过电压继电器两种。

电路正常工作时，欠电压继电器触点吸合，当电路电压减小到某一整定值如（30%～50%）U_N 以下时，欠电压继电器触点释放，实现欠电压保护。

电路正常工作时，过电压继电器不动作，当电路电压超过到某一整定值如（105%～120%）

U_N 时，过电压继电器触点吸合，实现过电压保护。

3）中间继电器

中间继电器实质上是电压继电器，只是触点数量多（一般有 8 对），容量也大，起到中间放大（触点数目和电流容量）的作用。

常用的中间继电器有 JZ7 和 JZ8 等系列。表 2-3 所列为 JZ7 系列中间继电器的技术参数。

表 2-3　JZ7 系列中间继电器的技术参数

型号	触点额定电压/V	触点额定电流/A	触点对数		线圈电压/V	额定操作频率/次·h^{-1}	线圈消耗功率/（V·A）	
			常开	常闭			启动	吸合
JZ7-44	500	5	4	4	交流，50Hz 时：12,36,127,22,380	1200	75	12
JZ7-62	500	5	6	2			75	12
JZ7-80	500	5	8	0			75	12

4）电磁式继电器的选择

电磁式继电器主要包括电流继电器、电压继电器和中间继电器。选用时主要依据继电器所保护或所控制对象对继电器提出的要求，如触点的数量、种类、返回系数，控制电路的电压、电流、负载性质等。由于继电器触点容量小，所以经常将触点并联使用。有时为增加触点的分断能力，也有把触点串联起来使用的。

5）电磁式继电器的图形符号和文字符号

电磁式继电器的图形和文字符号如图 2-20 所示。电流继电器的文字符号为 KI，电压继电器的文字符号为 KV，中间继电器的文字符号为 KA。

（a）线圈　　　（b）常开触点　　　（c）常闭触点

图 2-20　电磁式继电器的图形和文字符号

2. 时间继电器

在自动控制系统中，需要瞬时动作的继电器，也需要延时动作的继电器。时间继电器就是利用某种原理实现触点延时动作的自动电器，经常用于时间原则进行控制的场合。其种类主要有空气阻尼式、电磁阻尼式、电子式和电动机式。

时间继电器的延时方式有两种：

（1）通电延时：接收输入信号后延迟一定的时间，输出信号才发生变化。当输入信号消失后，输出瞬时复原。

（2）断电延时：接收输入信号时，瞬时产生相应的输出信号。当输入信号消失后，延迟一定的时间，输出信号才复原。

1）空气阻尼式时间继电器

空气阻尼式时间继电器是利用空气阻尼原理获得延时的，其结构由电磁系统、延时机构和触点 3 部分组成。电磁机构为双 E 直动式，触点系统是 LX5 型微动式开关，延时机构采用气囊式阻尼器。

空气阻尼式时间继电器的电磁机构可以是直流的，也可以是交流的；既有通电延时型，也有断电延时型。JS7-A系列时间继电器的动作原理如图2-21所示。只要改变电磁机构的安装方向，便可实现不同的延时方式：当衔铁位于铁芯和延时机构之间时为通电延时型，如图2-21（a）所示；当铁芯位于衔铁和延时机构之间时为断电延时型，如图2-21（b）所示。

　　当线圈1通电后，衔铁3吸合，活塞杆6在塔形弹簧8的作用下带动活塞12及橡皮膜10向上移动，由于橡皮膜10下方的空气稀薄形成负压，活塞杠6只能缓慢上移，其移动的速度决定了延时的长短。调整调节螺栓13，改变进气孔14的大小，可以调整延时时间：进气孔大，移动速度快，延时短；进气孔小，移动速度慢，延时较长。在活塞杠向上移动的过程中，杠杆7随之逆时针旋转。当活塞杆移动到与已吸合的衔铁接触时，活塞杠停止移动。同时杠杆7压动微动式开关15，使微动式开关的常闭触点断开、常开触点闭合，起到通电延时的作用。延时时间为线圈通电到微动式开关触点动作之间的时间间隔。

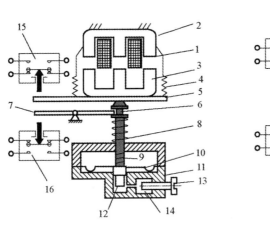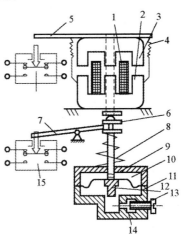

（a）通电延时型　　　　　　　　　　　　（b）断电延时型

1—线圈；2—铁芯；3—衔铁；4—反力弹簧；5—推板；6—活塞杠；7—杠杆；8—塔形弹簧；9—弱弹簧；10—橡皮膜；
11—空气室壁；12—活塞；13—调节螺栓；14—进气孔；15，16—微动式开关

图2-21　JS7-A系列时间继电器的动作原理

　　当线圈1断电后，电磁吸力消失，衔铁3在反力弹簧4的作用下释放，并通过活塞杠6带动活塞12的肩部所形成的单向阀，迅速地从橡皮膜10上方的气室缝隙中排出。因此，杠杆7和微动式开关15能在瞬间复位。线圈1通电和断电时，微动式开关16在推板5的作用下能够瞬时动作，因此它是时间继电器的瞬动触点。

　　按照通电延时和断电延时两种形式，空气阻尼式时间电器的延时触点有延时闭合的常开触点、延时断开的常闭触点及延时断开的常开触点、延时闭合的常闭触点。

　　通电延时型时间继电器：线圈通电，延时一定时间后延时触点才闭合或断开；线圈断电，触点瞬时复位。

　　断电延时型时间继电器：线圈通电，延时触点瞬时闭合或断开；线圈断电，延时一定时间后延时触点才复位。

　　只要改变电磁机构的安装方向，便可实现不同的延时方式；

　　当衔铁位于铁芯和延时机构之间时为通电延时，如图2-21（a）所示。

当铁芯位于衔铁和延时机构之间时为断电延时，如图 2-21（b）所示。

2）电子式时间继电器

电子式时间继电器的种类很多，最基本的有延时吸合和延时释放两种，它们大多利用电容充放电原理来达到延时的目的。JS20 系列电子式时间继电器具有延时长、电路简单、延时调节方便、性能稳定、延时误差小、触点容量较大等优点。

图 2-22 所示为 JS20 系列电子式时间继电器工作原理。刚接通电源时，电容器 C2 尚未充电。此时，$U_G=0$，场效应晶体管 VT1 的栅极与源极之间电压 $U_{GS}=-U_S$。此后，直流电源经电阻 R10、RP1、R2 向 C2 充电，电容 C2 上电压逐渐上升，直至 U_G 上升至 $|U_G-U_S|<|U_P|$（U_P 为场效应晶体管的夹断电压）时，VT1 开始导通。由于 ID 在 R3 上产生压降，D 点电位开始下降，一旦 D 点电压降到 VT2 的发射极电位以下时，VT2 开始导通，VT2 的集电极电流 I_C 在 R4 上产生压降，使场效应晶体管的 U_S 降低。R4 起正反馈作用，VT2 迅速由截止变为导通，并触发晶闸管 VT 导通，继电器 KA 动作。由上述分析可知，从时间继电器接通电源开始到 C2 被充电到 KA 动作为止的这段时间为通电延时动作时间。KA 动作后，C2 经 KA 常开触点对电阻 R9 放电，同时氖泡 Ne 启辉，并使场效应晶体管 VT1 和晶体管 VT2 都截止，为下次工作做准备。此时晶闸管 VT 仍保持导通，除非切断电源，使电路恢复到初始状态，继电器 KA 触点处于释放状态。

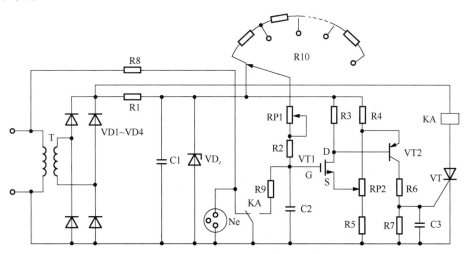

图 2-22　JS20 系列电子式时间继电器工作原理

3）电动机式时间继电器

电动机式时间继电器是利用微型同步电动机带动减速齿轮系而获得延时的，它分为通电延时型时间继电器和断电延时型时间继电器两种。它由微型同步电动机、电磁离合系统、减速齿轮机构及执行机构组成，常用的有 JS10 系列、JS11 系列和 7PR 系列。

电动机式时间继电器的延时范围宽，以 JS11 系列通电延时型时间继电器为例，其延时范围分别为 0～8s，0～40s，0～4min，0～20min，0～2h，0～12h，0～72h。由于同步电动机的转速恒定，减速齿轮精度较高，延时准确度高达 1%。同时延时值不受电源电压波动和环境温度变化的影响。由于具有上述优点，就延时范围和准确度而言，因此它是电磁式时间继电器、空气阻尼式时间继电器、晶体管式时间继电器无法比拟的。电动机式时间继电器的主要缺点是结构复杂、体积大、寿命低、价格贵、准确度受电源频率的影响等。因此，这种时间继电器不轻易选用，只有在要求延时范围较宽和精度较高的场合才选用。

时间继电器的图形符号和文字符号如图2-23所示。

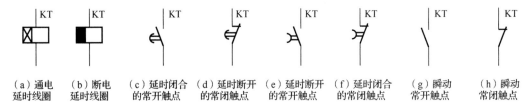

（a）通电延时线圈　（b）断电延时线圈　（c）延时闭合的常开触点　（d）延时断开的常闭触点　（e）延时断开的常开触点　（f）延时闭合的常闭触点　（g）瞬动常开触点　（h）瞬动常闭触点

图2-23　时间继电器的图形和文字符号

3. 速度继电器

速度继电器是根据电磁感应原理制成的，它是一种利用速度原则对电动机进行控制的自动电器。当电动机制动转速下降到一定值时，由速度继电器切断电动机控制电路。速度继电器主要由转子、定子和触点组成，转子是一个圆柱形永久磁铁，定子是一个笼型的圆环，装有笼型的绕组。其结构原理如图2-24所示。

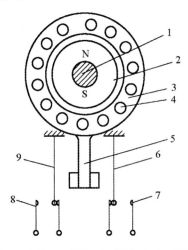

1—转轴；2转子；3—定子；4—绕组；5—摆锤；6，9—簧片；7，8—静触点

图2-24　速度继电器的结构原理

速度继电器的转轴应与被控电动机的轴相连接，当电动机的轴旋转时，速度继电器的转子随之转动。这样，定子圆环内的绕组便切割转子旋转磁场，产生使圆环偏转的转矩。偏转角度与电动机的转速成正比。当转速使定子偏转到一定角度时，与定子圆环连接的摆锤推动触点，使常闭触点分断，当电动机转速进一步升高后，摆锤的继续偏转，使动触点与静触点的常开触点闭合。当电动机转速下降时，圆环偏转角度随之下降，动触点在簧片作用下复位（常开触点断开，常闭触点闭合）。

速度继电器有两组触点（各有一对常开触点和常闭触点），可分别控制电动机正/反转的反接制动。常用的速度继电器类型有JY1型和JFZ0型，一般速度继电器的触点动作速度值为120 r/min，触点的复位速度值为100 r/min。在连续工作制中，电动机能在转速为1000～

3600 r/min 的情况下可靠运行，允许操作频率每小时不超过 30 次。

速度继电器的图形和文字符号如图 2-25 所示。

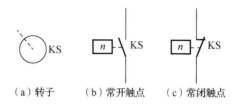

（a）转子　　（b）常开触点　　（c）常闭触点

图 2-25　速度继电器的图形和文字符号

2.3　低压保护电器

低压保护电器主要用于对电路和设备进行保护等方面。电路中常见的故障如过载和短路，如不及时地切断，就会烧毁设备和电路，造成很大的损失。因此，电路中必须安装低压保护电器。常用的低压保护电器有熔断器、热继电器和低压断路器（自动空气开关）。

2.3.1　熔断器

1. 熔断器的工作原理和保护特性

熔断器是一种结构简单、使用方便、价格低廉的保护电器，广泛用于供电电路和电气设备的短路保护。熔断器由熔体和安装熔体的熔断管等部分组成。熔体（俗称保险丝）是熔断器的核心，通常用低熔点的铅锡合金、锌、铜、银的丝状或片状材料制成，新型的熔体通常设计成灭弧栅状和具有变截面片状结构。当通过熔断器的电流超过一定数值并经过一定的时间后，电流在熔体上产生的热量使熔体某处熔化而分断电路，从而保护了电路和设备。熔体的外形如图 2-26 所示。

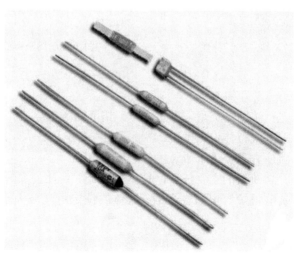

图 2-26　熔体的外形

熔断器熔体熔断的电流值与熔断时间的关系称为熔断器的保护特性曲线，也称为熔断器的安-秒（$I-t$）特性，如图 2-27 所示。由特性曲线可以看出，流过熔体的电流越大，熔断所需的时间越短。熔体的额定电流 I_{fN} 是指熔体长时间工作而不熔断的电流。

2．常用熔断器的种类及技术数据

按结构形式分类，熔断器分为插入式熔断器、螺旋式熔断器、有填料密封管式熔断器、无填料密封管式熔断器等，品种规格较多。在电气控制系统中经常选用螺旋式熔断器，它有明显的分断指示、不用任何工具就可取下或更换熔体等优点。

熔断器的主要技术参数有以下 3 种。

（1）额定电压。是指熔断器长时间工作时和分断后能够承受的电压，其值一般等于或大于电气设备的额定电压。

（2）额定电流。是指熔断器长时间工作时，设备部件的温升不超过规定值时所能承受的电流。厂家为了减少熔断管额定电流的规格，因而熔断管的额定电流等级也比较少，而熔体的额定电流等级比较多：在一个额定电流等级的熔管内可以分几个额定电流等级的熔体，但熔体的额定电流最大不能超过熔断管的额定电流。

（3）极限分断能力。该能力是指熔断器在规定的额定电压和功率因素（或时间常数）的条件下，能分断的最大电流值，在电路中出现的最大电流值一般指短路电流值。因此，极限分断能力也反映了熔断器分断短路电流的能力。

熔断器的图形和文字符号如图 2-28 所示。

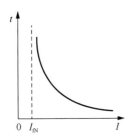

图 2-27　熔断器的安-秒（$I-t$）特性

图 2-28　熔断器的图形和文字符号

3．熔断器的选择

熔断器的选择主要包括熔断器类型、额定电压、熔断器额定电流和熔体额定电流的确定。熔断器的类型主要由电控系统整体设计确定，熔断器的额定电压应大于或等于实际电路的工作电压；熔断器的额定电流应大于或等于所装熔体的额定电流。

确定熔体电流是选择熔断器的主要任务，具体来说有下列几条原则：

（1）对于照明电路或电阻炉等电阻性负载，熔体的额定电流应大于或等于电路的工作电流，即

$$I_{fN} \geqslant I \tag{2-1}$$

式中，I_{fN} 为熔体的额定电流；I 为电路的工作电流。

（2）保护一台异步电动机时，要考虑电动机冲击电流的影响，熔体的额定电流按下式计算：

$$I_{fN} \geqslant (1.5\sim2.5)I_N \tag{2-2}$$

式中，I_N 为电动机的额定电流。

（3）保护多台异步电动机时，若各台电动机不同时启动，则应按下式计算：

$$I_{fN} \geqslant (1.5\sim2.5)\, I_{Nmax} + \sum I_N \tag{2-3}$$

式中，I_{Nmax} 为容量最大的一台电动机的额定电流；$\sum I_N$ 为其余电动机额定电流的总和。

（4）为防止发生越级熔断，上、下级（对应供电干线、支线）熔断器应良好地协调配合。为此，应使上一级（供电干线）熔断器的熔体额定电流比下一级（供电支线）大 1～2 个级差。

2.3.2　热继电器

电动机在实际运行中，常常遇到过载的情况。若过载时间长，过载电流大，电动机绕组的温升就会超过允许值，使电动机绕组绝缘老化，缩短电动机的使用寿命，严重时甚至会使电动机绕组烧坏，这种过载是电动机不能承受的。

热继电器就是利用电流的热效应原理，在出现电动机不能承受的过载情况时切断电动机电路，为电动机提供过载保护的电器。热继电器可以根据过载电流的大小自动调整动作时间，具有反时限保护特性，当电动机的工作电流为额定电流时，热继电器应长时间不动作。

1. 热继电器的结构及工作原理

热继电器主要由热元件、双金属片和触点三部分组成。双金属片是热继电器的感测元件，由两种线膨胀系数不同的金属片用机械碾压而成。线膨胀系数大的称为主动层，小的称为被动层。在加热以前，两金属片长度基本一致。当串联在电动机定子电路中的热元件有电流通过时，热元件产生的热量使两金属片伸长。由于线膨胀系数不同，并且它们紧密结合在一起，所以双金属片就会发生弯曲。电动机正常运行时，双金属片的弯曲程度不足以使热继电器动作，当电动机过载时，热元件中电流增大，加上时间效应。因此，双金属片吸收的热量就会大大增加，从而使自身的弯曲程度加大，最终使双金属片推动导板，热继电器触点动作，切断电动机的控制电路。热继电器的工作原理如图 2-29（a）所示，外形如图 2-29（b）所示。

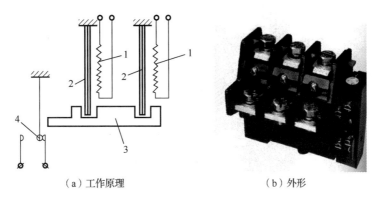

　　　（a）工作原理　　　　　　　　　　　（b）外形

1—热元件；2—双金属片；3—导板；4—触点

图 2-29　热继电器的工作原理和外形

2. 热继电器的型号及选用

我国目前生产的热继电器主要有 JR0、JR5、JR10、JR14、JR15、JR16 等系列。按热元件的数量分为两相结构和三相结构。三相结构中有三相带断相保护和不带断相保护装置两种。

（a）热元件　（b）常闭触点

图 2-30　热继电器的图形和文字符号

热继电器的图形符号和文字符号如图 2-30 所示。

选择热继电器的原则如下：根据电动机的额定电流确定热继电器的型号及热元件的额定电流等级，对采用星形连接法的电动机及电源对称性较好的场合，可选用两相结构的热继电器；对采用三角形连接法的电动机或电源对称性不够好的场合，应选用三相结构或三相结构带断相保护的热继电器。热继电器热元件的额定电流原则上按被控电动机的额定电流选取，即热元件额定电流应接近或略大于电动机的额定电流。

2.3.3 低压断路器

低压断路器又称为自动空气开关，它可用来分配电能、不频繁启动异步电动机、对电源电路及电动机等实行保护。当发生严重的过载或短路及欠电压等故障时能自动切断电路，其功能相当于熔断器式断路器与过电流/欠电压/热继电器等的组合，而且在分断故障电流后一般不需要更换零部件，因而获得了广泛的应用。

1. 低压断路器的结构及工作原理

低压断路器的结构及工作原理如图 2-31 所示，主要由触点、灭弧系统、各种脱扣和操作结构等组成。

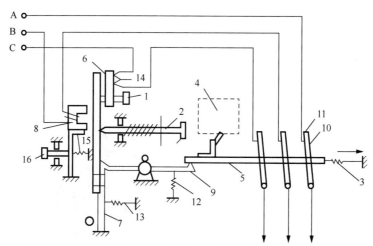

1—热脱扣器整定电流；2—手动脱扣按钮；3—脱扣弹簧；4—手动合闸机构；5—合闸联杆；6—热脱扣器；7—脱扣锁钩；8—电磁脱扣器；9—脱扣联杆；10，11—动/静触点；12，13—弹簧；14—发热元件；15—电磁脱扣弹簧；16—调节旋钮

图 2-31　低压断路器的结构及工作原理

手动合闸后，动/静触点闭合，脱扣联杆 9 被脱扣锁钩 7 的锁钩钩住，它又将合闸联杆 5 钩住，将触点保持在闭合状态。

发热元件 14 与主电路串联,有电流流过时产生热量使热脱扣器 6 的下端向左弯曲,发生过载时,热脱扣器 6 弯曲到将脱扣锁钩 7 推离开脱扣联杠 9,从而松开合闸联杠 5,动/静触点 10、11 受脱扣弹簧 3 的作用而迅速分开。

电磁脱扣器 8 有一个匝数很少的线圈与主电路串联。当发生短路时,它使铁芯脱扣器上部的吸力大于弹簧的反力,脱扣锁钩 7 向左转动,最后也使触点断开。

如果要求手动脱扣时,按下按钮 2 就可使触点断开。

脱扣器可以对脱扣电流进行整定,只要改变热脱扣器整定按钮 1 使热脱扣器达到所需要的弯曲程度,调节电磁脱扣器 8 的调节旋钮 16 可以调节铁芯机构的气隙大小。热脱扣器 6 和电磁脱扣器 8 互相配合,热脱扣器 6 担负主电路的过载保护,电磁脱扣器 8 担负短路故障保护。当低压断路器由于过载而断开后,应等待 2~3min 才能重新合闸,以使热脱扣器 6 回复原位。

低压断路器的主要触点由耐压电弧合金(如银钨合金)制成,采用灭弧栅片加陶瓷罩来灭弧。

低压断路器的图形和文字符号如图 2-32(a)所示,某型号低压断路器的外形如图 2-32(b)所示。

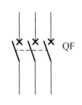

（a）图形和文字符号

（b）外形

图 2-32　低压断路器的图形、文字符号和外形

2. 低压断路器的主要参数

（1）额定电压:断路器在长时间工作时的允许电压。通常,它等于或大于电路的额定电压。

（2）额定电流:断路器在长时间工作时的允许持续电流。

（3）通断能力:断路器在规定的电压、频率以及规定的电路参数(交流电路的电路参数为功率因素,直流电路的电路参数为时间常数)下,所能接通和分断的断路电流值。

（4）分断时间:断路器切断故障电流所需的时间。

3. 低压断路器的选择

（1）低压断路器的额定电流和额定电压应大于或等于电路、设备的正常工作电压和工作电流。

（2）低压断路器的极限通断能力应大于或等于电路最大短路电流。

（3）欠电压脱扣器的额定电压应等于电路的额定电压。

（4）过电流脱扣器的额定电流应大于或等于电路的最大负载电流。

使用低压断路器实现短路保护比选用熔断器优越,因为当三相电路短路时,很可能只有一相的熔断器熔断,造成单相运行。对于低压断路器来说,只要造成短路都会使开关跳闸,将三相同时切断。另外,它还有其他自动保护作用。但它结构复杂,操作频率低,价格较高,因此,适用于要求较高的场合,如电源总配电盘。

习题及思考题

2-1 常用的灭弧方法有哪些？

2-2 电磁机构由几部分组成？

2-3 热继电器和熔断器的作用有何不同？

2-4 热继电器在电路中的作用是什么？带断相保护和不带断相保护的三相式热继电器分别用于什么场合？

2-5 什么是主令电器？常用的主令电器有哪些？

2-6 画出下列电子元件的图形符号，并标出其文字符号。

（1）刀开关。

（2）熔断器。

（3）行程开关。

（4）自动空气开关。

（5）热继电器。

（6）时间继电器延时闭合的常开触点。

（7）时间继电器延时断开的常闭触点。

（8）按钮。

（9）接触器的线圈和主触点。

（10）速度继电器的常开触点和常闭触点。

（11）电流继电器和中间继电器。

2-7 电压继电器和电流继电器在电路中各起什么作用？它们的线圈和触点各连接在什么电路中？

2-8 速度继电器是怎样实现动作的？用于什么场合？

2-9 单相交流电磁铁的短路环断裂或脱落后，在工作过程中会出现什么现象？为什么？

第3章 »»»»»»
电气控制电路的基本控制规律

在工业、农业、交通运输等行业中都需要各种生产机械,这些生产机械的电力拖动和电气设备,主要是以各类电动机作为动力的。例如,在工业方面的各种生产流水线、生产机械、起重机械,以及风机、泵和专用加工装备等就是以电动机作为动力的。据统计,国内生产的电能约 60%用于电动机,其中的 70%以上又用于一般用途的交流异步和同步电动机。因此,掌握电动机及其控制技术的应用十分重要。

电气控制就是指通过电气自动控制方式来控制生产过程。电气控制电路是指各种有触点的接触器、继电器,以及按钮、行程开关等电子元件,用导线按一定方式连接起来的控制电路。

电气控制电路能够实现对电动机或其他执行电器的启动/停止、正/反转、调速和制动等运行方式的控制,以实现生产过程自动化,满足生产工艺的要求。

3.1 绘制电气控制电路的若干规则

电气控制电路图是将各种电子元件的连接用图来表达,各种电子元件用不同的图形符号表示,并用不同的文字符号来说明其所代表的电子元件的名称、用途、主要特征及编号等。电气控制电路应根据简明易懂的原则,采用统一规定的图形符号、文字符号和标准画法进行绘制。

3.1.1 电气控制电路图

电气控制电路的表示方法有两种:电气原理图和电气安装图。

1. 电气原理图

电气原理图一般分为主电路和辅助电路两个部分。主电路是电气控制电路中强电流通过的部分,是由电动机以及与它相连接的电子元件,如组合开关、接触器的主触点、热继电器的热元件、熔断器等组成的电路。辅助电路中通过的电流较小,包括控制电路、照明电路、信号电路及保护电路。其中,控制电路是由按钮、继电器和接触器的线圈和辅助触点等组成的。一般来说,信号电路是附加的,如果将它从辅助电路中分开,并不影响辅助电路工作的完整性。电气原理图能够清楚地表明电路的功能,对于分析电路的工作原理十分方便。

1)绘制电气原理图的原则

根据简单清晰的原则,电气原理图采用电子元件展开的形式绘制。它包括所有电子元件的导电部件和接线端点,但并不按照电子元件的实际位置来绘制,也不反映电子元件的尺寸大小。

绘制电气原理图应遵循以下原则：

（1）所有电动机、电器等器件都应采用国家统一规定的图形符号和文字符号来表示。

（2）主电路用粗实线绘制在图的左侧或上方，辅助电路用细实线绘制在图的右侧或下方。

（3）无论是主电路还是辅助电路或其中的电子元件，均应按功能布置，各种电子元件尽可能地按动作顺序从上到下、从左到右排列。

（4）在电气原理图中，同一电路的不同部分（如线圈、触点）应根据便于阅读的原则安排在图中。表示同一元件时，要在电器的不同部分使用同一文字符号。对于同类电器，必须在名称后或下标加上数字序号以示区别，如 KM1、KM2 等。

（5）所有电器的可动部分均以自然状态画出，所谓自然状态是指各种电器在没有通电和没有外力作用时的状态。对接触器、电磁式继电器等而言是指其线圈未加电压，触点未动作；对控制器，应按手柄处于零位时的状态画；对按钮、行程开关触点，应按不受外力作用时的状态画。

（6）电气原理图上应尽可能地减少线条和避免线条交叉。各导线之间有电的联系时，要在导线的交点处画一个实心圆点。根据图面布置的需要，可以将图形符号旋转90°、180°或45°。

一般来说，电气原理图的绘制要求是层次分明，各种电子元件及它们的触点安排要合理，并保证电气控制电路运行可靠，节省连接所用的导线，使施工、维修方便。

2）图面区域的划分

为了便于检索电气电路，方便用户阅读电气原理图，应将图面划分为若干图区，图区的编号一般写在图的下部。图的上方设有用途栏，用文字注明该栏对应电路或电子元件的功能，以便用户理解电气原理图各部分的功能及全电路的工作原理。

图 3-1 为 X62W 型铣床电气控制原理图，图面被划分为 10 个图区。

2. 电气安装图

电气安装图是用来表示电气控制系统中各种电子元件的实际安装位置和接线情况，它由电器位置图和电气互连图两部分组成。

1）电器位置图

电器位置图要详细绘制出电气设备零件的安装位置。图中各种电子元件的代号应与有关电路图对应的元器件代号相同。在图中往往留有 10% 以上的备用面积及导线管（槽）的位置，以供改进设计时使用。

2）电气互连图

电气互连图是用来表明电气设备各单元之间的连接关系。它清楚地表示了电气设备外部元件的相对位置及它们之间的电气连接，是实际安装时接线的依据，在具体施工和检修中能够起到电气原理图所起不到的作用。因此，它在生产现场中得到了广泛应用。

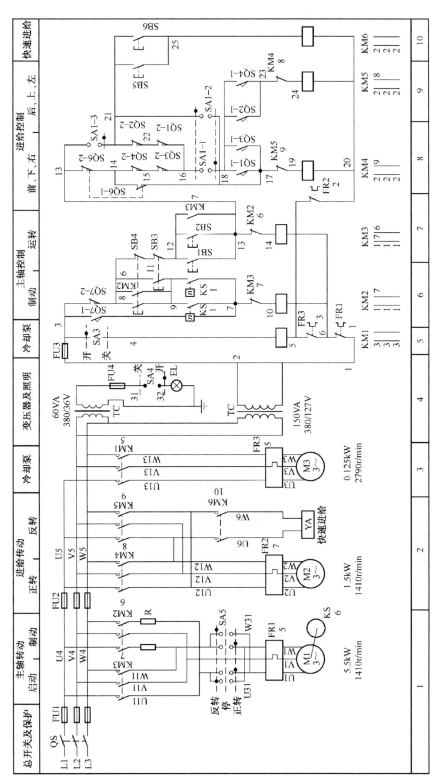

图 3-1　X62W 型铣床电气控制原理图

3.1.2 阅读和分析电气控制电路图的方法

阅读电气控制电路图最常用的方法是查线读图法，查线读图法又称为直接读图法或跟踪追击法。查线读图法是按照电路显示的生产过程的工作步骤依次读图，查线读图法按照以下步骤进行：

1. 了解生产工艺与执行电器的关系

在分析电气控制电路之前，应该熟悉生产机械的工艺情况，充分了解生产机械要完成哪些动作，这些动作之间又有什么联系。然后，进一步明确生产机械的动作与执行电器的关系，必要时可以画出简单的工艺流程图，以便分析电气控制电路。

例如，车床主轴转动时，要求油泵先给齿轮箱供油润滑，即应保证在油泵电动机启动后才允许主拖动电动机启动，对控制电路提出了按顺序工作的互锁要求。图 3-2 为主拖动电动机 M1 与油泵电动机 M2 的互锁控制电路，即车床主电路和控制电路。其中，油泵电动机是用来拖动油泵供油的。

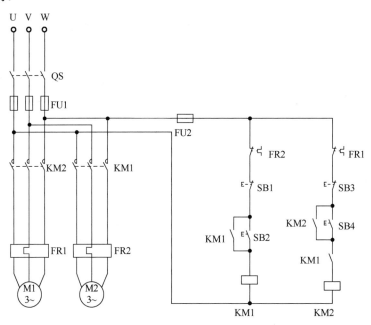

图 3-2 车床主电路和控制电路图

2. 分析主电路

在分析电气控制电路时，一般应先从电动机着手，根据主电路中有哪些控制元件的主触点、电阻等，大致判断电动机是否有正/反转控制、制动控制和调速要求等。

例如，在图 3-2 所示的电气控制电路的主电路中，主拖动电动机 M1 所在电路主要由接触器 KM2 的主触点和热继电器 FR1 组成。从图中可以断定，主拖动电动机 M1 采用全压直接启动方式。热继电器 FR1 作为主拖动电动机 M1 的过载保护电器，由熔断器 FU 承担短路保护。

油泵电动机 M2 所在电路由接触器 KM1 的主触点和热继电器 FR2 组成，该电动机也采用直接启动方式，由热继电器 FR2 承担过载保护，由熔断器 FU 承担短路保护。

3. 分析控制电路

通常对控制电路按照由上往下或由左往右依次阅读，可以按主电路的构成情况，把控制电路分解成与主电路相对应的几个基本环节，一个环节一个环节地分析，然后把各环节串起来。首先，记住各信号元件、控制元件或执行元件的原始状态；然后，设想按动了操作按钮，电路中有哪些元件受控而发生动作；这些动作元件的触点又是如何控制其他元件动作的，进而查看受驱动的执行元件有何运动；再继续追查执行元件带动机械运动时，会使哪些信号元件状态发生变化；最后查对电路信号元件状态变化时执行元件如何动作。在读图过程中，要特别注意各个电路的相互联系和制约关系，直到把电路全部看明白为止。

例如，图 3-2 电气电路的主电路可以分成主拖动电动机 M1 和油泵电动机 M2 两部分，其控制电路也可相应地分解成两个基本环节。其中，停止按钮 SB1 和启动按钮 SB2、热继电器触点 FR2、接触器 KM1 构成直接启动电路；若不考虑接触器 KM1 的常开触点，则接触器 KM2、热继电器触点 FR1、按钮 SB3 和 SB4 也构成电动机直接启动电路。这两个基本环节分别控制电动机油泵电动机 M2 和主拖动电动机 M1。

其控制过程如下：

合上刀闸开关 QS，按启动按钮 SB2：接触器 KM1 的线圈通电，其主触点 KM1 闭合，油泵电动机 M2 启动。同时，KM1 的一个辅助触点对启动按钮 SB2 自锁闭合，使油泵电动机 M2 正常运转；另一个串联在 KM2 线圈电路中的辅助触点闭合，为 KM2 通电做好准备。

按下停止按钮 SB1：接触器 KM1 的线圈断电，KM1 主触点断开，油泵电动机 M2 断电停止转动。

同理，可以分析主拖动电动机 M1 的启动/停止控制电路。工艺上要求主拖动电动机 M1 必须在油泵电动机 M2 正常运行后才能启动工作，因此，应将油泵电动机接触器 KM1 的一个常开辅助触点串联到主拖动电动机接触器 KM2 的线圈电路中，以实现只有接触器 KM1 通电后 KM2 才能通电的顺序控制，即只有在油泵电动机 M2 启动后主拖动电动机 M1 才能启动。

查线读图法的优点是直观性强，容易掌握，因而得到广泛采用。其缺点是分析复杂电路时容易出错，叙述也费时。

3.2　电气控制的基本控制环节

异步电动机的启动、停止、保护电气控制电路是广泛应用的控制电路，也是最基本的控制电路，该电路以三相交流异步电动机和由其拖动的机械运动系统为控制对象，通过由接触器、熔断器、热继电器和按钮等器件组成的控制装置对控制对象进行控制。该电路能实现对电动机启动、停止的自动控制，并具有必要的保护作用，如图 3-3 所示。

3.2.1 启动/停止电动机和自锁环节

1. 启动电动机

按下启动按钮 SB2 时，接触器 KM 的线圈通电，主触点闭合，电动机启动。同时，辅助常开触点闭合，松开 SB2 启动按钮后，KM 的线圈继续保持通电。因此，电动机不会停止转动。

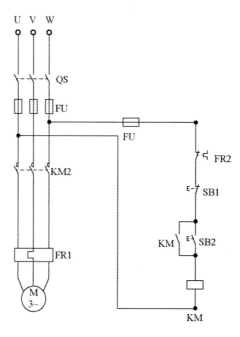

图 3-3　电动机的启动-停止-保护控制电路

2. 停止电动机

按下停止按钮 SB1 时，接触器 KM 的线圈断电，主触点断开，电动机断电而停止转动。同时，辅助触点断开，消除自锁电路，即清除"记忆"。

3. 自锁环节

电路中接触器 KM 的辅助常开触点并联于启动按钮 SB2，称为自锁环节。自锁环节一般是由接触器 KM 的辅助常开触点与主令电器的常开触点并联组成的。这种由接触器本身的触点来使其线圈长时间保持通电的环节具有对命令的"记忆"功能，当启动命令下达后，能长时间保持通电；在停机或断电后不会自启动。自锁环节不仅常用于电路的启动和停止控制，凡是需要"记忆"的控制都可以运用自锁环节。

4. 电路保护环节

电路保护环节包括短路保护、过载保护、欠电压和零压保护等。

（1）短路保护：短路时通过熔断器 FU1 的熔体熔断来切断电路，使电动机立即停止转动。

（2）过载保护：通过热继电器 FR 实现。当负载过载或电动机单相运行时，热继电器 FR 动作，其常闭触点控制电路断开，接触器 KM 的线圈断电，切断电动机主电路，使电动机停止转动。

（3）欠电压保护：通过接触器 KM 的自锁触点来实现。电源供电中断或者电源电压严重下降，使接触器 KM 由于铁芯吸力消失或减小而释放，这时电动机停止转动，接触器 KM 的辅助常开触点断开并失去自锁作用。欠电压保护可以防止电压严重下降时电动机在负载情况下的低压运行；避免电动机同时启动而造成电压严重下降；防止电源电压恢复时，电动机突然启动并开始运行，造成设备事故或威胁人身安全。

3.2.2 长动控制和点动控制

长动控制是指按下启动按钮，电动机启动后当可以长时间保持运行状态，直到按下停止按钮为止。点动控制是指按下启动按钮不松手，电动机启动并开始运行，当松开启动按钮时，电动机就停止运行。

点动控制与长动控制的区别主要在于是否设有自锁触点。点动控制电路没有自锁触点，由点动按钮兼作启动/停止按钮，因而点动控制不另设停止按钮。与此相反，长动控制电路必须设有自锁触点，并另设停止按钮。

图 3-4（a）是点动控制电路，按下点动按钮 SB，KM 的线圈通电，其常开触点闭合，电动机启动并开始运行；松开点动按钮 SB，KM 的线圈断电，其常开触点断开，电动机断电，停止转动。

图 3-4（b）是点动兼长动控制电路，采用中间继电器 KA 实现点动兼长动的控制。当按下长动按钮 SB2 时，继电器 KA 通电，它的两个常开触点闭合，使接触器 KM 通电，电动机一直运行。只有在按下停止按钮 SB1 时，电动机才停止转动。当按下点动按钮 SB3 时，电动机启动并开始运行；松开点动按钮 SB3，电动机断电，停止转动。

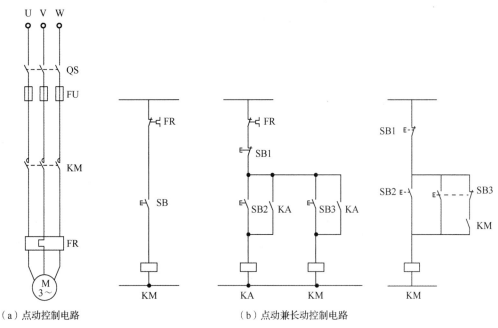

（a）点动控制电路　　　　　　　　　（b）点动兼长动控制电路

图 3-4　点动控制电路和点动兼长动控制电路

3.2.3 互锁控制

互锁控制是指生产机械或自动生产线不同的运动部件之间互相联系又互相制约，又称为联锁控制。车床主轴的正/反转不可能同时进行，因此，需要进行互锁控制。例如，龙门刨床的工作台在运动时不允许刀架移动，这也属于互锁控制。

又如，若要求甲接触器动作时，乙接触器不能动作，则需要将甲接触器的常闭触点串联在乙接触器的线圈电路中。在图3-5所示的互锁控制电路中，当KM2动作时不允许KM3动作，则必须把KM2的常闭触点串联到KM3的线圈电路中；当KM3动作时不允许KM2动作，则必须把KM3的常闭触点串联到KM2的线圈电路中，这就是"非"的关系。

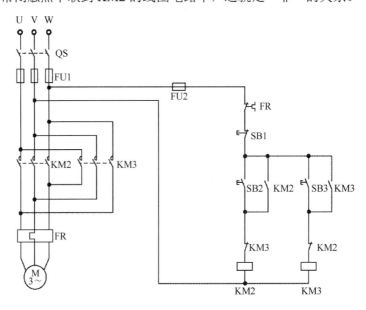

图3-5 互锁控制电路

3.2.4 顺序控制

在一些简易的顺序控制装置中，加工顺序按照一定的程序依次转换，依靠顺序控制电路完成，顺序控制又称为步进控制。例如，机械加工车床的主轴启动时，必须先让油泵电动机启动，使齿轮箱有充分的润滑油。

顺序控制要求甲接触器动作后乙接触器方能动作，则需将甲接触器的常开触点串联到乙接触器的线圈电路中。例如，当车床主轴转动时，要求油泵先启动后才允许主拖动电动机启动。图3-6为顺序控制电路，在该电路中，油泵电动机的接触器KM1的常开触点被串联到主拖动电动机的接触器KM2的线圈电路中以实现顺序控制：只有KM1先启动，KM2才能启动，这就是"与"的关系。

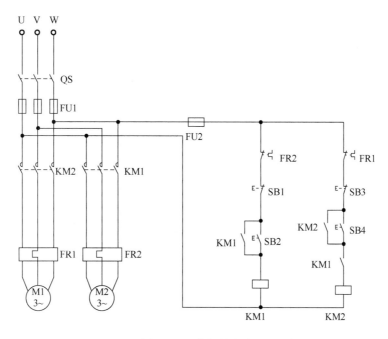

图 3-6   顺序控制电路

3.2.5   多地点控制

在有些设备中为了操作方便,能在两地或多地控制同一台电动机的控制方式就是电动机的多地点控制。多地点控制必须在每个地点有一组启动/停止按钮,所有各组按钮的连接原则如下:常开启动按钮应并联,常闭停止按钮应串联。

图 3-7 是实现三地控制的电路。图中 SB-Q1 和 SB-T1,SB-Q2 和 SB-T2,SB-Q3 和 SB-T3

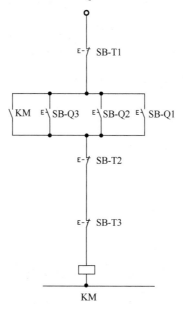

图 3-7   三地控制电路

为一组装在一起，固定于生产设备的 3 个地方；启动按钮 SB-Q1、SB-Q2 和 SB-Q3 并联，停止按钮 SB-T1、SB-T2 和 SB-T3 串联。这样就可以分别在甲、乙、丙 3 个地点启动或停止同一台电动机，操作方便。

3.3 三相异步电动机的启动控制

三相异步电动机具有结构简单、运行可靠、坚固耐用、价格便宜、维修方便等一系列优点，因此，在工矿企业中异步电动机得到广泛应用。三相异步电动机的控制电路大多由接触器、继电器、闸刀开关、按钮等有触点电器组合而成。通常，三相异步电动机的启动有全压直接启动方式和降压启动方式。

3.3.1 三相鼠笼式异步电动机的全压启动控制

在变压器容量允许的情况下，三相鼠笼式异步电动机应该尽可能采用全压直接启动，即启动时将电动机的定子绕组直接连接在交流电源上，电动机在额定电压下直接启动。直接启动既可以提高控制电路的可靠性，又可以减少电器的维修工作量。

1. 单向长动控制电路

三相鼠笼式电动机单方向长时间转动控制是一种最常用、最简单的控制电路，能实现对电动机的启动、停止的自动控制。单向长动控制的电路即图 3-3 所示的启动-停止-保护电路。

2. 单向点动控制电路

生产机械在正常工作时需要长动控制，但在试车或进行调整运动时，就需要点动控制，点动控制也称为短车控制或点车控制。例如，桥式吊车需要经常作调整运动，点动控制是必不可少的。

3.3.2 三相鼠笼式异步电动机的降压启动控制

三相鼠笼式异步电动机采用全压直接启动时，控制电路简单，但是该异步电动机的全压启动电流一般可达额定电流的 4～7 倍，过大的启动电流会降低电动机的寿命，使变压器二次电压大幅度下降，会减小电动机本身的启动转矩，甚至使电动机无法启动，过大的电流还会引起电源电压波动，影响同一供电网路中其他设备的正常工作。

判断一台电动机能否采用全电压启动的一般原则：当电动机容量在 10kW 以下时，可直接启动；10kW 以上的异步电动机是否允许直接启动，要根据电动机容量和电源变压器容量的经验公式估计：

$$\frac{I_q}{I_e} \leq \frac{3}{4} + \frac{\text{电源变电压器容量}(kV \cdot A)}{4 \times \text{电动机容量}(kV \cdot A)} \tag{3-1}$$

式中，I_q 为电动机的全电压启动电流（A）；I_e 为电动机的额定电流（A）。

若计算结果满足上述经验公式，则可以全电压启动；否则，应考虑降压启动。有时，为了限制和减少启动转矩对机电装备的冲击作用，允许全电压启动的电动机采用降压启动方式。

1. 自耦变压器的降压启动控制电路

自耦变压器又称为启动补偿器。电动机启动时，定子绕组得到的电压是自耦变压器的二次电压，一旦启动完毕，自耦变压器便被切除，电动机进入全电压运行状态。自耦变压器的次级一般有 3 个抽头，可得到 3 种数值不等的电压，使用时可根据启动电流和启动转矩的要求灵活选择。

自耦变压器降压启动的原理：采用时间继电器来完成自耦变压器的降压启动过程的切除。由于时间继电器的延时可以较为准确地整定，当时间继电器延时时间到时，便切除自耦变压器，结束启动过程。这种使用时间继电器控制电路中的各种电子元部件的动作顺序，称为时间原则控制电路。自耦变压器降压启动控制电路如图 3-8 所示。

在自耦变压器降压启动过程中，启动电流与启动转矩的比值按变比的平方倍降低。因此，从电网取得同样大小的启动电流，采用自耦变压器降压启动比采用电阻降压启动产生较大的启动转矩。这种启动方法常用于容量较大、正常运行且采用星形连接法的电动机。其缺点是自耦变压器的价格较贵，结构相对复杂，体积庞大，不允许频繁操作。

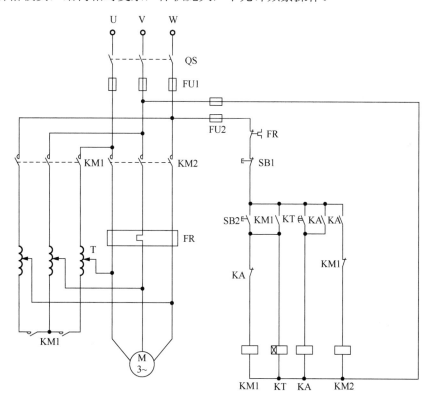

图 3-8　自耦变压器降压启动控制电路

2. 星形-三角形连接法降压启动控制电路

星形-三角形连接法降压启动是指在启动时把电动机定子绕组连接成星形，每相绕组承受的电压为电源的相电压（220V），在启动结束时换成三角形连接法，每相绕组承受的电压为电源线电压（380V），电动机进入正常运行状态。

凡是在正常运行时定子绕组连接成三角形的三相鼠笼式异步电动机均可采用这种自动控制电路。星形-三角形连接法降压启动控制电路如图3-9所示。

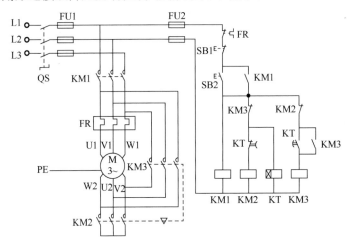

图 3-9　星形-三角形连接法降压启动控制电路

星形-三角形连接法降压启动的工作原理如下。

按下启动按钮 SB2：

（1）接触器 KM1 的线圈通电，电动机 M 接通电源。

（2）接触器 KM2 的线圈通电，其常开触点闭合，以星形连接法启动，辅助触点断开，保证接触器 KM3 不通电。

（3）时间继电器 KT 的线圈通电，经过一定时间延时，KT 常闭触点断开，切断 KM2 的线圈电源。

（4）KM2 的主触点断开，KM2 的常闭辅助触点闭合，KT 常开触点闭合，接触器 KM3 的线圈通电，KM3 的主触点闭合，使电动机 M 由星形连接法启动转换为三角形连接法运行。

按下停止按钮 SB1，控制电路电源被切断，电动机 M 停止转动。

三相鼠笼式异步电动机采用星形-三角形连接法降压启动的优点是定子绕组采用星形连接法时，启动电压为直接采用三角形连接法时的 $1/\sqrt{3}$，启动电流为采用三角形连接法时的 1/3，因而启动电流特性好，电路较简单，投资少。其缺点是启动转矩也相应下降为三角形连接法的 1/3，转矩特性差。本电路适用于轻载或空载启动的场合，应强调的是，采用星形-三角形连接法时要注意其旋转方向的一致性。

除了上述两种降压启动方法，还有其他降压启动的方法：延边三角形连接法降压启动和定子串联电阻法降压启动。这两种方法目前已经很少采用，因此本章不做介绍。

3.4　三相异步电动机的制动控制

由于惯性三相异步电动机从切断电源到安全停止转动总要经过一定的时间。这影响了生产效率。在实际生产中，为了实现快速、准确的制动，缩短时间，提高生产效率，对要求停止转动的电动机强迫其迅速停车，必须采取制动措施。

所谓制动，就是给正在运行的电动机加上一个与原转动方向相反的制动转矩迫使电动机迅速停止转动。三相异步电动机的制动方法分为两类：机械制动和电气制动。

3.4.1 机械制动

机械制动的设计思想是利用从外部施加的机械作用力，使电动机迅速停止转动。机械制动主要有电磁抱闸制动、电磁离合器制动。

1. 电磁抱闸制动

电磁抱闸制动是依靠电磁制动闸紧紧抱住与电动机同轴的制动轮来制动的。采用电磁抱闸制动方式时，优点是制动力矩大，制动迅速、准确，缺点是制动越快，冲击振动越大。电磁抱闸制动分为断电电磁抱闸制动和通电电磁抱闸制动。

断电电磁抱闸制动的特点：在电磁铁线圈断电或未接通电源时，电动机都处于抱闸制动状态，如电梯、吊车、卷扬机等设备。断电电磁抱闸制动电路如图 3-10 所示。

断电电磁抱闸制动电路的工作原理：按下启动按钮 SB2，接触器 KM2 的线圈通电，主触点吸合，电磁铁的线圈 YA 接通电源；电磁铁铁芯向上移动并抬起制动闸，松开制动轮。接触器 KM2 线圈通电，触点闭合后，KM1 线圈通电，触点闭合，电动机启动并开始运行。

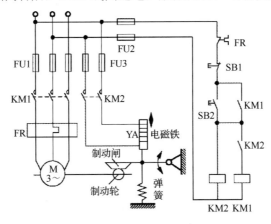

图 3-10　断电电磁抱闸制动电路

按下停止按钮 SB1 后，接触器 KM1、KM2 线圈断电，触点断开；电动机和电磁铁绕组均断电，制动闸在弹簧作用下紧紧压在制动轮上，依靠摩擦力快速制动电动机。

为了避免电动机在启动前瞬时出现转子被掣住而不转的短路运行状态，在电路设计时应使接触器 KM2 先通电，KM2 主触点闭合，电磁铁线圈 YA 通电，松开制动闸后，电动机才能接通电源。

通电电磁抱闸制动控制是指未通电前，制动闸处于松开的状态，通电后才抱闸。例如，机床等机电装备因需要经常调整加工件位置而采用这种抱闸制动。

2. 电磁离合器制动

电磁离合器制动是采用电磁离合器来实现制动的，电磁离合器体积小，传递转矩大，制动方式比较平稳且迅速，并可以安装在机床等机电装备的内部。

3.4.2 电气制动

1. 反接制动控制

反接制动是一种电气制动方法，即通过改变电动机电源电压的相序使电动机制动。由于电源电压的相序改变，定子绕组产生的旋转磁场方向也与原方向相反，而转子仍按原方向惯性旋转。于是，在转子电路中产生相反的感应电流，转子受到一个与原转动方向相反的力矩的作用，使电动机转速迅速下降，从而实现制动。

在反接制动时，转子与定子旋转磁场的相对速度接近于两倍同步转速。因此，定子绕组中的反接制动电流相当于全电压直接启动时电流的两倍。为避免对电动机及机械传动系统的过大冲击，一般在10kW以上电动机的定子电路中串联对称电阻或不对称电阻，以限制制动转矩和制动电流，这个电阻称为反接制动电阻。图3-11（a）、图3-11（b）所示分别为定子电路中串联对称电阻和不对称电阻。

反接制动的关键是采用按转速原则进行制动控制。当电动机转速接近零时，必须自动地将电源切断；否则，电动机会反向启动。因此，采用速度继电器来检测电动机的转速变化，当电动机转速下降到接近零时（100 r/min），由速度继电器自动切断电源。反接制动控制电路分为单向反接制动控制电路和可逆反接制动控制电路。

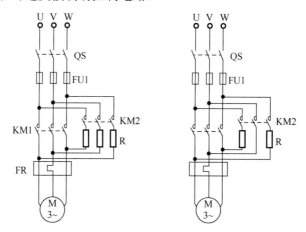

（a）定子电路中串联对称电阻　　　（b）定子电路中串联不对称电阻

图3-11　定子电路中串联对称电阻或不对称

1）单向反接制动控制

单向反接制动控制电路如图3-12所示，其中，KS为速度继电器。单向反接制动控制电路的工作原理：按下启动按钮SB2，接触器KM1的线圈通电，主触点吸合，电动机启动并开始运行；在电动机正常运行时，速度继电器KS的常开触点闭合，为进行反接制动控制的接触器KM2线圈的通电准备条件。

当按下停止按钮SB1，接触器KM1线圈断电，切断电动机三相电源。此时，电动机由于惯性的作用，转速仍然很高，速度继电器KS的常开触点仍闭合，接触器KM2线圈通电，其主触点吸合，使定子绕组得到相反相序的电源，电动机串联制动电阻R，进入反接制动。

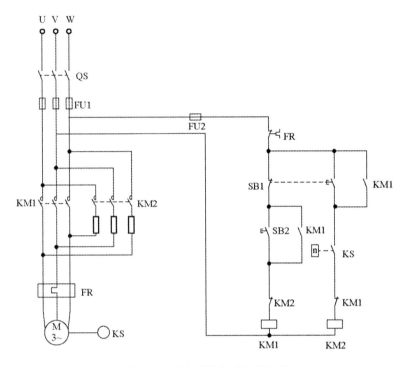

图 3-12　单向反接制动控制电路

当电动机转子的惯性转速接近零（100 r/min）时，速度继电器 KS 的常开触点断开，接触器 KM2 线圈断电，主触点断开，切断电源，制动控制结束。

反接制动的优点是制动效果好，其缺点是能量损耗大，由电网供给的电能和拖动系统的机械能全部转化为电动机转子的热损耗。

2）可逆运行的反接制动控制

电动机可逆运行的反接制动控制电路如图 3-13 所示。由于速度继电器的触点具有方向性，因此，电动机的正向和反向制动分别由速度继电器的两对常开触点 KS-Z、KS-F 来控制。该电路在电动机正/反转启动和反接制动时在定子电路中都串联了电阻，限流电阻 R 在反接制动时起到了限制制动电流、在启动时限制启动电流的双重限流作用。操作方便，具有触点、按钮双重互锁，运行安全、可靠，是一个较完善的控制电路。

电动机可逆运行的反接制动控制电路的工作原理如下。

按下正向启动按钮 SB2 后的情况：

中间继电器 KA1 的线圈通电，KA1 的触点吸合，实现自锁。同时，正向接触器 KM1 的线圈通电，主触点吸合，电动机正向启动。

电动机刚启动时未达到使速度继电器 KS 动作的转速，常开触点 KS-Z 未闭合时，中间继电器 KA3 的线圈不通电，接触器 KM3 也不通电，使串联电阻 R 在定子绕组中起到限制启动电流的作用。

当转速升高到使速度继电器动作时，常开触点 KS-Z 闭合，KM3 的线圈通电而吸合，其主触点将限流电阻 R 短接，电动机启动结束。

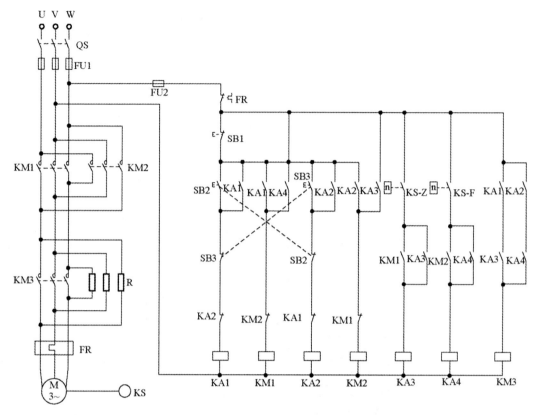

图 3-13　电动机可逆运行的反接制动控制电路

按下停止按钮 SB1 后的情况：

KA1 的线圈断电，KA1 常开触点断开接触器 KM3 的线圈电路，使电阻 R 再次串联到定子电路中，同时，KM1 的线圈断电，切断电动机三相电源。

此时，电动机转速仍较高，常开触点 KS-Z 仍闭合，KA3 的线圈仍保持通电状态。在 KM1 断电的同时，KM2 的线圈通电吸合，其主触点将电动机电源反接，电动机反接制动，定子电路串联电阻 R，以限制制动电流。

当转速接近零时，常开触点 KS-Z 断开，KA3 的线圈和 KM2 的线圈相继断电，制动控制结束，电动机停止转动。

按下反向启动按钮 SB3 后的情况：

如果电动机正在正向运行，按下反向启动按钮 SB3，那就同时切断 KA1 的线圈和 KM1 的线圈的电流。

中间继电器 KA2 线圈通电，触点 KA2 吸合，实现自锁。同时，反向接触器 KM2 通电，主触点吸合，电动机反接制动。

当转速降至零时，常开触点 KS-Z 断开，电动机又反向启动。只有当反向转速升高且达到常开触点 KS-F 动作值时，常开触点 KS-F 才闭合。KA4 的线圈和 KM3 的线圈相继通电并吸合，断开电阻 R，直至电动机进入反向正常运行。

2. 能耗制动

能耗制动是一种应用广泛的电气制动方法。在电动机脱离三相交流电源后，立即把直流电源接入定子的两相绕组，绕组中流过直流电流，产生了一个静止不动的直流磁场。此时，电动机的转子切割直流磁通，产生感生电流。在静止磁场和感生电流的相互作用下，产生一个阻碍转子转动的制动力矩。因此，电动机转速迅速下降，从而达到制动的目的。当电动机转速降至零时，转子导体与磁场之间无相对运动，感生电流消失。在电动机停止转动后，把直流电源切除，制动控制结束。

能耗制动可以采用时间继电器与速度继电器两种控制形式。图 3-14 为按时间原则控制的单向能耗制动控制电路。

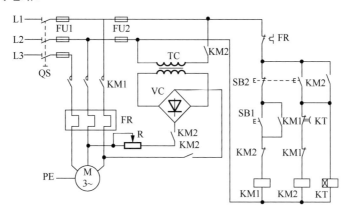

图 3-14　按时间原则控制的单向能耗制动控制电路

能耗制动控制电路的工作原理：按下启动按钮 SB1，接触器 KM1 通电，电动机正常运行，KM1 与 KM2 互锁，接触器 KM2 和时间继电器 KT 不通电。

按下停止按钮 SB2，KM1 的线圈断电，主触点断开，电动机脱离三相交流电源。KM1 的辅助触点闭合，KM2 的线圈与 KT 的线圈相继通电。KM2 的主触点闭合，把经过整流后的直流电压施加到电动机两相定子绕组上，开始能耗制动。

当转子速度接近零时，时间继电器 KT 的常闭触点延时断开，使接触器 KM2 的线圈和 KT 的线圈相继断电，切断能耗制动的直流电流，进而切断电源，制动控制结束。

从能量角度看，能耗制动把电动机转子转动所储存的动能转变为电能，该电能又消耗在电动机转子的制动上。与反接制动相比，能量损耗少，制动准确。因此，能耗制动适用于电动机容量大、要求制动平稳和启动频繁的场合。但制动速度较反接制动慢一些，能耗制动需要整流电路。

3.5　电动机的可逆运行

电动机的可逆运行就是正/反转控制。在生产实际中，往往要求控制电路能对电动机进行正/反转的控制。例如，机床主轴的正/反转、工作台的前进与后退、起重机起吊重物的上升与下降以及电梯的升降等。

由三相异步电动机转动原理可知，若要电动机逆向运行，只须把连接在电动机定子的三相电源线中的任意两相对调一下即可，与反接制动的原理相同。电动机可逆运行控制电路实质上是两个方向相反的单向运行电路的组合，并且在这两个方向相反的单向运行电路中增加必要的互锁控制。

3.5.1 电动机可逆运行的手动控制

根据电动机可逆运行操作顺序的不同，有"正—停—反"手动控制电路与"正—反—停"手动控制电路。

1. "正—停—反"手动控制电路

"正—停—反"控制电路是指电动机正向运转后要反向运转，必须先停下来再反转。图 3-15 为电动机"正—停—反"手动控制电路。KM2 为正转接触器，KM3 为反转接触器。

电路工作原理：按下正向启动按钮 SB2，接触器 KM2 的线圈通电，其触点吸合，其常开主触点将电动机定子绕组接通电源，电压相序为 U、V、W，电动机正向启动并开始运行。

按下停止按钮 SB1，KM2 断电并释放触点，电动机停止转动。

按下反向启动按钮 SB3，KM3 的线圈通电，主触点吸合，其常开触点把相序为 W、V、U 的电源连接到电动机上，电动机反向启动并开始运行。再次按下停止按钮 SB1，电动机停止转动。

由于把 KM2 和 KM3 的常闭辅助触点串联到对方的接触器线圈电路中，形成互锁。因此，当电动机正转时，即使误按反转按钮 SB3，反向接触器 KM3 也不会通电。若要电动机反转，必须先按下停止按钮，再按下反向按钮。

2. "正—反—停"手动控制电路

在实际生产过程中，为了提高劳动生产率，常要求电动机能够直接实现正/反转。利用复合按钮可构成"正—反—停"控制电路，如图 3-16 所示。

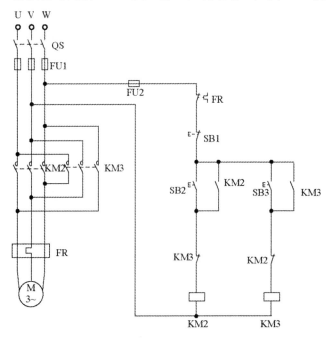

图 3-15　"正—停—反"手动控制电路

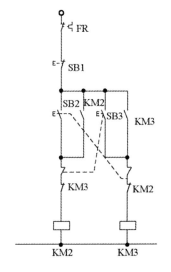

图 3-16　"正—反—停"手动控制电路

电路工作原理：按下正向启动按钮 SB2，接触器 KM2 的线圈通电，其触点吸合，其常开主触点闭合，使电动机定子绕组接通电源。此时，电压相序为 U、V、W，电动机正向启动并开始运行。

若要电动机反转，不必按停止按钮 SB1，可直接按下反转按钮 SB3，使 KM2 线圈断电，其触点释放；KM3 的线圈通电，其触点吸合，电动机先脱离电源，停止正转，然后，又反向启动并开始运行。

3.5.2　电动机可逆运行的自动控制

自动控制的电动机可逆运行电路，可按行程控制原则来设计。按行程控制原则又称为位置控制，就是利用行程开关来检测往返运动位置，发出控制信号来控制电动机的正/反转，使机件往复运动。

图 3-17（a）为工作台自动循环的原理图，行程开关 SQ1 和 SQ2 安装在指定位置。当工作台下面的挡铁压到行程开关 SQ1 时，工作台就向左移动；当挡铁压到行程开关 SQ2 时，工作台就向右移动。图 3-17（b）为工作台自动循环的控制电路。

工作台自动循环的控制电路工作原理：按下正向启动按钮 SB2 时，接触器 KM1 线圈通电并实现自锁，电动机正向启动并开始运行，工作台向左移动。当工作台移动到 SQ1 位置时，工作台压下行程开关 SQ1，SQ1 的常闭触点断开，接触器 KM1 线圈断电，其常开主触点断开，电动机正向运行停止；同时，SQ1 的常开触点闭合，接触器 KM2 线圈通电，其常开主触点闭合，电动机反向启动并开始运行，使工作台自动返回。当工作台返回至 SQ2 位置时，工作台压下行程开关 SQ2，其常闭触点断开，接触器 KM2 线圈断电；同时 SQ2 的常开触点闭合，接触器 KM1 线圈通电，其触点闭合，工作台又向左移动。工作台进行往复运动，直到按下停止按钮 SB1 使电动机停止转动为止。

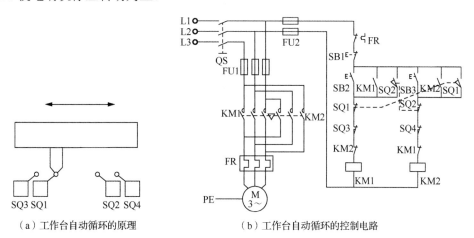

（a）工作台自动循环的原理　　（b）工作台自动循环的控制电路

图 3-17　工作台自动循环的原理和控制电路

在控制电路中，行程开关 SQ3、SQ4 为极限位置保护，是为了防止 SQ1、SQ2 可能失效引起事故而设的，SQ3 和 SQ4 分别安装在电动机正转和反转时运动部件的行程极限位置。如果

SQ2 失灵，运动部件就继续前行，压下行程开关 SQ4 后，KM2 断电而使电动机停止转动。这种限位保护的行程开关在位置控制电路中必须设置。

习题及思考题

3-1 什么是自锁和互锁？它们各起什么作用？

3-2 最常用的降压启动的方法有哪几种？它们的工作原理分别是什么？

3-3 最常用的制动方法有哪些？

3-4 试设计某型号机床主轴电动机的主电路和控制电路。要求：

（1）星形-三角形连接法降压启动。

（2）能耗制动。

（3）电路具有短路、过载和欠电压保护。

3-5 试设计一个控制电路，要求第一台电动机启动并运行 4s 后，第二台电动机才能自动启动，运行 5s 后，第一台电动机停止转动，同时，第三台电动机启动，运行 10s 后，三台电动机全都断电。

3-6 试设计一个电动机的控制电路，要求：

（1）既能点动又能连续运转。

（2）停止时采用反接制动。

（3）能在两地进行启动和停止。

3-7 现有两台电动机，试设计一个既能分别启动或停止，又能同时启动或停止这两台电动机的控制电路。

3-8 设计一个往复运动的主电路和控制电路，要求：

（1）向前运动到位后停留一段时间再返回。

（2）返回到位后立即向前。

（3）电路具有短路、过载和欠电压保护。

3-9 在电动机的主电路中既然安装了熔断器，为什么还要安装热继电器？它们各起什么作用？

第4章 »»»»»»
典型机床电气控制系统分析

电气控制系统是机床的重要组成部分，它是保证机床各种运动的准确与协调，使生产工艺各项要求得以满足，以及工作安全可靠及操作自动化的主要技术手段。了解电气控制系统对于机床的正确安装、调整、维护与使用都是必不可少的。

在分析典型机床的电气控制系统时，首先，应对其机械结构及各部分的运动特征有清楚的了解。其次，由于现代生产机械多采用机械、液压和电气相结合的控制技术，并以电气控制系统技术作为连接中枢，所以应树立机、电、液相结合的整体概念，注意它们之间的协调关系。

4.1 CA6140 型车床电气控制

典型车床是一种应用极为广泛的金属切削机床，主要用于加工各种回转表面、螺纹和端面等，并可通过尾座进行钻孔、铰孔等切削加工。下面以 CA6140 型车床为例。

4.1.1 CA6140 型车床结构简介

CA6140 型车床主要由主轴箱、刀架、溜板箱、进给箱、交换齿轮变速机构等部分组成，其结构如图 4-1 所示。主轴箱 1 固定在床身 4 左端，主轴箱内装有主轴和变速传动机构。主轴前端

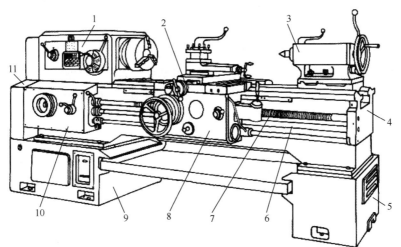

1—主轴箱；2—刀架；3—尾座；4—床身；5—右支座；6—光杠；
7—丝杠；8—溜板箱；9—左支座；10—进给箱；11—交换齿轮变速机构

图 4-1 CA6140 型车床结构

装有卡盘，用以夹持工件。刀架 2 位于床身 4 的刀架导轨上，并可沿此导轨纵向移动。刀架部件由几层刀架组成，它用于装夹车刀。溜板箱 8 固定在刀架 2 的底部，它将进给箱传来的运动传递给刀架，从而带动刀架一起作纵向运动。进给箱 10 固定在床身 4 的左前侧，进给箱内装有进给传动的变换机构，用于改变机动进给的进给量或改变被加工螺纹的导程。

4.1.2　CA6140 型车床的主要运动形式

该车床的切削加工包括主运动、进给传动和辅助运动。

1. 主运动

CA6140 型车床的主运动为工件的旋转运动，由主轴通过卡盘或顶尖带动工件旋转实现。CA6140 型车床主轴的动力源为一台三相鼠笼式异步电动机，为满足加工的需要，主轴的旋转运动需要正转或反转，这个要求一般是通过改变主轴电动机的转向或采用离合器来实现的。

2. 进给传动

CA6140 型车床进给传动为刀具的直线运动，加工时由进给箱调节纵向或横向进给量。进给传动多半是通过主轴运动分出一部分动力，通过交换齿轮箱把这部分动力传给进给箱，配合主动动实现刀具的进给。

3. 辅助运动

辅助运动为刀架的快速移动及工件的夹紧、放松等。为了提高效率，刀架的快速运动由一台单独的进给电动机拖动。车床一般都设有交流电动机拖动的冷却泵，以实现切削时刀具的冷却。

4.1.3　CA6140 型车床电气控制系统分析

1. CA6140 型车床电气控制要求

CA6140 型车床控制系统执行件主要有主轴电动机、冷却电动机、快速移动电动机，以及照明灯、信号灯。其中，主轴电动机为车床主运动和进给传动的动力源，冷却电动机带动冷却泵为车床提供切削液，快速移动电动机拖动刀架的快速移动。CA6140 型对电气控制的要求如下：

（1）冷却电动机应能实现自锁功能。

（2）主轴电动机。冷却泵的启动须在主轴电动机启动后，同时应能实现自锁控制。

（3）快速移动电动机应能实现点动控制。

（4）电路安全。控制电路中应设置短路保护、电动机过载保护等安全措施。

2. CA6140 型车床电气控制电路分析

1）主电路分析

CA6140 型车床电气控制电路如图 4-2 所示。土电路出三台三相异步鼠笼式电动机组成，其中 M1 为主轴电动机，功率为 7.5kW，M2 为冷却泵电动机，功率为 90W，M3 为快速移动电动机，功率为 250W。三台电动机均采用直接启动方式，分别由接触器 KM1、KM2、KM3 主触点控制其启动/停止。CA6140 型车床电子元件符号与功能说明见表 4-1。

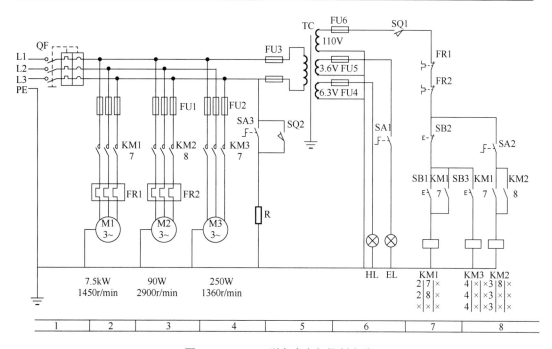

图 4-2　CA6140 型车床电气控制电路

表 4-1　CA6140 型车床电子元件符号与功能说明

符　　号	名称及用途	符　　号	名称及用途
M1	主轴电动机	SB1	主轴电动机启动按钮
M2	冷却泵电动机	SB2	停止按钮
M3	快速移动电动机	SB3	快速移动电动机点动按钮
KM1	主轴电动机启动接触器	SQ1	传动带防护罩检测开关
KM2	冷却泵电动机启动接触器	SQ2	电气控制柜柜门检测开关
KM3	快速移动电动机启动接触器	SA1	照明灯旋转开关
FU1-6	熔断器	SA2	冷却泵旋转开关
TC	控制变压器	R	限流电阻
FR1	冷却泵电动机过载保护热继电器	EL	照明灯
FR2	快速移动电动机过载保护热继电器	HL	信号灯
QF	断路器	—	—

2）控制电路分析

SQ1 为传动带防护罩检测开关，若防护罩未盖上，则 SQ1 断开，机床将无法启动。因此，要启动机床，必须先检查传动带防护罩是否盖上。SQ2 为电气控制柜柜门检测开关，若电气控制柜柜门未关，SQ2 开关闭合。此时，合上断路器 QF，限流电阻 R 通电，QF 将自动跳闸进行短路保护。

若机床电气控制柜柜门及传动带防护罩已就位，则可启动机床。

（1）主轴电动机的控制。

启动：钥匙旋动开关 SA3 断开→合上断路器 QF→380V 交流电经过变压器 TC 变成 110V 控制电路电压→按下启动开关 SB1→KM1 线圈通电→KM1 主触点闭合，电动机 M1 启动，KM1 辅助触点闭合，实现自锁，主轴电动机正常运转。

制动：

按下停止按钮 SB2→KM1 线圈断电→KM1 主触点断开，电动机 M1 停止。

（2）冷却泵电动机的控制。

启动：

合上旋动开关 SA2→当主轴电动机启动后，KM1 辅助常开触点闭合→KM2 线圈通电→KM2 主触点闭合，M2 电动机启动→KM2 辅助触点闭合，实现自锁。

制动：

断开旋动开关 SA2→KM2 线圈断电→冷却泵电动机停止。

（3）快速移动电动机的控制。

启动：

先将手柄扳到需要快速移动的方向→按下快速移动按钮 SB3→KM3 线圈通电→KM3 主触点闭合，M3 电动机启动→机械超越离合器自动将进给速度传给传动链，传动刀架快速移动。

制动：

松开 SB3 按钮→M3 快速移动电动机制动，为点动控制。

（4）车床照明和电源指示。

HL 为 6.3V 交流指示灯，当断路器 QF 接通时，变压器 TC 的副边线圈通电，该指示灯就亮。EL 为 36V 交流车床照明灯，旋动开关 SA1 接通时打开照明灯。

3．电气保护环节

主电路中设有熔断器 FU1、FU2、FU3 以及热继电器 FR1、FR2，用于短路保护和过载保护。熔断器 FU4、FU5 和 FU6 实现控制电路和辅助电路的短路保护；断路器 QF 也具有过载保护功能，同时可实现过电流、欠电压保护；SQ1 和 SQ2 是检测传动带防护罩和电气控制柜柜门是否就位的位置保护开关，可实现断电保护。

4.2 X62W 型万能铣床电气控制

铣床是机械制造行业中应用十分广泛的一种机床。铣床应用多刃刀具连续切削，它的生产率较高，而且可以获得较好的表面质量。在铣床上可以加工平面（水平面、垂直面等）、沟槽（键槽、T 形槽、燕尾槽等）、分齿零件（齿轮、外花键、链轮等）、螺旋表面（螺纹和螺旋槽）及各种曲面等。下面以 X62W 型万能铣床为例，分析其电气控制系统。

4.2.1 X62W 型万能铣床结构简介

X62W 型万能铣床是卧式铣床，主要由床身、悬梁、主轴、刀杆支架、长工作台、溜板箱和升降台等组成，如图 4-3 所示。床身固定在底座上，内装主轴传动机构和变速机构，床身顶部有水平导轨，悬梁可沿导轨水平移动。刀杆支架装在悬梁上，可在悬梁上水平移动。升降台可沿床身前面的垂直导轨上下移动。溜板箱在升降台的水平导轨上可作平行于主轴轴线方向的横向移动。长工作台安装在溜板箱的水平导轨上，可沿导轨作垂直于主轴轴线的纵向移动。此外，溜板箱可绕垂直轴线左右旋转 45°，因此，长工作台能在倾斜方向进给，以便加工螺旋轴。

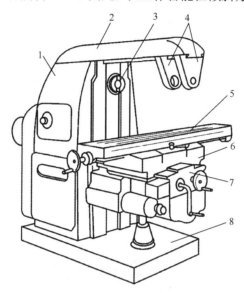

1—床身；2—悬梁；3—主轴；4—刀杆支架；5—长工作台；6—溜板箱；7—升降台；8—底座

图 4-3　X62W 型万能铣床结构

4.2.2　X62W 型万能铣床的主要运动形式

铣床的运动方式分为主运动、进给传动和辅助运动。

（1）主运动。X62W 型万能铣床的主运动是铣刀的旋转运动：由一台鼠笼式异步电动机拖动主轴，从而带动铣刀旋转。为满足加工要求，主轴转速被设置为可调，它是通过机械变速机构实现的，可以有 18 种不同转速。

（2）进给传动。X62W 型万能铣床的进给传动是指长工作台的纵向、横向和垂直方向的直线运动，采用交流电动机拖动，3 个运动方向的选择由机械手柄操纵。若安装了附件圆工作台，则可完成旋转进给传动。

（3）辅助运动。X62W 型万能铣床的辅助运动是指长工作台的快速移动等。

4.2.3　X62W 型万能铣床电气控制系统分析

1. X62W 型万能铣床电气控制要求

X62W 型万能铣床控制系统执行件主要有主轴电动机、冷却泵电动机、进给电动机、照明灯和信号灯。其中，主轴电动机为铣床主运动的动力源，冷却电动机带动冷却泵为铣床提供切削用的冷却液，进给电动机拖动长工作台，传递进给传动及快速移动。X62W 型万能铣床对电气控制的要求如下：

（1）冷却泵电动机。该电动机应能实现自锁功能。

（2）主轴电动机。铣削加工有顺铣和逆铣两种加工方式，相应地要求主轴电动机能正/反转。但考虑到正/反转操作并不频繁（批量顺铣或逆铣），因此采用倒顺开关 SA5，以改变电源相序实现主轴电动机的正/反转。由于主轴传动系统中装有避免振动的惯性轮，使主轴制动困难，主轴电动机采用反接制动以实现准确制动。

（3）进给电动机。X62W 型万能铣床的进给方向与速度均通过机械机构与操作手柄实现，因此在电气方面，进给电动机只需实现点动及正/反转控制。

（4）互锁控制。为使铣床安全、可靠地工作，在启动铣床时，要求先启动主轴电动机，再启动进给电动机；停止铣床时，要求先停止进给电动机，再停止主轴电动机，或同时停止这两台电动机。附件圆工作台的旋转与工作台的纵向、横向和垂直移动 3 个方向的运动也有互锁控制，即圆工作台旋转时，长工作台不能向其他方向移动。当主轴电动机或冷却泵电动机过载时，进给传动必须立即停止。

（5）电路安全。控制电路中应设置短路保护、电动机过载保护等安全措施。

2．X62W 型万能铣床电气控制电路分析

1）主电路分析

X62W 型万能铣床电气控制电路如图 4-4 所示。主电路由三台三相交流电动机组成，其中，M1 为主轴电动机，功率为 5.5kW，由 SA5 控制转向，并由接触器 KM2、KM3 主触点控制启动/停止；M2 为进给电动机，功率为 1.5kW，由接触器 KM4、KM5 主触点控制正/反转；YA 为快速电磁铁线圈，由接触器 KM6 主触点控制通断，YA 电磁铁吸合，将改变传动链的传动比从而实现快速移动；M3 为冷却泵电动机，功率为 125W，由接触器 KM1 主触点控制启动/停止。三台电动机均采用直接启动方式。X62W 型万能铣床电子元件符号与功能说明见表 4-2。

2）控制电路分析

（1）主轴控制。

① 启动。合上刀开关 QS→380V 交流电经过变压器 TC 变成 127V 控制电路电压→转动 SA5 选择转向→按下按钮 SB1 或 SB2→KM3 线圈通电→KM3 的主触点闭合，主轴电动机 M1 启动，KM3 的辅助常开触点闭合，实现自锁，主轴电动机正常运转→当主轴电动机 M1 速度大于设定值→速度继电器 KS 的常开触点闭合。

② 制动。按下停止按钮 SB3 或 SB4→KM3 线圈断电→KM3 主触点断开，主轴电动机 M1 由于惯性继续旋转，同时 KM3 辅助常开触点断开，KM3 辅助常闭触点闭合→KM2 线圈通电→KM2 主触点闭合，主轴电动机 M1 反接制动→当主轴电动机 M1 的速度小于设定值→速度继电器 KS 常开触点断开→ KM2 线圈断电，主轴电动机 M1 停止转动。

③ 变速冲动。主轴变速时的变速冲动是利用变速手柄和冲动开关 SQ7 通过机械上的联动机构完成的。变速冲动的操作过程如下：先将变速手柄拉向前面，然后旋转变速盘选择转速，再把该手柄快速推回原位。在变速手柄推拉过程中，凸轮瞬时压下弹簧杆，冲动开关 SQ7 瞬时动作，使接触器 KM2 线圈短时通电，主轴电动机 M1 反转一下，以便齿轮咬合。为避免 KM2 线圈通电时间过长，变速手柄的推拉操作都应以较快速度进行。

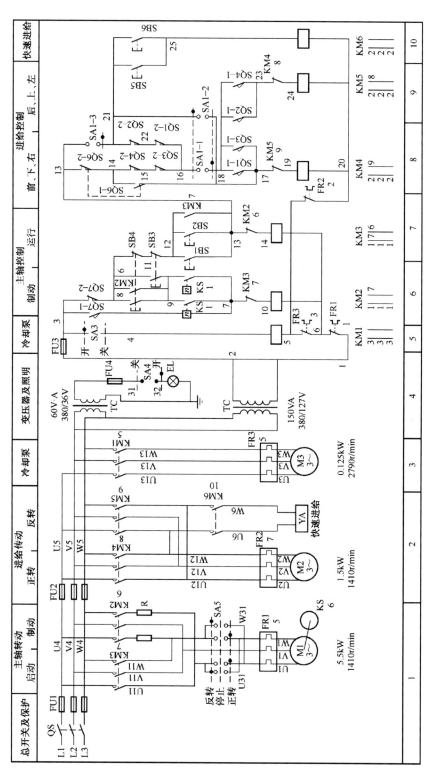

图 4-4　X62W 型万能铣床电气控制电路

表 4-2　X62W 型万能铣床电子元件符号与功能说明

符号	名称及用途	符号	名称及用途
M1	主轴电动机	SQ6	进给变速冲动开关
M2	进给电动机	SQ7	主轴变速冲动开关
M3	冷却泵电动机	SA1	圆工作台转换开关
KM3	主轴电动机启动/停止控制接触器	SA3	冷却泵转换开关
KM2	反接制动接触器	SA4	照明灯开关
KM4、KM5	进给电动机正/反转接触器	SA5	换向开关
KM6	快速移动接触器	QS	刀开关
KM1	冷却泵接触器	SB1、SB2	分设在两处的主轴电动机启动按钮
KS	速度继电器	SB3、SB4	分设在两处的主轴电动机停止按钮
YA	快速电磁铁线圈	SB5、SB6	工作台快速移动按钮
R	限流电阻	FR1	主轴电动机热继电器
SQ1	工作台向右进给行程开关	FR2	进给电动机热继电器
SQ2	工作台向左进给行程开关	FR3	冷却泵热继电器
SQ3	工作台向前、向下进给行程开关	TC	变压器
SQ4	工作台向后、向上进给行程开关	FU1～FU4	短路保护

互锁控制：

① 变速冲动开关 SQ7 的 SQ7-1 常开触点与 SQ7-2 常闭触点分别设置在变速冲动控制电路与正常启动控制电路上，形成两控制电路的机械互锁。

② 停止按钮 SB3、SB4 的常开触点与常闭触点分别设置在正常运行控制电路与反接制动控制电路上，形成两控制电路的机械互锁。

③ 接触器 KM2 与 KM3 的辅助常闭触点分别设置在正常运行控制电路与反接制动控制电路上，形成两电路的电气互锁。

（2）进给控制。如图 4-4 所示，进给控制回路的上端由主控制电路中的节点 13 引出，下端由节点 5 返回，其中节点 13 位于主轴启动开关 SB1、SB2 和 KM3 常开触点下方，因此，普通控制电路导通的前提是 KM3 常开触点闭合，即主轴电动机必须首先启动并自锁。

① 长工作台和圆工作台转换控制。长工作台和圆工作台操作状态的选择由选择开关 SA1 控制，该开关有两个位置三对触点，当选择圆工作台时，开关 SA1-2 触点闭合；当选择长工作台时，SA1-1 和 SA1-3 两对触点均闭合。

② 进给方向。X62W 型万能铣床的进给方向与进给的启动/停止，由位于工作台附近的纵向操作手柄和十字形操作手柄控制。其中，纵向操作手柄有左、中、右 3 个位置，可控制铣床沿左、右方向进给，中位为停止状态；十字形操作手柄有上、下、左、右、中 5 个位置，可控制铣床沿上、下、前、后 4 个方向进给，中位为停止状态。该铣床手柄动作关系对照如图 4-5 所示。

当压下手柄时，将触动铣床进给控制离合器，并触动电路中的 SQ1～SQ4 这 4 个进给方向控制行程开关，从而导通相应电路，完成进给方向的设置与启动/停止控制。

长工作台左（右）进给：

将长工作台和圆工作台的转换开关旋转到长工作台，此时，SA1-1 及 SA1-3 闭合、SA1-2 断开→纵向操作手柄扳向左（右）压下→纵向进给机械离合机构闭合，SQ2-1（SQ1-1）常开触点闭合，SQ2-2（SQ1-2）常闭触点断开 →KM5（KM4）线圈通电→KM5（KM4）主触点闭合，进给电动机 M2 反转（正转）→长工作台向左（右）移动。

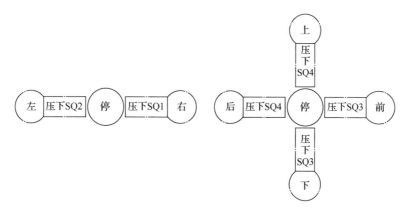

图 4-5 X62W 型万能铣床的手柄动作关系对照

长工作台上（下）进给：

将长工作台和圆工作台的转换开关旋转到长工作台，此时，SA1-1 及 SA1-3 闭合、SA1-2 断开→十字操作手柄扳向上（下）→垂直进给机械离合机构闭合，SQ4-1（SQ3-1）常开触点闭合，SQ4-2（SQ3-2）常闭触点断开→KM5（KM4）线圈通电→KM5（KM4）主触点闭合，进给电动机 M2 反转（正转）→长工作台向上（下）移动。

长工作台前（后）进给：

将长工作台和圆工作台转换开关旋转到长工作台，此时，SA1-1 及 SA1-3 闭合、SA1-2 断开→十字操作手柄扳向前（后）→前后进给机械离合机构闭合，SQ3-1（SQ4-1）常开触点闭合，SQ3-2（SQ4-2）常闭触点断开→KM4（KM5）线圈通电→KM4（KM5）主触点闭合，进给电动机 M2 正转（反转）→长工作台向前（后）移动。

③ 快速进给。在前面普通进给传动的前提下，按下工作台快速进给按钮 SB5 或 SB6→KM6 线圈通电→ KM6 主触点闭合，电磁铁 YA 线圈通电→快速移动离合器闭合，工作台沿原方向快速移动。

快速进给为点动控制，当松开快速进给按钮 SB5 或 SB6 时，工作台将回复普通进给传动。

④ 变速冲动。进给传动变速时的变速冲动是由变速手柄与冲动开关 SQ6 通过机械上的联动机构进行控制的。其操作顺序如下：变速时，将蘑菇形的变速手柄向外拉一些，转动该手柄选择好进给速度；再把该手柄向外一拉并立即推回原位，在拉到极限位置的瞬间，其连杆机构推动冲动开关 SQ6，其动断触点 SQ6-2 断开，动合触点 SQ6-1 闭合，接触器 KM4 线圈短时通电，进给电动机 M2 瞬时转动一下，完成变速冲动。

⑤ 圆工作台进给控制。将长工作台和圆工作台的转换开关旋转到圆工作台，此时，SA1-2 闭合、SA1-1 及 SA1-3 断开→按下 SB1 或 SB2→在主轴控制电路部分，KM3 线圈通电，KM3 主触点闭合，主轴电动机 M1 启动，KM3 辅助常开触点闭合，实现自锁；同时，在进给控制电路部分，KM4 线圈通电，KM4 主触点闭合，进给电动机 M2 正转→圆工作台回转。

⑥ 互锁。

主运动与进给传动的互锁：

进给控制回路需经主轴控制回路中的接触器 KM3 常开触点才能形成通路，因此，只有主轴电动机启动后，进给电动机才能启动。

工作台进给方向的互锁：

工作台在同一时刻只允许一个方向的进给传动，这是通过机械和电气的方法实现互锁的。若纵向操作手柄和十字操作手柄都离开中间零位，则图 4-4 中 13 和 16 两条支路上的 SQ1～SQ4 常闭触点将断开，接触器 KM4、KM5 的线圈断开，进给电动机 M2 不能转动，从而达到互锁目的。

变速冲动与进给传动的互锁：

进给变速时，两个操作手柄都必须在中间零位。即进给变速冲动时，不能有进给传动。SQ1～SQ4 这 4 个行程开关的 4 个常闭触点串联后，与冲动开关 SQ6 的常开触点 SQ6-1 串联，形成进给变速冲动控制电路。只要其中 1 个操作手柄离开中间零位，必有 1 个行程开关被压下，使冲动控制电路断开，接触器 KM4 不能吸合，进给电动机 M2 就不能转动。

进给电动机 M2 的正/反转互锁：

进给电动机 M2 的正/反转控制电路不能同时导通。KM4、KM5 线圈的电路中分别串联 KM5、KM4 常闭触点，以实现互锁。

（3）冷却泵电动机控制。如图 4-4 所示，X62W 万能铣床冷却泵电动机由旋转开关 SA3 控制，当 SA3 触点闭合时，KM1 线圈通电，冷却泵电动机启动，SA3 触点断开，KM1 断电，冷却泵电动机停止。

（4）机床照明灯。机床照明灯由变压器 TC 将 380V 交流电压变为 36V 安全电压供电，由转换开关 SA4 控制，熔断器 FU4 起短路保护作用。

3. 电气保护环节

在主电路中，由熔断器 FU1 和 FU2 实现整个电路的短路保护，热继电器 FR1、FR2 和 FR3 为上述 3 个电动机提供过载保护。熔断器 FU3 和 FU4 分别实现控制电路和照明电路的短路保护。

4.3 Z3040 型摇臂钻床控制

钻床主要用于加工孔。在钻床上主要用钻头进行钻孔，加工时，工件不动，刀具作旋转主运动，同时沿轴向移动进行进给传动。故钻床适用于加工外形较复杂，没有对称回转轴线的工件上的孔，尤其是多孔加工，如加工箱体、机架等零件上的孔。除钻孔外在钻床上还可完成扩孔、铰孔、锪平面以及攻螺纹等工作。根据用途和结构的不同，钻床可分为立式钻床、台式钻床、摇臂钻床及深孔钻床等。下面以 Z3040 型摇臂钻床为例。

4.3.1 Z3040 型摇臂钻床结构简介

Z3040 型摇臂钻床由底座、外立柱、内立柱、摇臂、主轴箱及工作台等部分组成，其结构简图如图 4-6 所示。摇臂钻床的内立柱固定在底座的一端，外立柱套在内立柱上。工作时用液压夹紧机构与内立柱夹紧，松开后可绕内立柱回转 360°。摇臂的一端为套筒，它套在外立柱上，经液压夹紧机构可与外立柱夹紧。夹紧机构松开后，借助升降丝杠的正、反向旋转可沿外立柱作上下移动。由于升降丝杠与外立柱构成一体，而升降螺母则固定在摇臂上，因此摇臂只能与外立柱一起绕内立柱回转。主轴箱是一个复合部件，它由主传动电动机、主轴和主轴传动机构、进给和变速机构以及机床的操作机构等部分组成。主轴箱安装于摇臂的水平导轨上，可以通过手轮操作使主轴箱沿摇臂水平导轨移动，通过液压夹紧机构紧固在摇臂上。

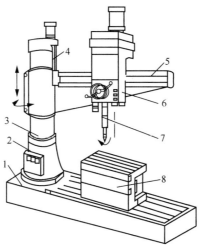

1—底座；2—内立柱；3—外立柱； 4—摇臂升降丝杠；5—摇臂；6—主轴箱；7—主轴；8—工作台

图 4-6　Z3040 型摇臂钻床结构简图

4.3.2　Z3040 型摇臂钻床的主要运动形式

1．主运动与进给传动

钻削加工时，主轴旋转为主运动，而主轴的直线移动为进给传动。即钻孔时钻头一边作旋转运动一边作纵向进给传动，主轴的旋转与进给传动是由一台三相交流异步电动机驱动的。

2．各运动部件的移位运动

用于实现主轴对刀移位。主轴在三维空间的移位运动有主轴箱沿摇臂长度方向的水平移动、摇臂沿外立柱的升降运动、外立柱带动摇臂沿内立柱的回转运动。其中，摇臂的上升、下降由一台三相交流异步电动机拖动，而摇臂的回转和主轴箱沿摇臂水平导轨方向的左右移动通常采用手动。

3．移位运动装置的夹紧与放松

对刀移位的三套装置中有相应的夹紧与放松部件，在对刀进行移位操作时，需要将装置放松；在机加工过程中，需要将装置夹紧。三套夹紧部件分别是摇臂夹紧（摇臂与外立柱之间夹紧）、主轴箱夹紧（主轴箱与摇臂导轨之间夹紧）、立柱夹紧（外立柱与内立柱之间夹紧）。摇臂的夹紧与松开、主轴箱的夹紧与松开以及立柱的夹紧和松开，均由一台三相交流异步电动机拖动液压泵，供给夹紧装置所需要的压力油推动夹紧机构液压系统实现。此外，还有一台冷却泵电动机对加工的刀具进行冷却。

4.3.3　Z3040 型摇臂钻床电气控制系统分析

1. Z3040 型摇臂钻床电气控制要求

Z3040 型摇臂钻床控制系统执行件主要有主轴电动机、摇臂升降电动机、液压泵电动机、冷却泵电动机以及照明灯、信号灯。其中，主轴电动机为钻床主运动与进给传动提供动力；摇臂升降电动机为钻床对刀时摇臂的升降运动提供动力；液压泵电动机为移位运动装置提供压力油，以推动液压机构动作；冷却电动机带动冷却泵为铣床提供切削液。Z3040 型摇臂钻床对电气控制的要求如下：

（1）主轴电动机。主轴的旋转运动和纵向进给传动及其变速机构均在主轴箱内，由一台主轴电动机拖动。主轴由机械摩擦片式离合器实现正转、反转及调速的控制。因此，在电气控制方面，只须实现主轴电动机的自锁控制。

（2）摇臂升降电动机。摇臂的升降由一台交流异步电动机拖动，装于主轴顶部，该电动机必须能够实现正/反转来控制摇臂的上升和下降。

（3）液压泵电动机。内外立柱、主轴箱与摇臂的夹紧与放松是由一台电动机通过正/反转拖动液压泵送出不同流向的压力油，推动活塞、带动菱形块动作来实现的，因此要求液压泵电动机能正反向旋转，采用点动控制。

（4）冷却泵电动机。应能实现自锁控制。

（5）互锁控制。在操纵摇臂升降时，应首先使液压泵电动机启动旋转，送出压力油，经液压系统将摇臂松开，再启动摇臂升降电动机，拖动摇臂上升或下降，当移动到位后，控制电路又要保证摇臂升降电动机先停止转动，再自动通过液压系统将摇臂夹紧，最后液压泵电动机才停止转动。

（6）电路安全。控制电路中应设置短路保护、电动机过载保护等安全措施。

2. Z3040 型摇臂钻床电气控制电路分析

1）主电路分析

Z3040 型摇臂钻床电气控制电路如图 4-7 所示。主电路由四台三相交流电动机组成，其中，M1 为主轴电动机，由接触器 KM1 控制启动/停止，其正/反转则由机床液压系统操纵机构配合正/反转摩擦离合器实现；M2 为摇臂升降电动机，其正/反转由正/反转接触器 KM2、KM3 控制；M3 为液压泵电动机，由接触器 KM4、KM5 实现正/反转控制。M4 为冷却泵电动机，其功率较小，仅为 0.125kW，可由开关 SA1 直接控制。Z3040 型摇臂钻床电子元件符号与功能说明见表 4-3。

2）控制电路分析

（1）主轴控制。

① 启动。合上断路器 QF→380V 交流电经过变压器 TC 变成 127V 控制电路电压→按下启动按钮 SB2→KM1 的线圈通电→KM1 的主触点闭合，主轴电动机 M1 启动，KM1 的辅助常开触点闭合，实现自锁，主轴电动机正常运转。

② 停车。按下停止按钮 SB1→KM1 的线圈断电→KM1 的主触点断开，主轴电动机 M1 停止转动。

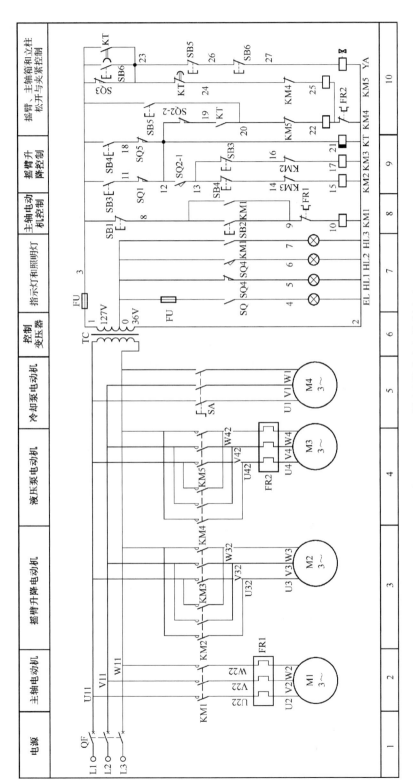

图 4-7 Z3040 型摇臂钻床电气控制电路

表 4-3　Z3040 型摇臂钻床电子元件符号与功能说明

符号	名称及用途	符号	名称及用途
M1	主轴电动机	YA	电磁阀线圈
M2	摇臂升降电动机	QF	断路器
M3	液压泵电动机	SQ	机床照明开关
M4	冷却泵电动机	SQ1	摇臂升降限位开关
KM1	主轴电动机启动接触器	SQ2	摇臂放松行程开关
KM2、KM3	摇臂升降电动机正/反转接触器	SQ3	摇臂夹紧行程开关
KM4、KM5	液压泵电动机正/反转接触器	SQ4	主轴箱及立柱夹紧程开关
KT	断电延时时间继电器	KS	速度继电器
SB1、SB2	主轴电动机停止、启动按钮	FR1、FR2	热继电器
SB3	摇臂上升按钮	FU	熔断器
SB4	摇臂下降按钮	SA	冷却泵开关
SB5	主轴箱及立柱放松按钮	EL	照明灯
SB6	主轴箱及立柱夹紧按钮	HL3	主轴电动机工作指示灯
TC	控制变压器	HL1、HL2	主轴箱及立柱放松、夹紧指示灯

（2）摇臂升降控制。按钮 SB3、SB4 为摇臂升降控制按钮，在摇臂升降过程中，液压夹紧机构由液压泵电动机驱动并使之夹紧或放松，摇臂升降过程按照放松、升降、夹紧的顺序进行，在摇臂夹紧/放松机构中设置 SQ2、SQ3 两个行程开关，当液压机构夹紧时，将自动压下夹紧行程开关 SQ3，放松时将压下放松行程开关 SQ2。Z3040 型摇臂钻床夹紧机构液压原理如图 4-8 所示。当电磁阀 YA 线圈通电时，液压系统将切换至摇臂夹紧/放松油路。当液压泵电动机 M3 正转时，液压夹紧机构放松；反转时，液压夹紧机构夹紧。

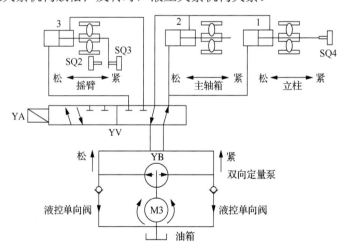

图 4-8　Z3040 型摇臂钻床夹紧机构液压原理

结合图 4-8，分析摇臂升（降）的电路逻辑，具体如下：

按住上升（下降）按钮 SB3（SB4）→断电延时继电器 KT 线圈通电→KT 的常开触点闭合，常闭触点断开→KM5 的线圈断电，电磁铁 YA 的线圈和 KM4 的线圈通电→液压泵电动机 M3 停止转动，电磁阀向右移动，切换至摇臂夹紧/放松油路，同时 KM4 主触点闭合，液压泵电动机 M3 正转，使夹紧机构放松→夹紧机构放松后，压下行程开关 SQ2，使 SQ2 的触点 SQ2-2

断开，触点 SQ2-1 闭合→KM4 的线圈断电，KM2（KM3）的线圈通电→液压泵电动机 M3 停止转动；摇臂升降电动机 M2 正转（反转），摇臂上升（下降）。

摇臂停止升（降）的电路逻辑分析如下：

在上述升降的基础上，松开上升（下降）按钮 SB3（SB4）→KM2（KM3）的线圈断电，KT 的线圈断电→摇臂升降电动机 M2 停止转动，摇臂停止上升（下降），断电延时继电器 KT 的常闭触点延时 1～3s 后闭合，常开触点延时 1～3s 后断开→KM5 线圈通电，而由于 SQ3 为常闭，YA 电磁铁线圈仍通电，油路保持在摇臂升降部分→液压泵电动机 M3 反转，使夹紧机构夹紧→夹紧机构夹紧后，压下行程开关 SQ3，使 SQ3 的常闭触点断开→KM5 的线圈和电磁铁 YA 的线圈断电→液压泵电动机 M3 停止转动，电磁阀切换至主轴箱和立柱夹紧油路。

（3）主轴箱和立柱夹紧与放松控制。Z3040 型摇臂钻床的主轴箱和立柱的夹紧和放松是同时进行的，夹紧机构放松后，可采用手动方式使摇臂回转或使主轴箱沿摇臂水平导轨左右移动。如图 4-8 所示，当主轴箱和立柱夹紧机构中夹紧时，将自动压下设置的行程开关 SQ4，从而触发控制电路的一系列动作。

主轴箱和立柱放松（夹紧）的电路逻辑如下：

按下按钮 SB5（SB6）→YA 的线圈断电，KM4（KM5）的线圈通电→液压系统切换至主轴箱和立柱夹紧放松油路，KM4（KM5）的主触点闭合，液压泵电动机 M3 正转（反转），夹紧机构放松（夹紧）。

（4）冷却泵电动机控制。Z3040 型摇臂钻床冷却泵由旋转开关 SA 控制，当 SA 的触点闭合时，冷却泵电动机启动，SA3 触点断开，冷却泵停止。

（5）机床照明灯及信号灯。机床照明灯及信号灯电路由变压器 TC（把 380V 交流电压变为 36V 的安全电压）供电。

① 机床照明灯 EL 由开关 SQ 控制。

② 行程开关 SQ4 控制主轴箱和立柱夹紧/放松信号灯。当夹紧时，液压机构压下 SQ4，其常开触点闭合，常闭触点断开，使立柱夹紧信号灯 HL2 亮，立柱放松信号灯 HL1 熄灭；放松时液压机构松开行程开关 SQ4，使立柱夹紧信号灯 HL2 熄灭，立柱放松信号灯 HL1 亮。

3）电气保护环节

在主电路中，断路器 QF 具有短路保护功能，热继电器 FR1 和 FR2 用于电动机的过载保护。由熔断器 FU 实现控制电路和辅助电路的短路保护，SQ1 和 SQ5 分别为摇臂上升和下降限位开关，一旦超出行程则自动断电。

4.4　T68 型卧式镗床电气控制

镗床的主要工作是用镗刀进行镗孔，与钻床比较，镗床主要用于加工精确的孔和各孔间的距离要求较精确的零件，如一些箱体零件（机床主轴箱、变速箱等）。除此之外，卧式镗床还可车端面、铣端面、车外圆、车螺纹等，零件可在一次安装中完成大量的加工工序，其加工精度比钻床和一般的车床、铣床高。特别适合加工大型、复杂的箱体类零件上精度要求较高的孔系及端面。下面以 T68 型卧式镗床为例。

4.4.1 T68 型卧式镗床结构简介

T68 型卧式镗床的主要结构如图 4-9 所示，前立柱固定安装在床身的右端，在它的垂直导轨上装有可上下移动的主轴箱。主轴箱中装有主轴部件、主运动和进给传动的变速传动机构和操纵机构等。在主轴箱的后部固定着后尾筒，里面装有镗轴的轴向进给机构。后立柱固定在床身的左端，可沿床身的水平导轨左右移动，在不需要时也可以卸下，装在后立柱垂直导轨上的尾座用于支承长镗杆的悬伸端，尾座可沿垂直导轨与主轴箱同步升降。工件固定在工作台上，工作台部件装在床身的导轨上，由下溜板、上溜板和工作台三部分组成，下溜板可沿床身的水平导轨作纵向移动，上溜板可沿下溜板的导轨作横向移动，工作台可在上溜板的环形导轨上绕垂直轴线转位，使工件在水平面内调整至一定的角度位置，以便能在一次安装中对互相平行或成一定角度的孔与平面进行加工。根据加工情况的不同，刀具可以装在镗轴前端的锥孔中，或者装在花盘与径向刀具溜板上。

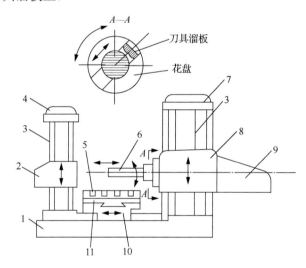

1—床身；2—尾座；3—导轨；4—后立柱；5—工作台；
6—镗轴；7—前立柱；8—主轴箱；9—后尾筒；10—下溜板；11—上溜板

图 4-9　T68 型卧式镗床的主要结构

4.4.2 T68 型卧式镗床主要运动形式

T68 型卧式镗床的主要运动形式如下。

（1）主运动。镗轴的旋转为主运动，加工过程中，花盘随镗轴一起旋转。

（2）进给传动。T68 型卧式镗床加工时的进给传动有镗轴的轴向进给传动、花盘刀具溜板的径向进给传动、主轴箱的垂直进给传动、工作台的横向进给传动与纵向进给传动。

（3）辅助运动。T68 型卧式镗床的辅助运动有主轴箱、工作台等在进给传动方向上的快速移动、后立柱的纵向调位移动、尾座与主轴箱的垂直调位移动、工作台的回转运动。

4.4.3　T68 型卧式镗床电气控制系统分析

1. T68 型卧式镗床电气控制要求

T68 型卧式镗床控制系统执行件主要有主轴电动机、快速移动电动机，及照明灯、信号灯。其中，主轴电动机为钻床主运动与进给传动提供动力；快速移动电动机为各进给传动部件的快速移动提供动力。T68 型卧式镗床对电气控制的要求如下。

（1）主轴电动机。T68 型卧式镗床的主运动和进给传动采用同一台异步电动机拖动。为了适应各种形式和各种工件的加工，要求镗床的主运动和进给传动速度可调。T68 型卧式镗床采用机电联合调速，还采用双速电动机配合机械滑移齿轮进行变速，为有利于变速后齿轮的啮合，要求有变速冲动。同时，要求主轴电动机能够正/反转及点动控制。

（2）快速移动电动机。主轴和工作台的部件除工作进给传动外，为缩短辅助时间，还应能快速移动，由另一台快速移动电动机拖动。该电动机要求能够实现正/反转控制。

（3）互锁控制。由于镗床运动部件较多，应设置必要的互锁和保护等安全措施，并使操作尽量集中。

（4）电路安全。控制电路中应设置短路保护、电动机过载保护等安全措施。

2. T68 型卧式镗床电气控制电路分析

1）主电路分析

T68 型卧式镗床电气控制电路如图 4-10 所示。主电路由两台三相交流电动机组成，其中，M1 为主轴电动机，由接触器 KM1 和 KM2 控制其正/反转，该电动机为双速电动机，通过接触器 KM3、KM4、KM5 切换其定子绕组连接方式，控制主轴电动机的高低速运行，当绕组为三角形连接时，主轴电动机低速运行，当绕组双星形连接时，主轴电动机高速运行。M2 为快速移动电动机，由接触器 KM6 和 KM7 控制其正/反转，它通过不同齿轮、齿条、丝杆的不同连接来完成各运动方向的快速移动。T68 型卧式镗床采用电磁铁控制的机械制动装置，电路中的 YB 是机械制动电磁铁线圈，由 KM3 和 KM5 的触点控制。主轴电动机 M1 无论是正向运转还是反向运转，YB 均通电并吸合，使电动机轴上的制动轮松开，电动机即可自由转动。M1 和 YB 同时断电时，在弹簧作用下，杠杆把制动带紧箍在制动轮上进行制动，电动机很快就停止转动。T68 型卧式镗床电子元件符号与功能说明见表 4-4。

表 4-4　T68 型卧式镗床电子元件符号与功能说明

符号	名称及用途	符号	名称及用途
M1	主轴电动机	SQ1	主轴高低速转换开关
M2	快速移动电动机	SQ2	主轴和进给变速开关
QS	刀开关	SQ3、SQ4	限位开关
KM1、KM2	主轴电动机正/反转接触器	SQ5、SQ6	快速移动开关
KM3-KM5	快速移动电动机高低速转换接触器	FR	热继电器
KM6、KM7	快速移动电动机正/反转接触器	FU1-FU4	熔断器
KT	断电延时时间继电器	SA	照明灯开关
SB1	主轴电动机停止按钮	EL	照明灯
SB3、SB2	M1 电动机正/反转按钮	HL	主轴电动机工作指示灯
SB4、SB5	正/反转点动控制按钮	YA	机械制动电磁铁线圈

机电装备电气与可编程序控制技术（第2版）

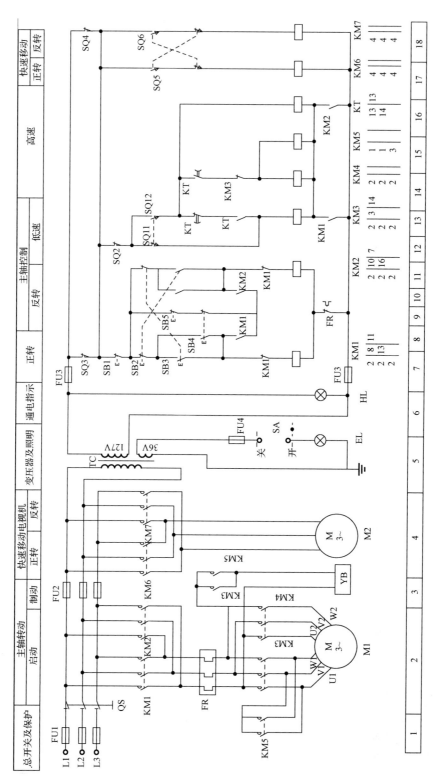

图 4-10　T68 型卧式镗床电气控制电路

68

2）控制电路分析

（1）主轴控制。

① 主轴正/反转控制与高低速启动控制。如图 4-9 中的控制电路部分，T68 型卧式镗床的主轴电动机正/反转控制由按钮 SB3、SB2 控制，高低速切换由手柄 SQ1 控制。

低速启动正/反转运行的电路逻辑分析如下：

将手柄 SQ1 扳到低速挡→SQ11 闭合、SQ12 断开→按下按钮 SB3（SB2）→KM1（KM2）线圈通电→KM1（KM2）的辅助常开触点闭合，控制电路实现自锁，KM1（KM2）主触点闭合，为主轴电动机的启动做好准备，同时 KM3 的线圈通电→KM3 的主触点闭合，电磁铁线圈 YB 通电，松开制动轮，主轴电动机以三角形连接法低速启动并正/反转。

高速启动正/反转运行的电路逻辑分析如下：

将手柄 SQ1 扳到高速挡→SQ11 断开、SQ12 闭合→按下按钮 SB3（SB2）→KM1（KM2）的线圈通电→KM1（KM2）的辅助常开触点闭合，控制电路实现自锁，KM1（KM2）的主触点闭合，为主轴电动机启动做好准备，同时 KT 的线圈通电→KT 的常开瞬动触点闭合→KM3 线圈通电→KM3 主触点闭合，电磁铁线圈 YB 通电，松开制动轮，主轴电动机以三角形连接法启动并正/反转→延时 1～3s 后，KT 的延时常闭触点断开，延时常开触点闭合→KM3 的线圈断电，KM4 和 KM5 的线圈通电→KM3 的主触点断开，KM4 和 KM5 的常开主触点闭合，电磁铁 YB 线圈仍通电，主轴电动机以双星形连接法完成两级启动。

② 点动控制。主轴点动控制是在低速方式下进行的，即点动控制时手柄 SQ1 应扳到低速挡，点动正转与反转分别由按钮 SB4 和 SB5 控制。

启动电路逻辑分析如下：

按住按钮 SB4（SB5），按钮常开触点闭合，常闭触点断开→KM1（KM2）的线圈通电但不自锁→KM1（KM2）的主触点闭合，为主轴电动机的启动做好准备。同时，KM1（KM2）的辅助常开触点闭合，KM3 的线圈通电→KM3 的主触点闭合，电磁铁线圈 YB 通电，制动轮松开，主轴电动机以三角形连接法低速启动并正/反转。

制动控制电路逻辑分析如下：

松开按钮 SB4（SB5）→KM1（KM2）的线圈断电→KM1（KM2）的主触点断开，主轴电动机断电。同时，KM1（KM2）的辅助常开触点断开，KM3 的线圈断电→KM3 的主触点断开，电磁铁线圈 YB 断电，借助弹簧的作用抱闸制动，主轴电动机很快停止转动。

③ 制动。主轴电动机的制动由按钮 SB1 控制，其电路逻辑分析如下：

松开按钮 SB1（SB5）→KM1（KM2）的线圈断电→KM1（KM2）的主触点断开，主轴电动机断电。同时，KM1（KM2）的辅助常开触点断开，KM3、KM4、KM5 的线圈断电→KM3、KM5 主触点断开，电磁铁线圈 YB 断电，借助弹簧的作用抱闸制动，主轴电动机很快停止转动。

④ 主轴变速及进给变速的控制。主轴变速和进给变速的控制是在主轴电动机 M1 运转时进行的。当主轴手柄拉出时，行程限位开关 SQ2 被压而断开→接触器 KM3、KM4、KM5 的线圈断电，主轴电动机 M1 停止转动。当主轴转速选好后推回主轴手柄，行程开关 SQ2 复位闭合，主轴电动机 M1 自动启动。同理，进给变速时，拉出进给手柄，SQ2 同样被压而断开，主轴电动机 M1 停止转动；当进给量选好后，把进给手柄推回，SQ2 复位闭合，主轴电动机 M1 自动启动。

该操作也可实现变速冲动，当主轴手柄推不上时，可来回推动它，使该手柄轴通过弹簧装置作用于行程开关 SQ2，使主轴电动机 M1 点动实现变速冲动，这样便于齿轮啮合，变速完成后正常进行工作。

　　（2）快速移动控制。机床各部分的快速移动由电动机 M2 拖动，由快速移动手柄压下限位开关 SQ5 或 SQ6 进行控制。

　　快速移动正/反转控制电路逻辑分析如下：

　　将快速移动手柄扳到正/反转挡位→压下 SQ5（SQ6），使其常开触点闭合→KM6（KM7）的线圈通电→KM6（KM7）的主触点闭合→电动机 M2 正/反转，带动机床部件快速移动。

　　（3）机床照明及信号灯。机床照明灯及信号灯电路由变压器 TC（把 380V 交流电压变为 36V 安全电压）供电。

　　① 机床照明灯 EL 由开关 SA 控制。

　　② 当刀开关 QS 闭合时，信号灯 HL 亮，断电时该信号灯熄灭。

　　3）电气保护环节

　　在主电路中，熔断器 FU1、FU2 用于实现短路保护，热继电器 FR 用于电动机的过载保护。在控制电路中，熔断器 FU3、FU4 用于实现控制电路和辅助电路的短路保护。

习题及思考题

　　4-1　简述 CA6140 型车床主轴电动机的控制特点。

　　4-2　CA6140 型车床电气控制电路具有哪些保护环节？

　　4-3　摇臂钻床在摇臂升降过程中，液压泵电动机 M3 和摇臂升降电动机 M2 应如何配合工作？请以摇臂下降为例，分析其电路工作原理。

　　4-4　在 Z3040 型摇臂钻床电气控制电路中，行程开关 SQ1～SQ4 各起什么作用？该电路中设置了哪些互锁与保护环节？

　　4-5　在 T68 型卧式镗床电气控制电路中，主轴电动机与进给电动机的电气控制有何特点？

　　4-6　试述 T68 型卧式镗床主轴电动机 M1 高速启动控制的操作过程及其电路工作原理。在其电气控制电路中，行程开关 SQ1～SQ6 各起什么作用？安装在何处？

　　4-7　试述 T68 型卧式镗床主轴低速脉动变速时的操作过程及其电路工作原理。

　　4-8　试述 T68 型卧式镗床电气控制特点。

　　4-9　在 X62W 型卧式铣床电气控制电路中，电磁离合器 YA 的作用是什么？

　　4-10　在 X62W 型卧式铣床电气控制电路中，行程开关 SQ1～SQ7 各起什么作用？

　　4-11　在 X62W 型卧式铣床电气控制电路中，设置了哪些互锁与保护环节？

　　4-12　X62W 型卧式铣床电气控制电路具有哪些特点？

第5章 》》》》》》
电气控制系统的设计

电气控制系统的设计任务是根据生产工艺，设计出合乎要求的、经济的电气控制电路；并编制出设备制造、安装和维修使用过程中必需的图样和资料，包括电气原理图、安装图和互连图以及设备清单和说明书等。由于设计是灵活多变的，即使同一功能，不同人员设计出来的电路结构可能完全不同。因此，作为设计人员，应该随时发现和总结经验，不断丰富自己的知识，开阔思路，才能做出最为合格的设计。

5.1 电气控制系统设计的基本内容和一般原则

5.1.1 电气控制系统设计的基本内容

电气控制系统设计的基本任务是根据控制要求设计、编制出设备制造和使用维修过程中所必需的图样、资料等。图样包括电气原理图、电气系统的组件划分图、电子元器件布置图、安装接线图、电气控制柜图、控制面板图、电子元件安装底板图和非标准件加工图等。另外，还要编制外购件目录、单台材料消耗清单、设备说明书等文字资料。

机电装备电气控制系统的设计主要包含两个方面基本内容：一个是原理设计，即满足生产机械和工艺的各种控制要求，另一个是工艺设计，即满足电气控制装置本身的制造、使用和维修的需要。原理设计决定着生产机械的合理性与先进性，工艺设计决定电气控制系统是否具有生产可行性、经济性、美观、使用维修方便等特点，因此电气控制系统设计要全面考虑以上两方面的内容。在熟练掌握典型环节控制电路、具有对一般电气控制电路分析能力之后，设计者应能举一反三，对受控生产机械进行电气控制系统的设计并提供一套完整的技术资料。

电气控制系统设计的基本内容如下。

1. 原理设计

（1）拟订电气设计任务书。设计任务书是整个电气控制系统的设计依据，又是设备竣工验收的依据。设计任务书的拟定一般是由技术领导部门、设备使用部门和任务设计部门等几方面共同完成的。

电气控制系统的设计任务书主要包括以下内容：

① 设备名称、用途、基本结构、动作要求及工艺过程介绍。

② 电力拖动的方式及控制要求等。

③ 互锁、保护要求。

④ 自动化程度、稳定性及抗干扰要求。

⑤ 操作台、照明、信号指示、报警方式等要求。

⑥ 设备验收标准。

⑦ 其他要求。

（2）确定电力拖动方案，选择电动机。电力拖动方案选择是电气控制系统设计的主要内容之一，也是以后各部分设计内容的基础和先决条件。所谓电力拖动方案，是指根据零件加工精度、加工效率要求、生产机械的结构、运动部件的数量、运动要求、负载性质、调速要求以及投资额等条件，确定电动机的类型、数量、传动方式，以及拟订电动机启动、运行、调速、转向、制动等控制要求。

（3）设计电气控制原理图，计算主要技术参数。

（4）选择电子元件，编制电子元器件明细表。

（5）编写设计说明书。电气控制原理图是整个设计的中心环节，它为工艺设计和编制其他技术资料提供依据。

2. 工艺设计

（1）设计电气总布置图、总安装图与总接线图。

（2）设计组件布置图、安装图和接线图。

（3）设计电气控制柜、操作台及非标准元件。

（4）列出元件清单。

（5）编写使用维护说明书。

进行工艺设计主要是为了便于组织电气控制系统的制造，从而实现原理设计提出的各项技术指标，并为设备的调试、维护与使用提供相关的图样资料。

5.1.2 电气控制电路设计的一般原则

当机电装备的电力拖动方案和控制方案已经确定后，就可以进行电气控制电路的设计。电气控制电路的设计是电力拖动方案和控制方案的具体化，一般在设计时应该遵循以下原则。

1. 最大限度地实现生产机械和工艺对电气控制电路的要求

控制电路是为整个机电装备和工艺过程服务的。因此，在设计之前，要调查清楚生产要求，对机电装备的工作性能、结构特点和实际加工情况有充分的了解。电气设计人员深入现场对同类或接近的产品进行调查，收集资料，加以分析和综合，并在此基础上考虑控制方式，启动、反向、制动及调速的要求，设置各种互锁及保护装置，最大限度地实现生产机械和工艺对电气控制电路的要求。

2. 保证控制电路工作的可靠性和安全性

（1）选用的电子元件要可靠、牢固、动作时间短，抗干扰性能好。

（2）正确连接电器的线圈。在交流控制电路中不能串联两个电器的线圈，即使外加电压是两个线圈额定电压之和，也是不允许的。

（3）正确连接电器的触点。同一电子元件的常开和常闭触点靠得很近，若分别把它们连接在电源不同的相线上，由于各相线的电位不等，当触点断开时，会产生电弧形成短路。电子元件触点的正确连接方式如图 5-1 所示。

（4）在控制电路中，采用小容量继电器的触点来断开或接通大容量接触器的线圈时，要计算继电器触点断开或接通容量是否足够。不够时，必须增加小容量的接触器或中间继电器；否则，工作不可靠。在频繁操作的可逆电路中，正反向接触器应选加重型的接触器。

（5）在电路中应尽量避免许多电器依次动作才能接通另一个电器的控制电路，图 5-2 所示为电器的正确连接方式，图 5-2（a）为不合理电路，图 5-2（b）为合理电路，即减少电子元件依次动作。

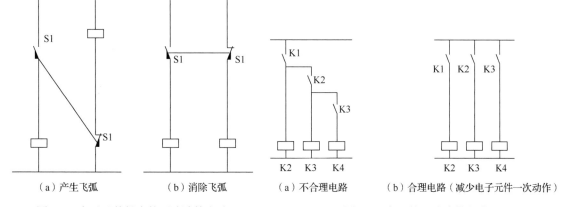

（a）产生飞弧　　　　　（b）消除飞弧　　　　　（a）不合理电路　　　　（b）合理电路（减少电子元件一次动作）

图 5-1　电子元件触点的正确连接方式　　　　　图 5-2　电器的正确连接方式

（6）避免发生触点"竞争"与"冒险"现象。通常我们分析控制回路的电器动作及触点的接通和断开，都是静态分析，没有考虑其动作时间。实际上，由于电磁线圈的电磁惯性、机械惯性、机械位移量等因素，通断过程中总存在一定的固有时间（几十毫秒到几百毫秒），这是电子元件的固有特性，它的延时通常是不确定、不可调的。

在电气控制电路中，在某一控制信号作用下，电路从一个状态转换到另一个状态时，常常有几个电器的状态发生变化。由于电子元件总有一定的固有动作时间，往往会发生不按预定时序动作的情况。例如，触点争先吸合，发生振荡，这种现象称为电路的"竞争"。另外，由于电子元件的固有释放延时作用，也会出现开关电器不按要求的逻辑功能转换状态的可能性，这种现象称为"冒险"。"竞争"与"冒险"现象都将造成控制回路不能按要求动作，引起控制失灵。例如，图 5-3 是由时间继电器组成的反身关闭电路中触点竞争与解决的方法。当延时断开常闭触点断开后再闭合的时间大于瞬时触点断开时间时，反身电路能自关断；反之，若小于瞬时触点断开时间时，反身电路不能自关断，称为"竞争"与"冒险"电路。

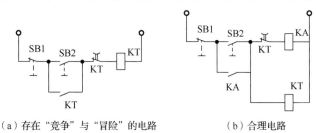

（a）存在"竞争"与"冒险"的电路　　　　　（b）合理电路

图 5-3　由时间继电器组成的反身关闭电路中触点竞争与解决的方法

避免发生触点"竞争"与"冒险"现象的方法如下：

① 应尽量避免许多电器依次动作才能接通另一个电器的控制电路。

② 防止电路中因电子元件固有特性引起配合不良后果，当电子元件的动作时间可能影响到控制电路的动作程序时，就需要用时间继电器配合控制，这样可清晰地反映元件动作时间及它们之间的互相配合。

若不可避免，则应将产生"竞争"与"冒险"现象的触点加以区分、互锁隔离或采用多触点开关分离。

（7）在控制电路中应避免出现寄生电路。在电气控制电路的动作过程中，被意外接通的电路称为寄生电路（或假电路）。

图5-4所示是一个具有指示灯和热继电器保护的正/反向控制电路。在正常工作时，能完成正反向启动、停止和信号指示；但当热继电器FR动作时，电路就出现了寄生电路，如图5-4（a）中的虚线所示，使正向接触器KM1的触点不能释放，起不了保护作用。

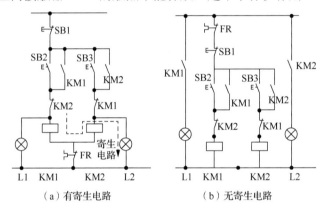

（a）有寄生电路　　　　　（b）无寄生电路

图 5-4　具有指示灯和热继电器保护的正/反向控制电路

避免产生寄生电路的方法如下：

① 在设计电气控制电路时，严格按照"线圈、能耗元件下边接电源（零线），上边接触点"的原则，降低产生寄生回路的可能性。

② 还应注意消除两个电路之间产生联系的可能性，若不可避免，则应加以区分、互锁隔离或采用多触点开关分离。例如，把图5-4中的指示灯分别通过KM1、KM2的其他常开触点，直接连接到左边控制母线上，就可消除寄生电路。

（8）设计的电路应能适应所在电网情况，根据现场的电网容量、电压、频率，以及允许的冲击电流值等，决定电动机应直接或间接（降压）启动。

3．在满足生产要求的前提下，力求使控制电路简单、经济

（1）尽量选用标准的、常用的或经过实际考验过的环节和电路。

（2）尽量缩短连接导线的数量和长度。设计控制电路时，应合理安排各种电子元件的位置，考虑各个元件之间的实际连接线，要注意电气控制柜、操作台和限位开关之间的连接线。

例如，图5-5是电气控制柜接线，要求启动按钮SB1和停止按钮SB2装在操作台上，接触器K装在电气控制柜内。图5-5（a）所示的接线不合理，因为这种接线方式需要由电气控制

柜引出 4 根导线到操作台的按钮上。图 5-5 （b）所示电路是合理的，它将启动按钮 SB1 和制动按钮 SB2 直接连接，两个按钮之间的距离最小，所需连接导线最短。这样，只须从电气控制柜内引出 3 根导线到操作台上，节省了一根导线。

（3）尽量减少电子元件的品种、规格和数量，并尽可能地采用性能优良、价格便宜的新型器件和标准件。对同一用途，应尽量选用相同型号的电子元件。

（4）尽量减少不必要的触点以简化电路。在满足动作要求的条件下，电子元件触点越少，控制电路的故障机会率就越低，工作的可靠性越高。常用的方法如下：

① 在获得同样功能情况下，合并同类触点，如图 5-6 所示。其中，图 5-6 （b）把两个电路中的同一个触点合并（合理），比图 5-6 （a）中的电路少了一对触点。但是，在合并触点时应注意触点对额定电流值的限制。

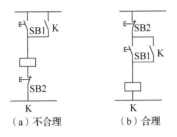

图 5-5　电气控制柜接线图

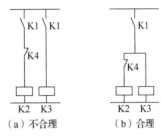

图 5-6　合并同类触点

② 利用半导体二极管的单向导电性有效地减少触点。安装半导体二极管前后电路合理性对比如图 5-7 所示。图 5-7 （a）所示电路是不合理的，图 5-7 （b）所示电路是合理。对于弱电电气控制电路，这样做既经济又可靠。

③ 在设计完成后，利用逻辑代数进行化简，得到最简化的电路。

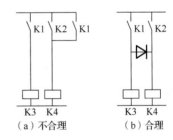

图 5-7　安装半导体二极管前后电路合理性对比

4．操作和维修方便

电气设备应力求维修方便，使用安全。电子元件应留有备用触点，必要时应留有备用电子元件，以便检修、改接线用，为避免带电检修应设置隔离电器。控制机构应操作简单、便利，能迅速而方便地由一种控制形式转换到另一种控制形式，例如，由手动控制转换到自动控制。

5.2　电力拖动方案确定原则和电动机的选择

电力拖动方案是指确定电动机的类型、数量、传动方式及电动机的启动、运行、调速、转向、制动等控制要求，是电气设计的主要内容之一，为电气控制原理图设计及电子元件选择提供依据。确定电力拖动方案必须依据生产机械的精度、工作效率、结构，以及运动部件的数量、运动要求、负载性质、调速要求、投资额等条件。

5.2.1 电力拖动方案确定原则

1．确定拖动方式

电动机的拖动方式：单独拖动（一台设备只有一台电动机拖动）、分立拖动，即一台设备由多台电动机分别驱动各个工作机构，通过机械传动链连接各个工作机构。

电气传动发展的趋向是缩短机械传动链，电动机逐步接近工作机构，以提高传动效率。因而，在确定拖动方式时应根据工艺及结构的具体情况决定电动机的数量。

2．确定调速方案

在生产实践中，同一型号相同容量的电动机所服务的对象不同，而且不同的生产机械要求的速度也不同，因此，要采用一定的方法改变系统的工作速度，以满足实际生产工艺的需要。调速一般采用两种方法，一是机械调速，不改变电动机的速度，只通过改变电动机与生产机械之间传动装置的速度比进行调速，此类调速方法对电动机要求不高。二是电气调速，通过改变电动机参数，得到不同的速度，此时机械变速机构非常简单，但电气控制系统复杂，投资较大。

在选择调速方案时，可参考以下几点：

（1）对重型或大型机电装备的主运动及进给传动，应尽可能采用无级调速。这有利于简化机械结构，缩小体积，降低制造成本。

（2）对精密机电装备如坐标镗床、精密磨床、数控机床以及某些精密机械手，为了保证加工精度和动作的准确性，便于自动控制，也应采用电气无级调速方案。

（3）一般中小型设备如普通机床没有特殊要求时，可选用经济、简单、可靠的三相鼠笼式异步电动机，配以适当级数的齿轮变速箱。为了简化结构，扩大调速范围，也可采用双速或多速的鼠笼式异步电动机。在选用三相鼠笼式异步电动机的额定转速时，应满足工艺条件要求。

在选择电动机调速方案时，要使电动机的调速特性与负载特性相适应，否则，将会引起拖动工作的不正常，电动机不能充分合理地使用。电动机在调速过程中，在不同的转速下运行时，实际输出转矩和功率能否达到且不超过其允许长时间输出的最大转矩和功率，并不取决于电动机本身，而取决于机床在调速过程中负载转矩与功率的大小和变化规律。因此，在选择调速方案时，必须注意电动机的调速性质与生产机械（机床）的调速性质相匹配。具体来说，就是恒转矩的负载应尽可能选用恒转矩性质的调速方式，恒功率负载应尽可能选用恒功率性质的调速方式，才能使电动机得到充分利用。例如，对双速鼠笼式异步电动机，当其定子绕组由三角形连接法改成星形-星形连接法时，其转速增加1倍，功率却增加很少，因此，它适用于恒功率传动。对低速且定子采用星形连接法的双速电动机改成星形-星形连接法后，其转速和功率都增加1倍，而电动机输出的转矩却保持不变，因此，它适用于恒转矩传动。

分析调速性质和负载特性，找出电动机在整个调速范围内转矩、功率与转速的关系，以确定负载是需要恒功率调速还是恒转矩调速，为合理确定拖动方案和控制方案，以及电动机和电动机容量的选择提供必要的依据。

5.2.2 电动机的选择

机床的运动部分大多由电动机驱动，因此，正确地选择电动机具有重要的意义。电动机的选择内容包括电动机的种类、结构形式、额定转速和额定功率。电动机的种类和转速根据生产机械的调速要求选择，一般都应采用感应电动机，仅在启动、制动和调速不满足要求时才选用直流电动机。电动机的结构形式应适应机械结构和现场环境，可选用开启式、防护式、封闭式、防腐式甚至防爆式电动机。电动机的额定功率根据生产机械的功率负载和转矩负载选择，使电动机容量得到充分利用。

一般情况下，为了避免复杂的计算过程，电动机容量的计算往往采用统计类比或根据经验采用工程估算方法，但这通常要求较大的宽裕度。

与此同时，由电动机完成设备的启动、制动和反向比机械方法简单容易。对于设备主轴的启动、停止、正/反转运动和调整操作，只要条件允许，最好由电动机完成。

机电装备主运动传动系统的启动转矩一般都比较小，因此，原则上可采用任何一种启动方式。对于它的辅助运动，在启动时往往要克服较大的静转矩，必要时也可选用高启动转矩的电动机，或采用提高启动转矩的措施。另外，还要考虑电网容量，对电网容量不大而启动电流较大的电动机，一定要采取限制启动电流的措施，如串电阻降压启动等，以免电网电压波动较大而造成事故。

传动电动机是否需要制动，应视机电装备工作循环的长短而定。对于某些高速高效金属切削机床，宜采用电动机制动。如果对于制动的性能无特殊要求而电动机又需要反转时，则采用反接制动可使电路简化。在要求制动平稳、准确，即在制动过程中不允许有反转可能性时，则宜采用能耗制动方式。在起吊运输设备中也常采用具有连锁保护功能的电磁机械制动（电磁抱闸），有些场合也采用回馈制动。

5.3　电气控制电路的经验设计法和逻辑设计法

电气控制电路有两种设计方法：一种是经验设计法，另一种是逻辑设计法。

5.3.1　电气控制电路的经验设计法

所谓经验设计法就是根据生产工艺要求直接设计出控制电路。在具体的设计过程中常有两种做法：一种是根据生产机械的工艺要求，适当选用现有的典型环节，将它们有机地组合起来，综合成所需要的控制电路；另一种是根据工艺要求自行设计，随时增加所需的电子元件和触点，以满足给定的工作条件。

1．经验设计法的基本步骤

一般的生产机械电气控制电路设计包括主电路和辅助电路等的设计。

（1）主电路设计。主要考虑电动机的启动、点动、正/反转、制动及多速电动机的调速，另外还考虑包括短路、过载、欠电压等各种保护环节，以及互锁、照明和信号等环节。

（2）辅助电路设计。主要考虑如何满足电动机的各种运转功能及生产工艺要求，设计步骤：根据生产机械对电气控制电路的要求，首先设计出各个独立环节的控制电路；然后，根据各个控制环节之间的相互制约关系，进一步拟定互锁控制电路等辅助电路的设计；最后，根据电路的简单、经济和安全、可靠原则，修改电路。

（3）反复审核电路是否满足设计原则。在条件允许的情况下，进行模拟试验，逐步完善整个电气控制电路的设计直至电路动作准确无误，满足电动机的各种运转功能及生产工艺要求。设计步骤如下：根据生产机械对电气控制电路的要求，首先设计出各个独立环节的控制电路；然后，再根据各个控制环节之间的相互制约关系，进一步拟定互锁控制电路等辅助电路的设计；最后，根据电路的简单、经济和安全、可靠，修改电路。

2．经验设计法的特点

（1）易于掌握，使用很广，但一般不易获得最佳设计方案。

（2）要求设计者具有一定的实际经验，在设计过程中往往会因考虑不周而发生差错，影响电路的可靠性。

（3）当电路达不到要求时，大多通过增加触点或电器数量加以解决。因此，设计出的电路常常不是最简单经济的。

（4）需要反复修改草图，一般需要进行模拟试验，设计速度慢。

3．经验设计法举例

下面以设计龙门刨床横梁升降控制电路的设计为例来说明经验设计法。

龙门刨床（或立车）上装有横梁，刀架装在横梁上，随着加工工件大小不同，横梁需要沿立柱上下移动，在加工过程中，横梁又需要保证夹紧在立柱上不松动。横梁的上升与下降由横梁升降电动机来驱动，横梁的夹紧与放松由横梁夹紧/放松电动机来驱动。横梁升降电动机装在龙门顶上，通过蜗轮传动，使立柱上的丝杠转动，通过螺母使横梁上下移动。横梁夹紧电动机通过减速机构传动夹紧螺杆，通过杠杆作用使压块夹紧或放松。龙门刨床横梁夹紧和放松示意如图 5-8 所示。

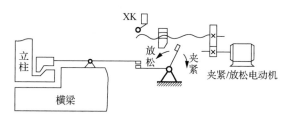

图 5-8　龙门刨床横梁夹紧和放松示意

横梁对电气控制系统的工艺要求：

（1）刀架装在横梁上，要求横梁能沿立柱上升或下降的调整运动。

（2）在加工过程中，横梁必须紧紧地夹在立柱上，不允许松动。夹紧机构能实现横梁的夹紧和放松。

（3）在动作配合上，横梁夹紧与横梁移动必须按一定的操作程序：

① 按下向上或向下移动按钮后，首先使夹紧机构自动放松。

② 横梁放松后，自动转换成向上或向下移动。

③ 移动到目标位置后松开按钮，横梁自动夹紧。

④ 夹紧横梁后夹紧电动机自动停止运动。

（4）横梁在上升与下降时，应有上下行程的限位保护。

（5）正/反向运动之间，以及横梁夹紧与移动之间有必要的互锁。

在了解清楚生产工艺要求之后，方可进行控制电路的设计。

1）设计主电路

根据横梁能升降移动和能夹紧放松的工艺要求，需要用两台电动机来驱动，且电动机能实现正/反向运转。因此，采用 4 个接触器 KM1、KM2 和 KM3、KM4，分别控制升降电动机 M1 和夹紧/放松电动机 M2 的正/反转，如图 5-9（a）所示。主电路就是控制两台电动机正/反转的电路。

2）设计基本控制电路

由于横梁的升降和夹紧/放松均为调整运动，故都采用点动控制。采用两个点动按钮分别控制升降和夹紧/放松运动，仅靠两个点动按钮控制 4 个接触器线圈是不够的，需要增加两个中间继电器 KA1 和 KA2。

根据工艺要求可以设计出如图 5-9（b）所示的草图。经仔细分析可知，该电路存在以下问题：

（1）按上升点动按钮 SB1 后，接触器 KM1 和 KM4 同时通电吸合，横梁的上升与放松同时进行。按下降点动按钮 SB2 后，也出现类似情况。不满足"夹紧机构先放松，横梁后移动"的工艺要求。

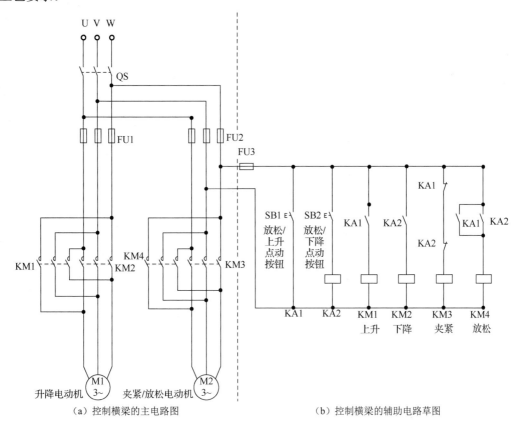

（a）控制横梁的主电路图 　　　　　　　　（b）控制横梁的辅助电路草图

图 5-9　控制横梁的主电路图和辅助电路

（2）放松接触器线圈 KM4 一直通电，使夹紧机构持续放松，没有设置检测元件检查横梁放松的程度。

（3）松开按钮 SB1，横梁不再上升，横梁夹紧线圈通电吸合，横梁持续夹紧，不能自动停止。

根据以上问题，需要恰当地选择控制过程中的变化参量，实现上述自动控制要求。

3）选择控制参量，确定控制原则

（1）反映横梁放松程度的参量。可以采用行程开关 SQ1 检测放松程度。如图 5-10 所示，当横梁放松到一定程度时，其压块压下 SQ1，使 SQ1 的常闭触点断开，表示已经放松，接触器 KM4 的线圈断电；同时，SQ1 的常开触点闭合，使上升或下降接触器 KM1 和 KM2 的线圈通电，横梁向上或向下移动。

（2）反映横梁夹紧程度的参量有时间参量、行程参量和反映夹紧力的电流量。若选用时间参量，不易调整准确；若选用行程参量，当夹紧机构磨损后，测量也不准确。本例选用反映夹紧力的电流参量是适宜的，夹紧力大，电流也大，故可以借助过电流继电器来检测夹紧程度。

在图 5-10 中，夹紧/放松电动机 M2 的主电路中串联过电流继电器 KI，将其动作电流整定在 $2I_N$。KI 的常闭触点串联在 KM3 控制支路中。当夹紧横梁时，M2 的电流逐渐增大；当电流超过 KI 的整定值时，KI 的常闭触点断开，KM3 线圈断电，M2 自动停止夹紧的动作。

4）设计互锁保护环节

通过行程开关 SQ2 和 SQ3 分别实现横梁上升、下降行程的限位保护。图 5-11 为修改后的完整控制电路图。采用熔断器 FU1 和 FU2 作为短路保护。行程开关 SQ1 不仅反映了放松信号，而且还起到了横梁升降和横梁夹紧之间的互锁作用。中间继电器 KA1、KA2 的常闭触点，用于实现横梁升降电动机和夹紧/放松电动机正反向运动的互锁保护。

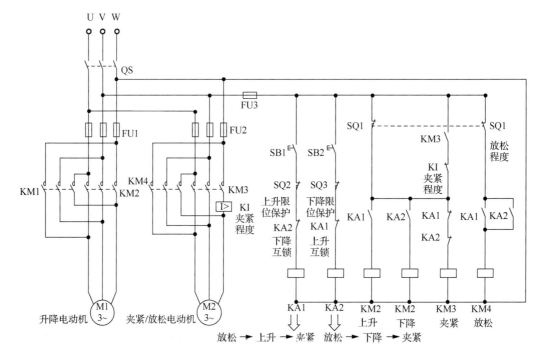

图 5-10 完整的控制电路图

5）电路的完善和校核

控制电路设计完毕后，往往还有不合理的地方，或者还有需要进一步简化之处，应认真仔细地校核。对图 5-11 所示电路审核是对照生产机械工艺要求，反复分析所设计电路是否能逐条实现，是否会出现误动作，是否保证了设备和人身安全，是否还要进一步简化以减少触点或节省连接线等。

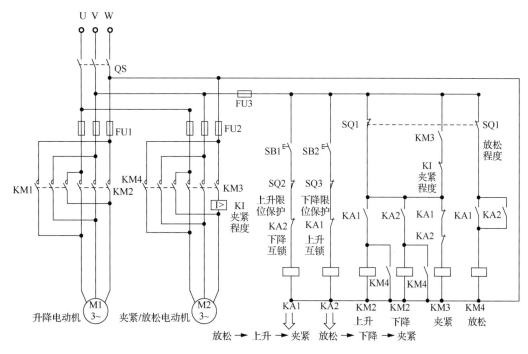

图 5-11　修正后的控制电路

下面分 4 个阶段对横梁升降移动和夹紧/放松进行分析。

（1）按下横梁上升点动按钮 SB1，中间继电器 KA1 的线圈通电，KM4 的线圈通电，夹紧电动机 M2 工作，将横梁放松。

（2）当横梁放松到一定程度时，夹紧装置将 SQ1 压下，SQ1 的常闭触点断开，KM4 的线圈断电，夹紧电动机 M2 停止工作。而 SQ1 的常开触点闭合，KM1 的线圈通电，升降电动机 M1 启动，横梁在放松状态下向上移动。

（3）当横梁移动到所需位置时，松开 SB1，KA1 的线圈断电，KA1 的常开触点复原，KM1 线圈断电，使升降电动机 M1 停止升降。

由于横梁处于放松状态，SQ1 的常开触点一直是闭合的，KA1 的常闭触点复原，KM3 的线圈通电，使夹紧电动机 M2 反转，从而进入夹紧阶段。

（4）当夹紧电动机 M2 启动时，I_q 较大，过电流继电器 KI 动作，其常闭触点虽然断开了，但是 SQ1 的常开触点闭合，KM3 的线圈仍然通电，横梁继续夹紧。当 I_q 较小时，过电流继电器 KI 的常闭触点复位。在夹紧过程中，SQ1 复位，为下次放松做准备。

当夹紧到一定程度时，过电流继电器 KI 的常闭触点断开，KM3 的线圈断电，夹紧电动机 M2 停止，夹紧动作结束。

横梁下降的操作过程与横梁上升操作过程类似。

以上分析初看似无问题，但仔细分析第二阶段即横梁上升或下降阶段，就发现其条件是横梁放松到位。如果按下 SB1 后 SB2 动作的时间很短，横梁放松还未到位就已松开按下的按钮，致使横梁既不能放松又不能进行夹紧，容易出现事故。改进的方法是将 KM4 的辅助触点并联在 KM1、KM2 两端，使横梁一旦放松，就必然继续工作至放松到位，然后可靠地进入夹紧阶段。

5.3.2　电气控制电路的逻辑设计法

逻辑设计法是根据生产工艺的要求，利用逻辑代数来分析、化简、设计电路的方法。这种设计方法是将控制电路中的继电器、接触器线圈的通/断、触点的断开/闭合等看成逻辑变量，并根据控制要求将它们之间的关系用逻辑函数关系式来表达，然后，再运用逻辑函数基本公式和运算规律进行简化，根据最简式画出相应的电路结构图；最后，进一步检查和完善，即可获得需要的控制电路。

逻辑设计法较为科学，能够用必需的且最少的中间记忆元件（中间继电器）的数目实现一个自动控制电路，以达到使逻辑电路最简单的目的，设计的电路比较简化、合理。但是当设计的控制系统比较复杂时，这种方法就显得十分烦琐，工作量也大。因此，如果将一个较大的、功能较为复杂的控制系统分成若干互相联系的控制单元，用逻辑设计方法先完成每个单元控制电路的设计；然后，再用经验设计方法把这些单元电路组合起来，各取所长，这也是一种简捷的设计方法。

1. 利用逻辑函数化简来简化电路

逻辑函数的化简可以使继电器–接触器控制电路简化。对于较简单的逻辑函数，可以利用逻辑代数的基本定律和运算法则，并综合运用并项、扩项、提取公因子等方法进行化简。

利用逻辑函数来简化电路需要注意以下问题：

（1）注意触点容量的限制。检查化简后触点的容量是否足够，尤其是担负关断任务的触点。

（2）注意电路的合理性和可靠性。一般继电器和接触器有多对触点，在有多余触点的情况下，不必强求化简，而应考虑充分发挥电子元件的功能，让电路的逻辑功能更明确。

【例 5-1】根据图 5-12 所示的逻辑图（简化前），写出逻辑函数并进行简化。

解：
$$F = A\bar{B}C + A\bar{B}\bar{C} + \bar{B}\bar{C} + AC + \bar{B}C$$
$$= AC(1 + \bar{B}) + \bar{B}\bar{C}(1 + A) + \bar{B}C$$
$$= AC + B$$

根据简化的逻辑函数画出简化后的逻辑图，如图 5-13 所示。

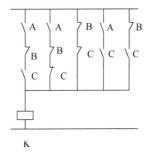

图 5-12　简化前的逻辑图

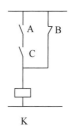

图 5-13　简化后的逻辑图

2. 继电器-接触器电路的逻辑函数

继电器-接触器电路是开关电路，符合逻辑规律。它以按钮、触点和中间继电器等作为输入逻辑变量，进行逻辑函数运算后得出以执行元件为输出变量的公式。通过下面简单电路对其逻辑函数表达式的规律加以说明。

图 5-14 为两个简单的启动-保护-停止电路。常开触点的状态用相同字符来表示，而常闭触点的状态以逻辑非表示。则 SB1 为启动信号，SB2 为停止信号，KM 的常开触点为自锁信号。

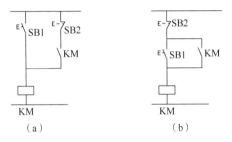

图 5-14　两个简单的启动-保护-停止电路

根据图 5-14（a）和图 5-14（b）可分别写出逻辑函数：

$$f_{KM} = SB1 + \overline{SB2} \cdot KM \tag{5-1}$$

$$f_{KM} = \overline{SB2} \cdot (SB1 + KM) \tag{5-2}$$

设将两式中的 $SB1 = X_{开}$，$\overline{SB2} = X_{关}$，代入上式可得

$$f_{KM} = X_{开} + X_{关} \cdot KM \tag{5-3}$$

$$f_{KM} = X_{关} \cdot (X_{开} + KM) \tag{5-4}$$

图 5-14 中的两个电路图逻辑功能相似，但从逻辑函数表达式来看，图 5-14（a）逻辑函数式中的 $X_{开} = 1$ 时，$f_{KM} = 1$，$X_{关}$ 不起控制作用。因此，这种电路称为开启从优形式。

图 5-14（b）逻辑函数式中的 $X_{关} = 0$ 时，$X_{开}$ 不起控制作用。因此，这种电路称为关断从优形式。一般为了安全起见，选择图 5-14（b）的关断从优形式。

实际的启动、保护、停止电路往往有很多相互限制的条件，因此，需要添加启动、保护、停止电路的互锁条件，对开启信号和关断信号增加约束条件。

（1）开启信号：当开启的转换主令信号不止一个，并且要求具备其他条件才能开启时，则开启信号用 $X_{开主}$ 表示，其他条件称为开启约束信号，用 $X_{开约}$ 表示。显然，只有所有条件都具备时才能开启，说明 $X_{开主}$ 与 $X_{开约}$ 是"与"的逻辑关系。因而 $X_{开}=X_{开主}\cdot X_{开约}$。

（2）关断信号：当关断信号不止一个，并且要求具备其他条件才能关断时，则关断信号用 $X_{关主}$ 表示，其他条件称为关断的约束信号，以 $X_{关约}$ 表示。显然，$X_{关主}$ 与 $X_{关约}$ 全为"0"时，才能关断，因此 $X_{关主}$ 与 $X_{关约}$ 是"或"的关系。因而 $X_{关}=X_{关主}+X_{关约}$。

可将式（5-3）和式（5-4）扩展如下：

$$f_{KM}=X_{开主}\cdot X_{开约}+(X_{关主}+X_{关约})KM \tag{5-5}$$

$$f_{KM}=(X_{关主}+X_{关约})(X_{开主}\cdot X_{开约}+KM) \tag{5-6}$$

3．逻辑设计法的一般步骤

逻辑设计法可以使电路简化，充分利用电子元件得到较合理的电路。对复杂电路的设计，特别是生产自动线、组合机床等控制电路的设计，采用逻辑设计法比经验设计法更为方便、合理。

逻辑设计法的一般步骤如下：

（1）充分研究加工工艺过程，画出工作循环图或工作示意图。

（2）按工作循环图制作执行元件及检测元件状态表。

（3）根据状态表，设置中间记忆元件，并列写中间记忆元件及执行元件逻辑函数式。

（4）根据逻辑函数式建立电路结构图。

（5）进一步完善电路，增加必要的互锁、保护等辅助环节，检查电路是否符合原控制要求、有无寄生回路、是否存在触点竞争现象等。

完成以上 5 个步骤，就可得到一张完整的控制原理图。

5.4 电气控制系统的工艺设计

在完成电气原理设计及电子元件选择之后，就应进行电气控制的工艺设计。工艺设计的目的是为了满足电气控制设备的制造和使用要求。

工艺设计内容包括以下几项：

（1）电气控制设备总体配置，即总装配图和总接线图。

（2）作各部分的电器装配图与接线图，并列出各部分的元件目录、进出线号以及主要材料清单等技术资料。

（3）编写使用说明书。

具有过程如下。

1．电气设备总体配置设计

各种电动机及各类电子元件因各自的作用不同，都有一定的装配位置，在构成一个完整的自动控制系统时，必须划分组件。以龙门刨床为例，可划分机床电器部分（各种拖动电动机、抬刀机构电磁铁、各种行程开关和控制站等）、机组部件（交磁放大机组、电动/发电机组等）以及电气控制柜（各种控制电器、保护电器、调节电器等）。根据各部分的复杂程度，又可划分出若干组件，如电路组件、电器安装板组件、控制面板组件、电源组件等。同时，要解决组件之间、电气控制柜之间以及电气控制柜与被控制装置之间的连线问题。

1）划分组件的原则

（1）把功能类似的元件组合在一起。例如，把用于操作的各类按钮、开关、键盘、指示检测、调节等元件集中为控制面板组件，把各种继电器、接触器、熔断器、照明变压器等控制电器集中为电器板组件，把各类控制电源、整流、滤波元件集中为电源组件等。

（2）尽可能地减少组件之间的连线数量，把与接线关系密切的控制电器置于同一组件中。

（3）把强电和弱电控制器分离，以减少干扰。

（4）力求整齐美观，把外形尺寸、质量相近的电器组合在一起。

（5）便于检查与调试，把须经常调节、维护和易损元件组合在一起。

2）电气控制设备的各部分及组件之间的接线方式

（1）电器板、控制面板、机床电器的进出线一般采用接线端子（按电流大小及进出线数量选用不同规格的接线端子）。

（2）电气控制柜与被控制设备或电气控制柜之间采用多孔接插件，便于拆装、搬运。

（3）印制电路板及弱电控制组件之间宜采用各种类型标准接插件。

总体配置设计是以电气系统的总装配图与总接线图形式来表达的。图中应以示意形式反映各部分主要组件的位置及各部分接线关系，布线方式及使用管线要求等。

总装配图、接线图是进行分部设计和协调各部分组成一个完整系统的依据。总体设计要使整个系统集中、紧凑，同时在场地允许的条件下，对发热现象严重、噪声和振动大的电子部件。例如，电动机组、启动电阻箱等尽量放在离操作者较远的地方或隔离起来；对于多工位加工的大型设备，应考虑两地操作的可能；总电源紧急停止控制应安放在方便而明显的位置。总体配置设计合理与否将影响电气控制系统工作的可靠性，并关系到电气系统的制造、装配、调试、操作以及维护是否方便。

2．元件布置图的设计及电子部件接线图的绘制

总体配置设计确定了各个组件的位置和连线后，就要对每个组件中的电子元件进行设计，电子元件的设计图包括布置图、接线图、电气控制柜及非标准零件图的设计。

1）电子元件布置图

电子元件布置图是依据总原理图中的部件原理图设计的，是某些电子元件按一定原则的组合。布置图是根据电子元件的外形绘制，并标出各种电子元件的间距尺寸。对每种电子元件的安装尺寸及其公差范围，应严格按产品手册标准标注，作为底板加工依据，以保证各种电子元件顺利安装。

同一组件中电子元件的布置要注意以下问题：

（1）体积大和较重的电子元件应安装在电器板的下面，而易发热元件应安装在电器板的上面。

（2）强电弱电元件分开放置并注意弱电屏蔽，防止外界干扰。

（3）需要经常维护、检修、调整的电子元件的安装位置不宜过高或过低。

（4）电子元件的布置应考虑整齐、美观、对称，把外形尺寸与结构类似的电子元件安放在一起，以便加工、安装和配线。

（5）电子元件布置不宜过密，要留一定的间距。若采用板前布线槽配线方式，应适当加大各排电子元件间距，以便布线和维护。

各种电子元件的位置确定以后，便可绘制电气布置图。在电器布置图设计中，还要根据本部件进出线的数量（由部件原理图统计出来）和采用导线规格，选择进出线方式，并选用适当接线端子板或接插件，按一定顺序标上进出线的接线号。

2）电子部件接线图

电子部件接线图是指部件中各种电子元件的接线图。电子元件的接线要注意以下问题：

（1）接线图和接线表的绘制应符合 GB 6988—1997《电气制图接线图和接线表》的规定。

（2）电子元件按外形绘制，并与布置图一致，偏差不要太大。

（3）对所有电子元件及其引线，应标注与电气原理图中相一致的文字符号及接线号。

（4）与电气原理图不同，在电子部件接线图中，同一电子元件的各个部分（触点、线圈等）必须画在一起。

（5）电子部件接线图一律采用细线条，布线方式有板前布线及板后布线两种，一般采用板前布线。对于简单电子部件，电子元件数量较少，接线关系不复杂，可直接画出电子元件之间的连线。但对于复杂电子部件，电子元件数量多，接线较复杂的情况，一般是采用布线槽，只须在各种电子元件上标出接线号，不必画出各种电子元件之间的连线。

（6）接线图中应标出配线用的各种导线的型号、规格、截面积及颜色要求。

（7）部件的进出线除大截面导线外，都应经过接线板，不得直接进出。

3）电气控制柜及非标准零件图的设计

在电气控制系统比较简单时，控制电器可以附在生产机械内部，而在控制系统比较复杂或由于生产环境及操作的需要，通常都带有单独的电气控制柜，以便制造、使用和维护。

电气控制柜设计要考虑电气箱总体尺寸及结构方式、方便安装、调整及维修要求，并利于箱内电器的通风散热。

对于大型控制系统，电气控制柜常设计成立柜式或工作台式；对于小型控制设备，电气控制柜则设计成台式、手提式或悬挂式。

3. 清单汇总和说明书的编写

在电气控制系统原理设计及工艺设计结束后，应根据各种设计图样，对本设备需要的各种零件及材料进行综合统计，按类别划分出外购成件汇总清单表、标准件清单表、主要材料消耗定额表及辅助材料消耗定额表。

设计及使用说明书是设计审定及调试、使用、维护过程中必不可少的技术资料。设计及使用说明书应包含以下主要内容：

（1）拖动方案选择依据及本设计的主要特点。

（2）主要参数的计算过程。

（3）各项技术指标的核算与评价。

（4）设备调试要求与调试方法。

（5）使用、维护要求及注意事项。

习题及思考题

5-1　电气控制设计应遵循的原则是什么？设计内容包括哪些主要方面？

5-2　如何确定生产机械的电气拖动方案？

5-3　电气控制原理图设计方法有几种？常用的方法是什么？电气控制原理图的要求有哪些？

5-4　采用逻辑设计法，设计一个以行程原理控制的机床控制电路。要求工作台每往复一次（自动循环），即发出一个控制信号，就改变主轴电动机的转向一次。

5-5 某机床由两台三相鼠笼式异步电动机 M1 与 M2 拖动，其拖动要求如下：

（1）M1 容量较大，采用星形-三角形连接法降压启动，制动时带有能耗制动。

（2）M1 启动后经过 20s 后方允许 M2 启动（M2 容量较小，可直接启动）。

（3）只有 M2 制动后才允许 M1 制动。

（4）M1 与 M2 的启动、停止均要求两地控制，试设计电气原理图并设置必要的电气保护。

5-6 如何绘制电气设备的总装配图、总接线图及电子部件的布置图与接线图？

5-7 设计及使用说明书应包含哪些主要内容？

第6章

»»»»»

可编程序控制器概述

6.1 可编程序控制器的提出及其基本概念

6.1.1 可编程序控制器的提出

20 世纪 60 年代末，美国最大的汽车制造公司——通用汽车公司（GM），为了适应汽车型号不断更新的需要，想寻找一种方法，尽可能地减少重新设计继电器-接触器控制系统和接线的工作量，降低成本、缩短周期。于是，设想把计算机的功能完备性、灵活性、通用性好等优点和继电器-接触器控制系统的简单易懂、操作方便、价格便宜等优点结合起来，制造出一种新型的工业控制装置。为此，1968 年美国通用汽车公司公开招标，要求制造商为其装配线提供一种新型的通用控制器，并提出了十项招标指标（GM 十条）：

（1）编程简单，可在现场修改程序。

（2）维护方便，采用插件方式。

（3）可靠性高于继电器-接触器控制系统。

（4）设备体积要小于及电气控制柜。

（5）数据可以直接送给管理计算机。

（6）成本可与继电器-接触器控制系统相竞争。

（7）输入量是 115V 交流电压。

（8）输出量为 115V 交流电压，输出电流在 2A 以上，能直接驱动接触器、电磁阀等。

（9）系统扩展时，原系统只需要很小的变动。

（10）用户程序存储器容量能扩展到 4KB。

美国数字设备公司（DEC）中标，于 1969 年研制成功了一台符合要求的控制器，在通用汽车公司的汽车装配线上试验并获得成功。由于这种控制器适用于工业环境，便于安装，可以重复使用，还可通过编程来改变控制规律，完全可以取代继电器-接触器控制系统，因此，在短时间内该控制器的应用很快就扩展到其他工业领域。

6.1.2 可编程序控制器的基本概念

至今，叫编程序控制器的问世只有近 50 年时间，但发展极为迅速。为了使这一新型的工业控制装置的生产和发展规范化，国际电工委员会（International Electrical Committee，IEC）

颁布的可编程序控制器标准中对可编程序控制器作了如下定义："可编程序控制器是一种专门为在工业环境下应用而设计的数字运算操作的电子装置。它采用可以编制程序的存储器，用来在其内部存储执行逻辑运算、顺序运算、定时、计数和算术运算等操作的指令，并能通过数字式或模拟式的输入和输出控制各种类型的机械或生产过程。可编程序控制器及其有关的外部设备都应按照易于与工业控制系统形成一个整体、易于扩展其功能的原则而设计。"

该定义中有以下 3 点值得注意：

（1）可编程序控制器是"数字运算操作的电子装置"，其中带有"可以编制程序的存储器"，能够进行"逻辑运算、顺序运算、定时、计数和算术运算"工作，可以认为可编程序控制器具有计算机的基本特征。事实上，可编程序控制器无论从内部构造、功能及工作原理上看，都是不折不扣的计算机。

（2）可编程序控制器是"为在工业环境下应用"而设计的计算机。工业环境和一般办公环境有较大的区别，可编程序控制器具有特殊的构造，使它能在高粉尘、高噪声、强电磁干扰和温度变化剧烈的环境下正常工作。为了能控制"机械或生产过程"，它又要能"易于与工业控制系统形成一个整体"。这些都是个人计算机不可能做到的。可编程序控制器不是普通的计算机，它是一种工业现场使用的计算机。

（3）可编程序控制器能控制"各种类型"的工业设备及生产过程。它易于扩展功能，它的程序能根据控制对象的不同要求，让使用者"可以编制程序"。也就是说，可编程序控制器较以前的工业控制计算机，如单片机工业控制系统，具有更大的灵活性，它可以方便地应用在各种场合，它是一种通用的工业控制计算机。

通过以上定义可知，相对于一般意义上的计算机，可编程序控制器不仅具有计算机的内核，它还配置了许多使其适用于工业控制的器件。它实质上是经过一次开发的工业控制用计算机。但是，从另一个方面来说，它是一种通用机，若不经过二次开发，它就不能在任何具体的工业设备上使用。不过，自其诞生以来，电气工程技术人员感受最深刻的正是，可编程序控制器二次开发编程十分容易。再加上体积小、可靠性高、抗干扰能力强、控制功能完善、适应性强、安装方便、接线简单等众多优点，可编程序控制器在近 50 年中获得了突飞猛进的发展，在工业控制中获得了非常广泛的应用。

6.2　可编程序控制器的特点及其应用

6.2.1　可编程序控制器的特点

（1）可靠性高，抗干扰能力强。可靠性高是电气控制设备的关键性能。可编程序控制器采用大规模集成电路技术，内部电路采用了先进的抗干扰技术，具有很高的可靠性。一些使用冗余 CPU 的可编程序控制器的平均无故障工作时间则更长。从可编程序控制器的机外电路来说，用可编程序控制器构成的控制系统，电气接线及开关连接点可以大大减少，故障也将随之大大降低。此外，可编程序控制器具有硬件故障的自我检测功能，出现故障时可及时发出报警信息。在应用软件中，用户还可以编写外围器件的故障自诊断程序，使系统中除可编程序控制器以外的电路及设备也获得故障自诊断保护。这样，使得整个系统具有极高的可靠性。

（2）配套齐全，功能完善，适用性强。可编程序控制器发展到今天，已经形成了大、中、小各种规模的系列化产品。可用于各种规模的工业控制场合。除了逻辑处理功能，现代可编程序控制器大多具有完善的数据运算能力，可用于各种数字控制领域。近年来，可编程序控制器的功能模块大量涌现，使可编程序控制器渗透到了位置控制、温度控制、计算机数控（CNC）等各种工业控制中。加上可编程序控制器通信能力的增强及人机界面技术的发展，使用可编程序控制器组成各种控制系统变得非常容易。

（3）易学易用，深受工程技术人员欢迎。可编程序控制器作为通用工业控制计算机，是面向工矿企业的工控设备，编程语言易被工程技术人员接受。例如，梯形图语言的图形符号和表达方式与继电器电路图非常接近，只用可编程序控制器的少量开关逻辑控制指令，就可以方便地实现各种电气控制电路的功能。

（4）系统设计周期短，维护方便，改造容易。可编程序控制器用存储逻辑代替接线逻辑，可以大大地减少外部的接线，使控制系统设计周期大大缩短。同时，维护也变得容易。更重要的是，同一设备通过改变程序来改变生产过程已成为可能。这很适合多品种、小批量的生产场合。

（5）体积小，质量小，能耗低。超小型可编程序控制器的底部尺寸小于 100mm，质量小于 150g，功耗仅数瓦。便于装入机电装备内部，是实现机电一体化的理想控制设备。

6.2.2　可编程序控制器的应用领域

目前，可编程序控制器已广泛应用于钢铁、石油、化工、电力、建材、机械制造、汽车、轻纺、交通运输、环保及文化娱乐等各个行业，使用情况大致可归纳为如下几类：

（1）开关量的逻辑控制。开关量的逻辑控制是可编程序控制器最基本、最广泛的应用领域，可用它取代传统的继电器控制电路，实现逻辑控制、顺序控制，既可用于单台设备的控制，又可用于多机群控制及自动化流水线。例如，用于控制电梯、高炉上料、注塑机、印刷机、组合机床、磨床、包装生产线、电镀流水线等。

（2）模拟量控制。在工业生产过程中，为了使可编程序控制器能处理如温度、压力、流量、液位和速度之类的模拟量信号，可编程序控制器厂家都有配套的 A/D 和 D/A 转换模块用于模拟量控制。

（3）运动控制。可编程序控制器可以用于圆周运动或直线运动的控制。从控制机构配置来说，早期直接用开关量 I/O 模块连接位置传感器和执行机构，现在可使用专用的运动控制模块。例如，可驱动步进电动机或伺服电动机的单轴或多轴位置控制模块。世界上各主要可编程序控制器厂家几乎都有运动控制功能专用模块，广泛地用于各种机械、机床、机器人、电梯等场合。

（4）过程控制。过程控制是指对温度、压力、流量等模拟量的闭环控制。作为工业控制计算机，可编程序控制器能编制各种各样的控制算法程序，完成闭环控制。如 PID 调节就是一般闭环控制系统中常用的调节方法。目前，不仅大中型可编程序控制器有 PID 模块，而且许多小型可编程序控制器也具有 PID 功能。可编程序控制器的过程控制在冶金、化工、热处理、锅炉控制等场合有非常广泛的应用。

（5）数据处理。现代可编程序控制器具有数学运算（含矩阵运算、逻辑运算）、数据传送、数据转换、排序、查表、位操作等功能，可以完成数据的采集、分析及处理。这些数据可以与存储器中的参考数值比较，完成一定的控制操作，也可以利用通信功能传送到别的智能装置，将它们打印或制表。数据处理一般用于大型控制系统，如无人控制的柔性制造系统；也可用于过程控制系统，如造纸、冶金、食品工业中的一些大型控制系统。

（6）通信及联网。可编程序控制器通信包含可编程序控制器之间的通信以及可编程序控制器与其他智能设备间的通信。随着计算机控制的发展，工厂自动化网络发展将会加快，各可编程序控制器厂商都十分重视可编程序控制器的通信功能，纷纷推出各自的网络系统。目前，可编程序控制器都具有通信接口，实现通信非常方便。

6.3　可编程序控制器的发展

世界上公认的第一台可编程序控制器是 1969 年美国数字设备公司（DEC）研制的。限于当时的元件及计算机发展水平，早期的可编程序控制器主要由分立元件和中小规模集成电路组成，可以完成简单的逻辑控制及定时、计数功能。20 世纪 70 年代初出现了微处理器，人们很快将其引入可编程序控制器，使可编程序控制器增加了运算、数据传送及处理等功能，成为真正具有计算机特征的工业控制装置。为了方便熟悉继电器–接触器控制系统的电气工程技术人员使用，可编程序控制器采用了和继电器–接触器电路图类似的梯形图作为主要编程语言，并将参加运算的计算机存储元件都以继电器命名。因而人们称可编程序控制器为微机技术和继电器常规控制概念相结合的产物。

20 世纪 70 年代中末期，可编程序控制器进入了实用化发展阶段，计算机技术已全面引入可编程序控制器中，使其功能发生了飞跃。更高的运算速度、超小型的体积、更可靠的工业抗干扰设计、模拟量运算、PID 功能以及极高的性价比奠定了它在现代工业中的地位。

20 世纪 80 年代初，可编程序控制器在工业发达国家中已获得了广泛的应用。例如，世界上第一台可编程序控制器的诞生地是美国，根据美国权威情报机构在 1982 年的统计数字，大量应用可编程序控制器的工业厂家占美国重点工业行业厂家总数的 82%，已位于众多的工业自控设备之首。这个时期，可编程序控制器发展的特点是大规模、高速度、高性能、产品系列化。这标志着可编程序控制器已步入成熟阶段。这个阶段的另一个特点是世界上生产可编程序控制器的国家日益增多，产量日益上升。许多可编程序控制器的生产厂家已闻名于全世界。如美国 Rockwell 自动化公司所属的 A-B（Allen-Bradley）公司和 GE-FANUC 公司，日本的三菱电机公司和立石公司，德国的西门子（Siemens）公司等。他们的产品已风行全世界，成为各国工业控制领域中的著名品牌。

20 世纪末期，可编程序控制器的发展特点是更加适应于现代工业控制的需要。从控制规模上来说，这个时期发展了大型机及超小型机；从控制能力上来说，诞生了各种各样的特殊功能单元，用于压力、温度、转速、位移等各种控制场合；从产品的配套能力来说，生产了各种人机界面单元、通信单元，使应用更加容易。此时，可编程序控制器在机械制造、石油化工、冶金钢铁、汽车和轻工业等领域的应用都有了长足的发展。

进入21世纪以来，可编程序控制器的发展有以下4个特点：

（1）加强可编程序控制器通信联网的信息处理能力。随着计算机网络技术的飞速发展，可编程序控制器的通信联网能使其与PC和其他智能控制设备很方便地交换信息，实现分散控制和集中管理。也就是说，用户需要可编程序控制器与PC更好地融合，通过可编程序控制器在软技术上协助改善被控过程的生产性能，在可编程序控制器这一级就可以加强信息处理能力。例如，CONTEC与日本三菱电机公司（以下简称为三菱电机）合作，推出专门插在小Q系列可编程序控制器的机架上的PC机模块，该模块实际上就是一台可在工厂现场环境下正常运行，而且可通过可编程序控制器的内部总线与可编程序控制器的CPU模块交换数据的PC机。其处理芯片采用Intel Celeron 400MHz主频、系统内存128MB、Cache 128KB、支持外挂显示器，该模块内装Windows NT 4.0或Windows 2000。支持的软件有三菱综合F4软件，包括可编程序控制器编程软件GT、FA数据处理软件MX、人机界面画面设计软件GT、运动控制设计编程软件MT等。

国外一些大中型可编程序控制器制造商推出了一个机架上可以插多个CPU模块的结构，将PC模块与可编程序控制器的CPU模块、过程控制CPU模块或运动控制模块同时插在一个机架上。实际上就是将原来可编程序控制器要通过工厂自动化（FA）用PC与管理计算机通信的三层结构改为可编程序控制器系统可直接与生产管理用的计算机的两层结构。这样，生产管理更加快捷方便。

（2）小型可编程序控制器之间通信"傻瓜化"。为了尽量减少可编程序控制器用户在通信编程方面的工作量，可编程序控制器制造商做了大量工作，使设备之间的通信自动地周期性的进行，而不需要用户为通信编程，用户的工作只是在组成系统时做一些硬件或软件上初始化设置。例如，欧姆龙公司的两台CPM1A之间的一对一连接通信，只须用3根导线将它们的RS-232C通信接口连在一起，再将与通信有关的参数写入5个指定的数据存储器中，即可方便地实现两台可编程序控制器之间的通信。

（3）可编程序控制器向开放性发展。早期的可编程序控制器缺点之一：它的软/硬件体系结构是封闭的而不是开放的，如专用总线、通信网络及协议、I/O模块互不通用，甚至连机架、电源模板亦各不相同，编程语言之一的梯形图名称虽一致，但组态、寻址、语言结构均不一致，因此，几乎各个公司的可编程序控制器均互不兼容。目前，可编程序控制器在开放性方面已有实质性突破。十多年前可编程序控制器被攻破的一个重要方面就是它的专有性，现在情况有了极大改观，不少大型可编程序控制器厂商在可编程序控制器系统结构上采用了各种工业标准，如IEC 61131-3、IEEE 802.3以太网、TCP/IP、UDP/IP等。例如，AEG Schneider集团已开发了以可编程序控制器为基础，在Windows平台下，符合IEC 61131-3国际标准的全新一代开放体系结构的可编程序控制器，实现高度分散控制，开放度高。

高度分散控制是一种全新的工业控制结构，不但控制功能分散化，而且网络也分散化。所谓高度分散控制，就是控制算法常驻在该控制功能的节点上，而不是常驻在可编程序控制器上或PC上，凡挂在网络节点上的设备，均处于同等的位置，将"智能"扩展到控制系统的各个环节，从传感器、变送器到I/O模块乃至执行器，无处不采用微处理芯片，因而产生了智能分散系统（SDS）。

为了使可编程序控制器更具开放性并可执行多任务，在一个可编程序控制器系统中同时安装几个 CPU 模块，每个 CPU 模块都执行某一种任务。例如，三菱电机公司的小 Q 系列可编程序控制器可以在一个机架上插 4 个 CPU 模块，富士电机公司的 MICREX-ST 系列最多可在一个机架上插 6 个 CPU 模块，这些 CPU 模块可以进行专门的逻辑控制、顺序控制、运动控制和过程控制。这些都是在 Windows 环境下执行 PC 任务的模块，组成混合式的控制系统。

众多可编程序控制器厂商都开发了自己的模块型 I/O 模块或端子型 I/O 模块，而通信总线都符合 IEC61131-3 标准，这极大地增强了可编程序控制器的开放度。

创建开放的网络环境后，推出了能达到 100Mb 的高速以太网的 Web 服务器模块，三菱电机公司小 Q 系列的 QJ71WS96，横河电机 FA-M3 系列的 F3WBM1-0T-S0；模块内的软件捆绑了目前常用的 TCP/IP、UDP/IP 等传输层和网络层协议，以及 HTTP、FTP、SMTP、POP3 等应用层协议，使可编程序控制器可直接进入因特网。

（4）可编程序控制器的体积小型化，运算速度高速化。可编程序控制器小型化的好处是节省空间、降低成本、安装灵活。目前一些大型可编程序控制器的外形尺寸比它们前一代的同类产品的安装空间小 50%左右。

很多可编程序控制器厂商推出了超小型可编程序控制器，用于单机自动化或组成分布式控制系统。西门子公司的超小型可编程序控制器称为通用逻辑模块，它采用整体式结构，集成了控制功能、实时时钟和操作显示单元，可用面板上的小型液晶显示屏和 6 个按键来编程。超小型可编程序控制器使用功能模块图 FBD 编程语言，有在 PC 上运行的 Windows 系统的编程软件。三菱电机公司的超小型可编程序控制器称为简单应用控制器，简称 α，并有 AL-PCS/win-C 型 VLS 软件，是强有力且界面友好的编程工具。松下电工的超小型可编程序控制器称为可选模式控制器。德国金钟-默勒公司（MOELLER）的超小型可编程序控制器称为控制继电器，简称 easy。

运算速度高速化是可编程序控制器技术发展的重要特点，在硬件上，可编程序控制器的 CPU 模块采用 32 位的 RISC 架构，使可编程序控制器的运算速度大为提高，一条基本指令的运算速度达到数十个纳秒（ns）。三菱电机公司的 ANA 系列可编程序控制器最早使用 32 位的 CPU 模块，当今它的 Q02H 系列可编程序控制器的 CPU 模块也用了 32 位的 RISC 架构，基本指令的执行时间为 34ns；富士电动机 MICREX-SX 系列可编程序控制器的 CPU 模块由于采用了 32 位 RISC 架构后，其一条基本指令的运算时间为 20ns。

可编程序控制器主机运算速度大大提高，与外部设备的数据交换速度也呈高速化。可编程序控制器的 CPU 模块通过系统总线与装插在基板上的各种 I/O 模块、特殊功能模块、通信模块等交换数据，基板上安装的模块越多，可编程序控制器的 CPU 模块与安装模块之间的数据交换的时间就会增加，在一定程度上会使可编程序控制器的扫描时间加长。为此，不少可编程序控制器厂商采用新技术，增加可编程序控制器系统的带宽，使一次传输的数据量增多；在系统总线数据存取方式上，采用连续成组传送技术实现连续数据的高速批量传送，大大缩短了存取每个字所需的时间；通过与系统总线相连接的模块实现全局传送，即针对多个模块同时传送同一数据的技术，有效地活用系统总线。

不少可编程序控制器厂商采用了多 CPU 芯片并行处理方式，用专门 CPU 处理编程及监控服务，大大减轻对执行控制程序的 CPU 芯片的影响，只让执行控制程序的 CPU 进行顺控和逻辑运算。另外，为提高服务处理速度，缩短操作时间，采用高速的串行通信，并将 USB 口引入可编程序控制器的 CPU 模块，从而实现与编程工具及监控设备之间通信的高速化，并允许多人同时使用这两个通信端口进行编程和调试程序。

6.4 可编程序控制器的组成及其各部分功能

世界各国生产的可编程序控制器的外观各异，但作为工业控制计算机，其硬件结构都大体相同。主要由中央处理器（CPU）、存储器（RAM、EPROM、Flash）、输入/输出器件（I/O 接口）、电源及编程设备构成。单元式可编程序控制器的硬件结构框图如图 6-1 所示。

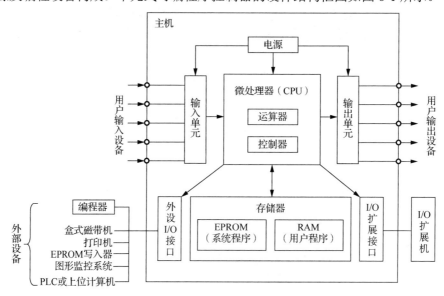

图 6-1　单元式可编程序控制器的硬件结构框图

6.4.1　中央处理器

中央处理器（CPU）是可编程序控制器的核心，它在系统程序的控制下，完成逻辑运算、数学运算、协调系统内部各部分工作等任务。一般说来，可编程序控制器的档次越高，CPU 的位数也越高，运算速度也越快，指令功能也越强。为了提高可编程序控制器的性能，一台可编程序控制器可采用多个 CPU。CPU 利用可编程序控制器中的系统程序赋予的功能指挥可编程序控制器有条不紊地完成如下工作：

（1）自诊断可编程序控制器内部电路工作状况和程序语言的语法错误。

（2）采用扫描的方式通过 I/O 接口，接收编程设备及外部单元送入的用户程序和数据。

（3）从存储器中逐条读取用户指令，解释并按指令规定的任务进行操作运算等，并根据结果更新有关标志和输出映像存储器，由输出部件输出控制数据信息。

6.4.2　存储器

存储器是可编程序控制器存放系统程序、用户程序及运算数据的单元。和计算机一样，可编程序控制器的存储器可分为只读存储器（ROM）和随机读写存储器（RAM）两大类，ROM是用来存放永久保存的系统程序；RAM 一般用来存放用户程序及系统运行中产生的临时数据。为了能使用户程序及某些运算数据在可编程序控制器脱离外界电源后也能保存，机内 RAM 均配备了电池或电容等断电保持装置。

可编程序控制器的存储器区域按用途不同，又可分为程序区及数据区。程序区是用来存放用户程序的区域，一般有数千个字节。用来存放用户数据的区域一般较小，在数据区中，各类数据存放的位置都有严格的划分。可编程序控制器的数据单元也称为继电器，如输入继电器、时间继电器、计数器等。不同用途的继电器在存储区中占有不同的区域，每个存储单元有不同的地址编号。

6.4.3　输入/输出接口（I/O 接口）

输入/输出接口是可编程序控制器和工业控制现场各类信号连接的部分。输入接口用来接收生产过程的各种参数。输出接口用来送出可编程序控制器运算后得出的控制信息，并通过机外的执行机构完成工业现场的各类控制。生产现场对可编程序控制器接口的要求：一要有较好的抗干扰能力，二能满足工业现场各类信号的匹配要求。因此，厂家给可编程序控制器设计了不同的接口单元。

1）开关量输入接口

其作用是把现场的开关量信号变成可编程序控制器内部处理的标准信号。开关量输入接口按可接收的外信号电源的类型不同，分为直流输入单元、交流/直流输入单元和交流输入单元，分别如图 6-2～图 6-4 所示。

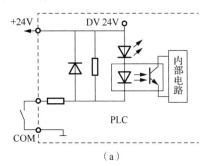
（a）

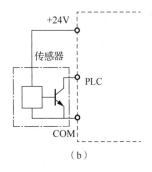
（b）

图 6-2　直流输入单元

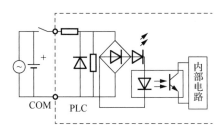

图 6-3　交流/直流输入单元

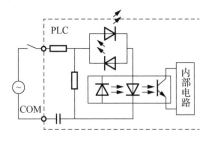

图 6-4　交流输入单元

输入接口中都有滤波电路及耦合隔离电路，具有抗干扰及产生标准信号的作用。图中输入接口的电源部分都画在了输入接口外（虚线框外），这是分体式输入接口的画法，在一般单元式可编程序控制器中输入接口都使用可编程序控制器本身的直流电源供电，不再需要外接电源。

2）开关量输出接口

其作用是把 PLC 内部的标准信号转换成现场执行机构所需要的开关量信号。开关量输出接口内部参考电路如图 6-5 所示。图 6-5（a）中的输出接口为继电器型，图 6-5（b）中的输出接口为晶体管型，图 6-5（c）中的输出接口为可控硅型。

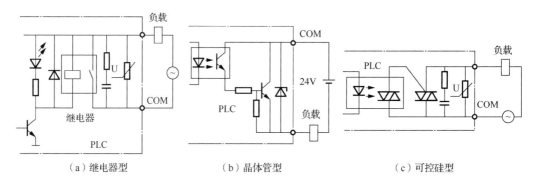

（a）继电器型　　　　　　　　（b）晶体管型　　　　　　　　（c）可控硅型

图 6-5　开关量输出接口内部参考电路

从图 6-5 中看出，各类输出接口中也都具有光电隔离电路。这里特别需要指出的是，输出接口本身不带电源。在考虑外驱动电源时，还须考虑输出器件的类型。继电器型的输出接口可用交流和直流两种电源，但通电和断电频率低；晶体管型的输出接口有较高的通电和断电频率，但只适用于由直流驱动的场合；可控硅型的输出接口仅适用于交流驱动场合。

3）模拟量输入接口

其作用是把现场连续变化的模拟量标准电压或电流信号，转换成适合可编程序控制器内部处理的二进制数字信号。标准信号是指符合国际标准的通用交互用电压电流信号值，如 4～20mA 的直流电流信号，1～10V 的直流电压信号等。工业现场中模拟量信号的变化范围一般是不标准的，在送入模拟量接口时一般都须经过变送处理才能使用，图 6-6 是模拟量输入接口的内部电路框图。模拟量信号输入后一般经运算放大器放大后进行 A/D（模/数）转换，再经光电隔离后为可编程序控制器提供一定位数的数字量信号。

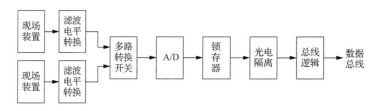

图 6-6　模拟量输入接口的内部电路框图

4）模拟量输出接口

其作用是将可编程序控制器运算处理后的若干位数字量信号转换为相应的模拟量信号输出，以满足生产过程现场连续控制信号的需要。模拟量输出接口一般由光电隔离、A/D 转换和信号驱动等环节组成。其原理图见图 6-7。

模拟量输入/输出接口一般安装在专门的模拟量工作单元上。

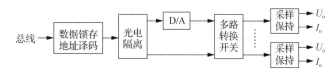

图 6-7 模拟量输出接口电路原理

5）智能输入/输出接口

为了适应较复杂的控制需要，可编程序控制器还有一些智能控制单元，如 PID 工作单元、高速计数器工作单元、温度控制单元等。这类单元大多是独立的工作单元。它们和普通输入/输出接口的区别在于，它们一般带有单独的 CPU，有专门的处理能力。在具体的工作中，每个扫描周期智能单元和主机的 CPU 交换一次信息，共同完成控制任务。从目前的发展来看，不少新型的可编程序控制器本身也带有 PID 功能及高速计数器接口，但它们的功能一般比专用单元的功能要弱。

6.4.4 电源

可编程序控制器的电源包括为可编程序控制器各个工作单元供电的开关电源，以及为断电保护电路供电的后备电源，后备电源一般为电池。

6.4.5 外部设备

1）编程器

编程器除了编程，还具有一定的调试及监控功能，能实现人机对话操作。可编程序控制器的编程设备一般有两类：一类是专用的编程器，有手持式的，其优点是携带方便，也有台式的，有的可编程序控制器身上自带编程器；另一类是个人计算机。

手持式编程器又可分为简易型及智能型两类。前者只能联机编程，后者既可联机编程又可脱机编程，它的优点是在编程及修改程序时，可以不影响可编程序控制器内原有程序的执行。也可以在远离主机的异地编程后再到主机所在地下载程序。

在个人计算机上运行可编程序控制器相关的编程软件即可完成编程任务。借助软件编程比较容易，一般是编好了以后再下载到可编程序控制器中去。

图 6-8 为 FX-20P 型手持式编程器。这是一种智能型编程器，配有存储器卡包装盒可以脱机编程，本机显示窗口可同时显示 4 条基本指令。

2）其他外部设备

PLC 还配有其他一些外部设备：

（1）打印机，用于打印程序或制表。

（2）高分辨率大屏幕彩色图形监控系统，用于显示或监视有关部分的运行状态。

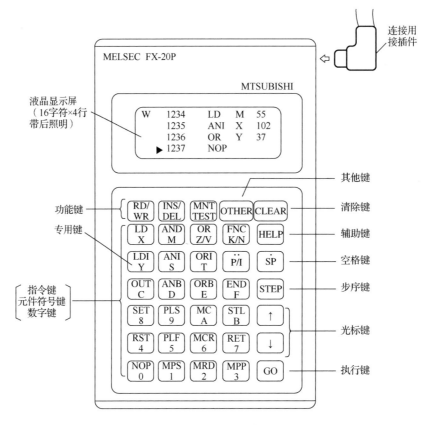

图 6-8　FX-20P 型手持式编程器

6.5　可编程序控制器的结构及软件

6.5.1　可编程序控制器的结构

1. 按硬件的结构类型分类

为了便于在工业现场安装、扩展、接线，可编程序控制器的结构与普通计算机有很大区别，常见的有单元式、模块式及叠装式三种结构的可编程序控制器。

1）单元式可编程序控制器

通常把 CPU、RAM、ROM、I/O 接口及与编程器相连的接口、输入/输出端子、电源、指示灯等都装配在一起的整体装置，称为基本单元。它的特点是结构紧凑，体积小、成本低、安装方便。缺点是输入/输出点数是固定的，不一定适合具体的控制现场的需要。有时可编程序控制器基本单元的输入端和输出端不能满足需要，希望配备一种能扩展一些 I/O 接口而不含 CPU 和电源的装置，这种装置称为扩展单元。

单元式可编程序控制器通常都有不同点数的基本单元及扩展单元，单元的品种越多，系统配置就越灵活。有些可编程序控制器中还具有一些特殊功能模块，这是为某些特殊的控制目的而设计的具有专门功能的设备，如高速计数模块、位置控制模块、温度控制模块等，通常都是智能单元，内部一般有自己专用的 CPU，它们可以和基本单元的 CPU 协同工作，构成一些专用的控制系统。单元式可编程序控制器如图 6-9 所示。

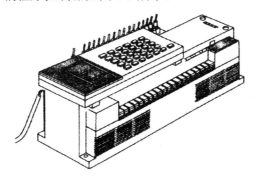

图 6-9　单元式可编程序控制器

2）模块式可编程序控制器

模块式又称为积木式。这种模块式的特点是，把可编程序控制器的每个工作单元都制成独立的模块，如 CPU 模块、I/O 模块、通信模块等。另外，用一块带有插槽的母板（实质上就是计算机总线），把这些模块按控制系统需要选取后插到母板上，就构成了一个完整的可编程序控制器。这种结构的可编程序控制器的优点是系统构成非常灵活，安装、扩展、维修都很方便，缺点是体积比较大。图 6-10 所示为模块式可编程序控制器的外形。

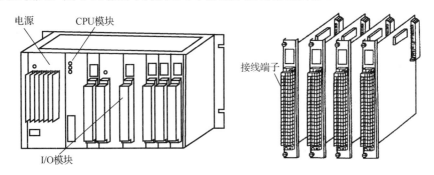

图 6-10　模块式可编程序控制器的外形

3）叠装式可编程序控制器

叠装式是单元式和模块式相结合的产物。把某个系列的可编程序控制器工作单元的外形都制作成一致的外观尺寸，CPU、I/O 口及电源也可做成独立的，不使用模块式可编程序控制器中的母板，采用电缆连接各个单元，在控制设备中安装时可以一层层地叠装，就成了叠装式可编程序控制器。图 6-11 是一款西门子 S7-200 叠装式可编程序控制器示意。

单元式可编程序控制器一般用于规模较小，输入/输出点数固定，不需要扩展的场合。模块式可编程序控制器一般用于规模较大，输入/输出点数较多，输入/输出点数比例灵活的场合。叠装式可编程序控制器具有二者的优点，从近年来市场上看，单元式及模块式有结合为叠装式的趋势。

2. 按应用规模及功能分类

为了适应不同工业生产过程的应用要求，可编程序控制器能够处理的输入信号数量是不一样的。一般将一路信号称作一个点，将输入点和输出点数的总和称为机器的点。按照点数的多少，可将可编程序控制器分为超小（微）、小、中、大、超大五种类型。表 6-1 是可编程序控制器按点数规模分类的情况。只是这种划分并不十分严格，也不是一成不变的。随着可编程序控制器的不断发展，相关标准已经过多次修改。

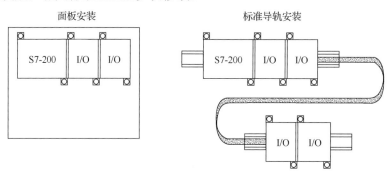

图 6-11　西门子 S7-200 叠装式可编程序控制器示意

表 6-1　可编程序控制器按点数规模分类的情况

超（微）小型	小型	中型	大型	超大型
64 点以下	64～128 点	128～512 点	512～8912 点	8912 点以上

可编程序控制器还可以按功能分为低档机、中档机及高档机。低档机以逻辑运算为主，具有计时、计数、移位等功能。中档机一般有整数及浮点运算、数制转换、PID 调节、中断控制及联网功能，可用于复杂的逻辑运算及闭环控制场合。高档机具有更强的数字处理能力，可进行矩阵运算、函数运算，可完成数据管理工作，有更强的通信能力，可以和其他计算机构成分布式生产过程综合控制管理系统。

可编程序控制器按功能划分及按点数规模划分是有一定联系的。一般大型、超大型机都是模块式或叠装式。机型和机器的结构形式及内部存储器的容量一般也有一定联系，大型机一般都是模块式的，具有很大的内存容量。

6.5.2　可编程序控制器的软件

1. 可编程序控制器的软件分类

可编程序控制器的软件包含系统软件和应用软件两大部分。

1）系统软件

系统软件包含系统的管理程序和用户指令的解释程序，还包括一些供系统调用的专用标准程序块等。系统管理程序用于完成机内运行相关时间分配、存储空间分配管理及系统自检等工作。用户指令的解释程序用于完成用户指令变换为机器码的工作。系统软件在用户使用可编程序控制器之前就已装入机内，永久保存，在各种控制工作中并不需要对其进行调整。

2）应用软件

应用软件也称为用户软件，是用户为达到某种控制目的，采用可编程序控制器厂家提供的编程语言自主编制的程序。根据控制要求使用导线连接继电器-接触器来确定控制器件间逻辑关系的方式称为接线逻辑。用预先存储在可编程序控制器内的程序实现某种控制功能，就是人们所指的存储逻辑。

图 6-12 是实现多地点控制异步电动机启动/停止的可编程序控制器控制方案及程序，给出了实现多地点控制异步电动机启动/停止的继电器-接触器控制电路图、用三菱电机公司的 FX$_{2N}$-16MR 型可编程序控制器实现该功能的接线图、梯形图和指令表程序。

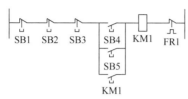

（a）多地点控制异步电动机启动/停止继电器-接触器控制电路

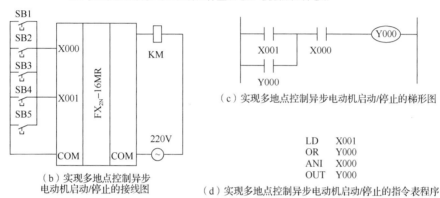

（c）实现多地点控制异步电动机启动/停止的梯形图

```
LD    X001
OR    Y000
ANI   X000
OUT   Y000
```

（b）实现多地点控制异步
电动机启动/停止的接线图

（d）实现多地点控制异步电动机启动/停止的指令表程序

图 6-12　实现多地点控制异步电动机启动/停止的可编程序控制器控制方案及指令表程序

从图 6-12 中很容易看出，继电器-接触器控制电路图与可编程序控制器接线图中使用的按钮、接触器是一样的。所不同的是，这些按钮及接触器都连接在可编程序控制器的输入/输出接口上，而不是相互连接。为了使图 6-12（b）的可编程序控制器接线图具有图 6-12（a）接线逻辑电路相同的控制功能，必须编制具有相同逻辑功能的应用程序，如图 6-12（c）和 6-12（d）所示。图 6-12（c）为梯形图，图 6-12（d）为指令表程序，它们是同一个程序的两种不同表达方式，可以预先存储在可编程序控制器内，实现图 6-12（a）的接线逻辑功能。这里顺便说明应用程序是一定控制功能的表述。一台可编程序控制器用于不同的控制目的时，需要编制不同的应用软件。用户软件存入可编程序控制器后，若需要改变控制目的，可以多次改写。

2．应用软件编程语言的表达方式

应用程序的编制须使用可编程序控制器生产方提供的编程语言。至今为止，还没有一种能适合各种可编程序控制器的通用编程语言。但是，由于各国的可编程序控制器的发展过程有类似之处，可编程序控制器的编程语言及编程工具都大体差不多。一般常见的有如下几种编程语言的表达方式。

1）梯形图

梯形图（Ladder Diagram）语言是一种以图形符号及其在图中的相互关系表示控制关系的编程语言，是从继电器电路图演变过来的。从图 6-12（c）的梯形图可知，梯形图中所绘的图形符号和图 6-12（a）继电器电路图中的符号十分相似，而且这两个控制实例中的梯形图结构和继电器控制电路图也十分相似。这两个相似的原因非常简单：一是因为梯形图是为熟悉继电器电路图的工程技术人员设计的，所以使用了类似的符号；二是两种图所表达的逻辑含义是一样的。因而，将可编程序控制器中参与逻辑组合的元件看成和继电器一样的器件，具有常开/常闭触点及线圈；而且线圈的通电及断电将导致触点相应动作。然后，用母线代替电源线；用能量流概念来代替继电器电路中的电流概念，使用绘制继电器电路图类似的思路绘制梯形图。需要说明的是，可编程序控制器中的继电器等编程元件并不是实际的物理元件，而是机器内存储器中的存储单元，它的所谓"接通"不过是相应的存储单元置1而已。

表6-2给出了继电器-接触器电路图中部分符号和可编程序控制器梯形图符号的对照关系。除了图形符号，梯形图中也有文字符号。图6-12（c）中第一行第一个常开触点上面标的X001即文字符号。继电器-接触器电路也一样，其中文字符号相同的图形符号是属于同一器件的。梯形图是可编程序控制器使用最广泛的一种语言。

表6-2　继电器-接触器电路图中部分符号对照

符号名称	继电器-接触器电路图符号	梯形图符号
常开触点	 —／—	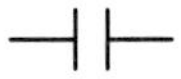 —┤├—
常闭触点	 —／—	 —┤╱├—
线圈	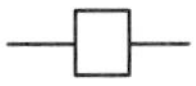 —□—	 —○—

2）指令表

指令表（Instruction List）也称为语句表，是程序的另一种表示方法。语句表中的语句指令依一定的顺序排列。一条指令一般由助记符和操作数两部分组成，有的指令只有助记符没有操作数，称为无操作数指令。

指令表和梯形图有严格的对应关系。对指令表编程不熟悉的人可以先画出梯形图，再转换为指令表。应说明的是，程序编制完毕输入机内运行时，简易的编程设备不具有直接读取图形的功能，梯形图只有改写成指令表才能输入可编程序控制器运行。图6-12（d）是与梯形图6-12（c）对应的语句表。

3）顺序功能表图

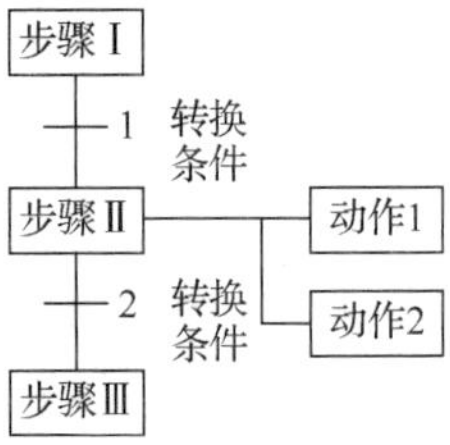

顺序功能表图（Sequential Function Chart，SFC）常用来编制顺序控制类程序，它包含步骤、动作、转换3个要素。顺序功能表图编程法可将一个复杂的控制过程分解为一些小的工作状态，对这些小的工作状态的功能分别处理后，再依照一定的顺序控制要求连接，组合成整体的控制程序。顺序功能表图又称状态转移图，它体现了一种编程思想，在程序的编制中有很重要的意义。图6-13是顺序功能表图。

图6-13　顺序功能表图

4）功能块图

功能块图（Function Block Diagram，FBD）是一种类似数字逻辑电路的编程语言，熟悉数字电路的人比较容易掌握。该编程语言用类似与门、或门的方框来表示逻辑运算关系，方框的左侧为逻辑运算的输入变量，右侧为输出变量，信号自左向右流动。就像电路图一样，它们被"导线"连接在一起。功能块图与指令表见图6-14。

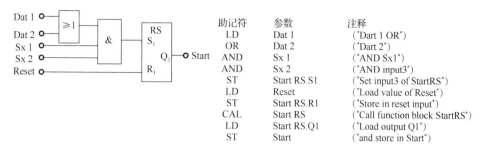

图 6-14　功能图块与指令表

5）结构文本

为了增强可编程序控制器的数学运算、数据处理、图表显示、报表打印等功能，许多大中型可编程序控制器都配备了 PASCAL、BASIC、C 语言等高级编程语言。这种编程方式称为结构文本。与梯形图相比，结构文本有两个突出的优点：一是能实现复杂的数学运算，二是非常简洁和紧凑，用结构文本编制极其复杂的数学运算程序可能只占一页纸。结构文本用来编制逻辑运算程序也很容易。

以上编程语言的 5 种表达方式是由国际电工委员会（IEC）1994 年 5 月在可编程序控制器标准中推荐的。对于一款具体的可编程序控制器，生产厂家可在这 5 种表达方式中提供其中的几种编程语言供用户选择。也就是说，并不是所有的可编程序控制器都支持 5 种编程语言。

可编程序控制器的编程语言是编制可编程序控制器应用软件的工具。它是以可编程序控制器的输入接口、输出接口、机内元件进行逻辑组合以及数量关系实现系统的控制要求的，并存储在机内的存储器中。

6.6　可编程序控制器的工作原理

可编程序控制器的工作原理与计算机的工作原理基本上是一致的，可以简单地表述为在操作系统的管理下，通过运行应用程序完成用户任务。

但可编程序控制器的工作方式与个人计算机有所不同，可编程序控制器是在确定了工作任务，安装了专用程序后才成为一种专用设备，并采用循环扫描的工作方式。系统工作任务管理及应用程序执行都是以循环扫描方式完成的。

6.6.1　分时处理及扫描工作方式

可编程序控制器正常工作时要完成如下的任务：

（1）计算机内部各工作单元的调度、监控。

（2）计算机与外部设备之间的通信。

（3）用户程序所要完成的工作。

这些工作都是分时完成的。每项工作又包含许多具体的工作，以用户程序的完成为例。

1. 输入处理阶段

输入处理阶段也称为输入采样阶段。在这个阶段中，可编程序控制器读入输入接口的状态，并将它们存放在输入数据暂存区中。

在输入处理阶段之后，即使输入接口状态有变化，输入数据暂存区中的内容也不变，直到下一个周期的输入处理阶段，才读入这种变化。

2．程序执行阶段

在这个阶段中，可编程序控制器根据本次读入的输入数据，按照用户程序的顺序逐条执行用户程序。执行的结果均存储在输出状态暂存区中。

3．输出处理阶段

这一阶段输出刷新阶段。这是一个程序执行周期的最后阶段。可编程序控制器将本次用户程序的执行结果一次性地从输出状态暂存区送到各个输出接口，对输出状态进行刷新。

以上 3 个阶段是分时完成的。为了连续地完成可编程序控制器所承担的工作，系统必须周而复始地依一定的顺序完成这一系列的具体工作。这种工作方式称为循环扫描工作方式。

6.6.2 扫描周期及可编程序控制器的两种工作状态

可编程序控制器有两种基本的工作状态，即运行（RUN）状态和停止（STOP）状态。运行状态是执行应用程序的状态。停止状态一般用于程序的编制与修改。

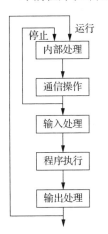

图 6-15 给出了运行和停止两种状态下可编程序控制器不同的扫描过程。由图可知，在这两个不同的工作状态中，扫描过程所要完成的任务是不相同的。

可编程序控制器在 RUN 工作状态时，执行一次图 6-15 所示的扫描过程所需的时间称为扫描周期，其典型值为 1～100ms。以 OMRON（欧姆龙）公司 C 系列的 P 型机为例，其内部处理时间为 1.26ms；执行编程器等外部设备命令所需的时间为 1～2ms（未连接外部设备时该时间为零）；输入、输出处理的执行时间小于 1ms。指令执行所需的时间与用户程序的长短、指令的种类和 CPU 执行速度有很大关系，可编程序控制器厂家一般给出每执行 1k（1k＝1000）条基本逻辑指令所需的时间（以 ms 为单位）。某些厂家在说明书中还给出了执行各种指令所需的时间。一般说来，在一个扫描过程中，执行指令的时间占了绝大部分。

图 6-15　扫描过程示意

6.6.3 输入／输出滞后时间

输入/输出滞后时间又称为系统响应时间，是指从可编程序控制器外部输入信号发生变化的时刻起到它控制的有关外部输出信号发生变化的时刻止的时间间隔。它由输入电路的滤波时间、输出模块的滞后时间和因循环扫描工作方式引起的滞后时间 3 部分组成。

输入模块采用 RC 滤波电路（由电阻与电容构成）来消除因外界输入触点动作时产生抖动引起的不良影响。滤波时间常数决定了输入滤波时间的长短，其典型值约为 10ms。

输出模块的滞后时间与输出所用的开关元件的类型有关，具体如下：若是继电器型输出电路，负载被接通时的滞后时间约为 1ms，负载由导通到断开时的最大滞后时间为 10ms；若是晶体管型输出电路，则其滞后时间一般在 1ms 左右。因此，开/关频率高。

循环扫描工作方式引起的滞后时间（延时）可用图 6-16 来说明。

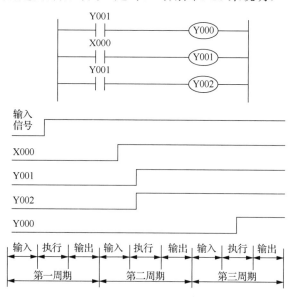

图 6-16　可编程序控制器的输入/输出延时

输入信号在第一个扫描周期的输入处理阶段之后才出现，因此，在第一个扫描周期内，各数据锁存器均为"0"状态。

在第二个扫描周期的输入处理阶段，输入继电器 X000 的输入锁存器变为"1"状态。在程序执行阶段，由梯形图可知，Y001,Y002 接通，它们的输出锁存器都变为"1"状态。

在第三个扫描周期的程序执行阶段，Y001 的接通使 Y000 也接通。Y000 的输出锁存器驱动负载接通，响应最长延迟约为两个扫描周期。

若交换梯形图中第一行和第二行的位置，Y000 的延迟时间将减少一个扫描周期，可见延迟时间可以使用程序优化的方法减少。

可编程序控制器总的响应延迟时间一般只有数十毫秒，对于一般的控制系统无关紧要。但是也有少数系统对响应时间有特别的要求，这时就需要选择扫描时间快的可编程序控制器，或采取使输出与扫描周期脱离的中断方式来解决。

6.7　可编程序控制器与继电器-接触器系统工作原理的差别

6.7.1　逻辑关系上的差别

用导线依照一定的规律将继电器、接触器连接起来得到的控制系统的接线方式表达了各元器件之间的关系。要想改变逻辑关系就要改变接线方式，显然是比较麻烦的。而可编程序控制器是计算机，在它的接口上已连接了各种元器件，各种元器件之间的逻辑关系是通过程序来表达的，若要改变这种关系，则只须重新编排原来的程序，比较方便。

6.7.2　运行时序上的差别

继电器的所有触点的动作是和它的线圈通电或断电同时发生的。但在可编程序控制器中，由于指令的分时扫描执行，同一个器件的线圈工作和它的各个触点的动作并不同时发生。由此可知，继电接触系统是并行工作方式，可编程序控制器是串行工作方式。

图 6-17 所示为"定时点/灭电路"梯形图：程序中使用了一个时间继电器 T5 及一个输出继电器 Y005，X005 接收电路启动开关信号。该电路的功能：Y005 接通时间需要 0.5s，断开时间需要 0.5s，反复交替进行，形成周期为 1s 的振荡器。这个电路是以 PLC 为基础才得以实现其功能的，若将图中的器件换为继电器-接触器，则电路不可能工作。

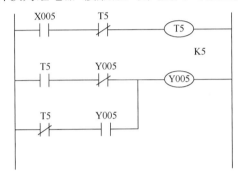

图 6-17　"定时点/灭电路"梯形图

习题及思考题

6-1　为什么说可编程序控制器是通用的工业控制计算机？它和一般的计算机系统相比有哪些优点？

6-2　作为通用的工业控制计算机，可编程序控制器有哪些特点？

6-3　可编程序控制器的输出接口有几种形式？它们分别应用于什么场合？

6-4　继电器-接触器控制系统是如何构成并工作的？可编程序控制器系统与继电器控制系统有哪些异同点？

6-5　可编程序控制器有哪些常用的编程语言？说明梯形图中能流的概念。

6-6　结合图 6-17 说明什么是可编程序控制器的输入/输出滞后现象。造成这种现象的主要原因是什么？可采用哪些措施缩短输入/输出滞后时间？

第7章
FX₂ₙ系列可编程序控制器及其基本指令应用

7.1　FX₂ₙ系列可编程序控制器

三菱电机公司是日本生产可编程序控制器的主要厂家之一，先后推出的小型、超小型可编程序控制器有 F、F_1、F_2、FX_2、FX_1、FX_{2C}、FX_0、FX_{0N}、FX_{2N}、FX_{2NC} 等系列。其中，F 系列已经停产，取而代之的是 FX_2 系列机型，该机型属于小型化、高性能的单元式机种，也是三菱电机公司的典型产品。下面介绍 FX_{2N} 系列可编程序控制器。

7.1.1　FX₂ₙ系列可编程序控制器的基本组成

20 世纪 90 年代，三菱电机公司在 FX 系列可编程序控制器的基础上又推出了 FX_{2N} 系列产品，该机型在运算速度、指令数量及通信能力方面有了较大的进步，是一种小型化、高速度、高性能、各方面都相当于 FX 系列中最高档次的超小型的可编程序控制器。

FX_{2N} 系列可编程序控制器由基本单元、扩展单元、扩展模块、特殊模块及特殊单元构成。图 7-1 是 FX_{2N} 系列可编程序控制器顶视图，它属于叠装式可编程序控制器。

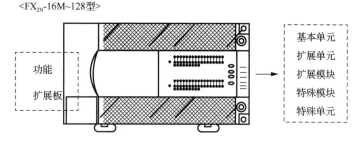

图 7-1　FX_{2N} 系列可编程序控制器顶视图

可编程序控制器的基本单元（Basic Unit）包括中央处理器（CPU）、存储器、输入/输出接口及电源，它们是可编程序控制器的主要部分。扩展单元（Extension Unit）是用于增加 I/O 点数的装置，内部设有电源。扩展模块（Extension Module）用于增加 I/O 点数及改变 I/O 比例，内部无电源，由基本单元或扩展单元供电。因扩展单元及扩展模块无 CPU，故必须与基本单元一起使用。特殊单元（Special Function Unit）是一些专门用途的装置，如位置控制模块、模拟量控制模块、计算机通信模块等。

7.1.2 FX₂N系列可编程序控制器的型号名称体系及其种类

1. FX₂N系列可编程序控制器的基本单元型号名称体系及其种类

FX₂N系列可编程序控制器的基本单元型号命名形式如图7-2所示。

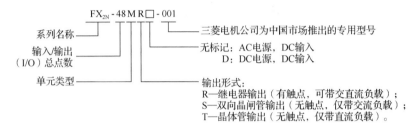

图7-2 FX₂N系列可编程序控制器的基本单元型号命名形式

FX₂N系列可编程序控制器的基本单元种类共16种，见表7-1。

表7-1 FX₂N系列可编程序控制器的基本单元种类

FX₂N系列可编程序控制器的基本单元			输入点数	输出点数	I/O总点数
AC电源/DC输入					
继电器输出	双向晶闸管输出	晶体管输出			
FX₂N-16MR-001	—	FX₂N-16MT-001	8	8	16
FX₂N-32MR-001	FX₂N-32MS-001	FX₂N-32MT-001	16	16	32
FX₂N-48MR-001	FX₂N-48MS-001	FX₂N-48MT-001	24	24	48
FX₂N-64MR-001	FX₂N-64MS-001	FX₂N-64MT-001	32	32	64
FX₂N-80MR-001	FX₂N-80MS-001	FX₂N-80MT-001	40	40	80
FX₂N-128MR-001	—	FX₂N-128MT-001	64	64	128

每个基本单元最多可以连接1个扩展单元、8个特殊单元和特殊模块，连接方式如图7-3所示。

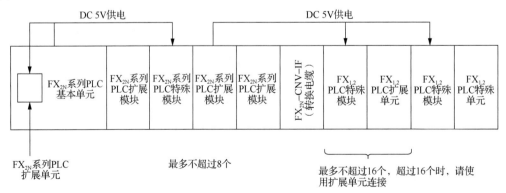

图7-3 FX₂N系列PLC基本单元连接扩展单元、扩展模块、
特殊模块、特殊单元的个数限制及供电范围

FX₂ₙ系列可编程序控制器的基本单元可扩展连接的最大输入/输出点：输入 184 点，输出 184 点，两者合计 256 点。

2. FX₂ₙ系列可编程序控制器的扩展单元型号名称体系及其种类

FX₂ₙ系列可编程序控制器的扩展单元型号命名形式如图 7-4 所示。

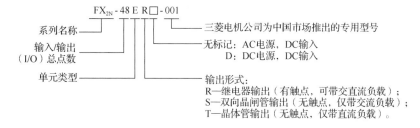

图 7-4　FX₂ₙ系列可编程序控制器的扩展单元型号命名形式

FX₂ₙ系列可编程序控制器的扩展单元种类共 16 种，见表 7-2。

表 7-2　FX₂ₙ系列可编程序控制器的扩展单元种类

| FX₂ₙ系列可编程序控制器的扩展单元 | | | 输入点数 | 输出点数 | I/O 总点数 |
| AC 电源/DC 输入 | | | | | |
继电器输出	双向晶闸管输出	晶体管输出			
FX₂ₙ-32ER	FX₂ₙ-32ES	FX₂ₙ-32ET	16	16	32
FX₂ₙ-48ER	—	FX₂ₙ-48ET	24	24	48

3. FX₂ₙ系列可编程序控制器的扩展模块型号名称体系及其种类

FX₂ₙ系列可编程序控制器的扩展模块型号命名形式如图 7-5 所示。

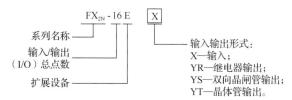

图 7-5　FX₂ₙ系列可编程序控制器的扩展模块型号命名形式

FX₂ₙ系列可编程序控制器的基本单元不仅可以直接连接其扩展单元和扩展模块，而且还可以直接连接 FX₀ₙ系列可编程序控制器的多种扩展模块（但不能直接连接 FX₀ₙ系列可编程序控制器的扩展单元），它们必须连接在 FX₂ₙ系列可编程序控制器的扩展单元和扩展模块之后，如图 7-6（a）所示，也可以通过 FX₂ₙ-CNV-IF 转换电缆，连接如图 7-3 所示的 FX₁和 FX₂系列可编程序控制器的扩展单元以及连接其他扩展特殊、特殊单元、特殊模块，可多达 16 个外部设备。基本单元也可以像图 7-6（b）所示那样连接，但采用这种连接方案之后，就不能再直接连接 FX₂ₙ和 FX₀ₙ系列设备了。

FX₂ₙ系列 PLC 的 4 种扩展模块和 FX₀ₙ系列 PLC 扩展模块的种类见表 7-3。

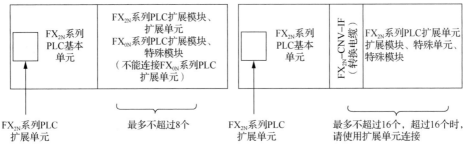

（a）FX$_{2N}$系列PLC基本单元可直接连接的几种设备　（b）FX$_{2N}$系列PLC基本单元通过转换电缆可连接的几种设备

图 7-6　FX$_{2N}$系列 PLC 基本单元连接外部设备的两种方法

表 7-3　FX$_{0N}$ 和 FX$_{2N}$ 系列 PLC 扩展模块种类

继电器		晶闸管	晶体管	输入	输出	输入/输出总	输入电压
输出	输入	输出	输出	点数	点数	点数	
FX$_{0N}$-8ER	—	—	—	4（8）	4（8）	8（16）	DC 24V
—	FX$_{0N}$-8EX	—	—	8	0	8	DC 24V
FX$_{0N}$-8EYR	—	—	FX$_{0N}$-8EYT	0	8	8	DC 24V
—	FX$_{0N}$-16EX	—	—	16	0	16	DC 24V
FX$_{0N}$-16EYR	—	—	FX$_{0N}$-16EYT	0	16	16	DC 24V
—	FX$_{2N}$-16EX	—	—	16	0	16	DC 24V
FX$_{2N}$-16EYR	—	FX$_{2N}$-16EYS	FX$_{2N}$-16EYT	0	16	16	DC 24V

注：表中括号内数字表示扩展模块所占有的点数，括号外数字是有效点数。

4．FX$_{2N}$ 系列可编程序控制器使用的特殊模块

FX$_{2N}$ 系列可编程序控制器备有各种特殊功能的模块，见表 7-4。这些特殊模块均要用 5V 直流电源驱动。

表 7-4　FX$_{2N}$ 系列可编程序控制器使用的特殊模块

分　类	型　号	名　称	占有点数	耗电量/（DC 5V）
模拟量控制模块	FX$_{2N}$-4AD	4CH 模拟量输入（4 路）	8	30mA
	FX$_{2N}$-4DA	4CH 模拟量输出（4 路）	8	30mA
	FX$_{2N}$-4AD-PT	4CH 温度传感器输入	8	30mA
	FX$_{2N}$-4AD-TC	4CH 热电偶温度传感器输入	8	30mA
位置控制模块	FX$_{2N}$-1HC	50kHz 二相高速计数器	8	90mA
	FX$_{2N}$-1PG	100kp/s 高速脉冲输出	8	55mA
计算机通信模块	FX$_{2N}$-232-IF	RS232 通信接口	8	40mA
	FX$_{2N}$-232-BD	RS232 通信接板	—	20mA
	FX$_{2N}$-422-BD	RS422 通信接板	—	60mA
	FX$_{2N}$-485-BD	RS485 通信接板	—	60mA
特殊功能板	FX$_{2N}$-CNV-BD	与 FX$_{0N}$ 用适配器接板	—	—
	FX$_{2N}$-8AV-BD	容量适配器接板	—	50mA
	FX$_{2N}$-CNV-IF	与 FX$_{0N}$ 用接口板	8	15mA

7.1.3　FX$_{2N}$ 系列可编程序控制器的技术指标

FX$_{2N}$ 系列可编程序控制器的技术指标包括一般技术指标、电源技术指标、输入技术指标、输出技术指标和软继电器功能技术指标，分别见表 7-5～表 7-9。

表 7-5　FX$_{2N}$ 系列可编程序控制器的一般技术指标

环境温度	使用时：0～55℃，储存时：-20～+70℃	
环境湿度	使用时：35%～89%RH（不结露）	
抗　　振	JIS C0911 标准，10～50Hz，0.5mm（最大 2G），3 轴方向各 2 小时（用 DIN 导轨安装时：0.5G）	
抗 冲 击	JIS C0912 标准，10G，3 轴方向各 3 次	
抗 噪 声	用噪声仿真器产生电压为 1000V$_{p-p}$、噪声脉冲宽度为 1μs、周期为 30～100Hz 的噪声，在此噪声干扰下 PLC 工作正常	
耐　　压	AC 1500V，持续 1min	所有端子与接地端之间
绝缘电阻	5MΩ 以上	
接　　地	第三种接地，不能接地时，也可浮空	
使用环境	无腐蚀性气体，无尘埃	

表 7-6　FX$_{2N}$ 系列可编程序控制器的电源技术指标

项　　目		FX$_{2N}$-16M	FX$_{2N}$-32M FX$_{2N}$-32E	FX$_{2N}$-48M FX$_{2N}$-48E	FX$_{2N}$-64M	FX$_{2N}$-80M	FX$_{2N}$-128M
电源电压		AC 100～240V　　50Hz/60Hz					
允许瞬间断电时间		对于 10ms 以下的瞬间断电，控制动作不受影响					
电源保险丝		250V　3.15A，φ5×20mm		250V，5A，φ5×20mm			
电力消耗/（V·A）		35	40（32E 35）	50（48E 45）	60	70	100
传感器 电源	无扩展部件	DC 24V，250mA 以下		DC 24V，460mA 以下			
	有扩展部件	DC 5V　基本单元：290mA；　扩展单元：690mA					

表 7-7　FX$_{2N}$ 系列可编程序控制器的输入技术指标

输入 电压	输入电流		输入（ON 状态下）电流		输入（OFF 状态下）电流		输入阻抗		输入隔离	输入响应 时间
	X000～ X0007	X010 以内	X000～ X0007	X010 以内	X000～ X0007	X010 以内	X000～ X0007	X010 以内		
DC 24V	7mA	5mA	4.5mA	3.5mA	≤1.5mA	≤1.5mA	3.3kΩ	4.3kΩ	光电绝缘	0～60ms 可变

表 7-8　FX$_{2N}$ 系列可编程序控制器的输出技术指标

项　　目		继电器输出	晶闸管输出	晶体管输出
外部电源		AC 250V，DC 30V 以下	AC 85～240V	DC 5～30V
最大负载	电阻负载	2A/1 点；8A/4 点共享；8A/8 点共享	0.3A/1 点 0.8A/4 点	0.5A/1 点 0.8A/4 点
	感性负载	80VA	15VA/AC　100V 30VA/AC　200V	12W/DC 24V
	灯负载	100W	30W	1.5W/DC 24V

续表

项　目		继电器输出	晶闸管输出	晶体管输出
开路漏电流		—	1mA/AC 100V 2mA/AC 200V	0.1mA 以下/DC 30V
响应 时间	从 OFF 状态到 ON 状态	约 10ms	1ms 以下	0.2ms 以下
	从 ON 状态到 OFF 状态	约 10ms	最大 10ms	0.2ms 以下
电路隔离		机械隔离	光电晶闸管隔离	光电耦合器隔离
动作显示		继电器通电时，LED 灯亮	光电晶闸管驱动时 LED 灯亮	光电耦合器隔离驱动时， LED 灯亮

表 7-9　FX2N 软继电器功能技术指标

软继电器			说明	
输入继电器			X000～X267（八进制编号）184 点	合计 256 点
输出继电器			Y000～Y267（八进制编号）184 点	
辅助 继电器	一般用		M00～M499　500 点	
	锁存用		M500～M1023　524 点，M1024～M3071　2048 点	合计 2572 点
	特殊用		M8000～M8255　256 点	
状态 继电器	初始化用		S0～S9　10 点	
	一般用		S10～S4990　490 点	
	锁存用		S500～S8992　400 点	
	报警用		S900～S99　100 点	
定时器	100ms（普通型）		T0～T199（0.1～3276.7s）　200 点	
	1ms（普通型）		T200～T245（0.01～327.678）　46 点	
	1ms（积算型）		T246～T249（0.001～32.767s）　4 点	
	100ms（积算型）		T250～T255（0.1～32.767s）　6 点	
	模拟定时器（内附）		1 点	
计数器	增计数	一般用	C0～C99（0～32,767）（16 位）　100 点	
		锁存用	C100～C199（0～32,767）（16 位）　100 点	
	增/减 计数	一般用	C200～C219（32 位）　20 点	
		锁存用	C220～C234（32 位）　15 点	
	高速用		单相单计数输入高速计数器（C235～C245）；单相双计数输入高速计数器（C246～C250）； 双相高速计数器（C251～C255）	
数据 寄存器	通用型	一般用	D0～D1994（16 位）　200 点	
		锁存用	D200～D611（16 位）　312 点，D12～D7999（16 位）　7488 点	
	特殊用		D8000～D8195（16 位）　106 点	
	变址用		V0～V7，Z0～Z7（16 位）　16 点	
	文件寄存器		通用寄存器的 D1000 以后在 500 个单位设定文件寄存（MAX 7000 点）	

7.2　FX2N 系列可编程序控制器软组件及功能

可编程序控制器的软组件从物理实质上来说就是电子电路及存储器，具有不同使用目的的软组件的电路也有所不同。考虑到工程技术人员的习惯，一般用继电器电路中类似器件名称命名。为了明确它们的物理属性，称它们为"软继电器"。从编程的角度出发，可以不管这些器件的物理实现，只注重它们的功能，在编程中，可以像在继电器电路中一样使用它们。

在可编程序控制器中，这种"软组件"的数量往往是巨大的。为了区分它们的功能，避免重复选用，通常给软组件编上号码。这些号码就是计算机存储单元的地址。

7.2.1　FX₂N 系列可编程序控制器软组件的分类、编号和基本特征

FX₂N 系列可编程序控制器软组件有输入继电器[X]、输出继电器[Y]、辅助继电器[M]、状态继电器[S]、定时器[T]、计数器[C]、数据寄存器[D]和指针[P、I、N]八大类。

FX₂N 系列可编程序控制器软组件的编号分为两部分：第一部分用一个字母代表功能，如输入继电器用"X"表示，输出继电器用"Y"表示，第二部分用数字表示该类软组件的序号。输入、输出继电器的序号为八进制，其余软组件序号为十进制。从软组件的最大序号可以了解可编程序控制器可能具有的某类器件的最大数量。例如，表 7-9 中输入继电器的编号范围为 X000～X267，为八进制编号，则可知道 FX₂N 系列可编程序控制器的输入连接点数最多可达到 184 点。这是以 CPU 所能接入的最大输入信号数量来表示的，并不是一台具体的基本单元或扩展单元所具有的输入连接点的数量。

软组件的使用主要体现在程序中，一般可认为软组件和继电器-接触器类似，具有线圈和常开/常闭触点。触点的状态随线圈的状态而变化，当线圈通电时，常开触点闭合，常闭触点断开；当线圈断电时，常闭接通，常开断开。与继电器-接触器不同之处如下：

（1）软组件是计算机的存储单元，从本质上来说，某个组件被选中，只是这个组件的存储单元置 1，未被选中的存储单元置 0 且可以无限次地访问，可编程序控制器的软组件可以有无数多个常开触点和常闭触点。

（2）作为计算机的存储单元，每个单元是一位的，称为位组件，可编程序控制器的位组件可以组合使用，表示数据的位组合组件及字符件。例如，K2Y000，表示 Y000～Y007 组合为一个 8 位的字符件。

7.2.2　FX₂N 系列可编程序控制器软组件的地址编号及其功能

1．输入/输出继电器[X/Y]

输入与输出继电器的地址编号是指基本单元的固有地址编号和扩展单元分配的地址编号，为八进制编号。其分配方法见表 7-10。

表 7-10　输入/输出继电器的地址编号分配

型　号	FX₂N-16M	FX₂N-32M	FX₂N-48M	FX₂N-64M	FX₂N-80M	FX₂N-128M	扩展时
输入继电器	X000～X007 合计 8 点	X000～X0017 合计 16 点	X000～X027 合计 24 点	X000～X037 合计 32 点	X000～X047 合计 40 点	X000～X077 合计 64 点	X000～X267 合计 184 点
输出继电器	Y000～Y007 合计 8 点	Y000～Y0017 合计 16 点	Y000～Y027 合计 24 点	Y000～Y037 合计 32 点	Y000～Y047 合计 40 点	Y000～Y077 合计 64 点	Y000～Y267 合计 184 点

输入端是可编程序控制器连接收外部开关信号的端口，与内部输入继电器之间是采用光电绝缘电子继电器连接的；有无数个常开、常闭触点，可以无限次使用，但输入继电器不能用程序来驱动。

输出端是可编程序控制器向外部负载发送信号的端口，与内部输出继电器（如继电器、双向晶闸管、晶体管）连接。输出继电器也有无数个常开、常闭触点，可以无限次使用。可编程序控制器内部输入/输出继电器和外部端子的功能与作用如图7-7所示。

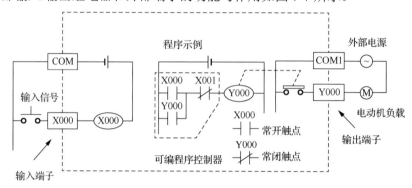

图7-7　可编程序控制器内部输入/输出继电器和外部端口的功能与作用

可编程序控制器在执行程序中，采用的是成批输入/输出方式（也称为刷新方式），其过程如图7-8所示。输入滤波器与输出元器件的驱动时间及运算时间会造成响应滞后，但可以调节输入滤波时间。

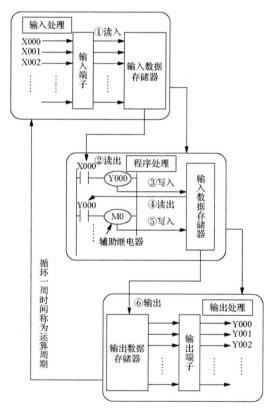

图7-8　可编程序控制器循环执行程序的过程

（1）输入处理阶段。可编程序控制器在执行程序前，将可编程序控制器的整个输入端子的 ON/OFF 状态读入输入数据存储器中。

在执行程序中，即使输入发生变化，输入数据存储器的内容也不变，而要在下一个周期的输入处理时，才读入这种变化。

（2）程序执行阶段。PLC 根据程序存储器中的指令，从输入数据存储器和其他软组件的数据存储器中读出 ON/OFF 状态，从 0 步起进行顺序运算，将结果写入数据存储器。

各软组件的数据存储器会随着程序的执行逐步改变其内容。输出继电器的内部触点根据输出数据存储器的内容执行动作。

（3）输出处理阶段。所有命令执行结束时，向输出锁存存储器传送输出数据存储器的 ON/OFF 状态，并把它作为可编程序控制器的实际输出。

2. 辅助继电器[M]

可编程序控制器内有很多辅助继电器，可分为普通用途辅助继电器、断电保持用途辅助继电器及特殊用途辅助继电器三大类，其地址编号（按十进制）分配见表 7-11。

表 7-11　辅助继电器地址编号分配表

普通用途	断电保持用途		特殊用途
	断电保持用	断电保持专用	
M0～M499[1] 500 点	M500～M1023[2] 524 点 供链路用 总站→分站：M800→M899 分站→总站：M900→M999	M1024～M3071[3] 2048 点	M8000～M8255 256 点

注：[1]非电池后备区域辅助继电器。依据参数设定，可变为电池后备区域（断电保持）辅助继电器。

[2]电池后备区域辅助继电器（断电保持）依据参数设定，可变为非电池后备区域辅助继电器。

[3]电池后备固定区域辅助继电器（断电保持），利用 RST 和 ZRST 指令可清除内容。

需要说明的是，哪些辅助继电器具有断电保持功能可由用户在全部辅助继电器编号内自由设置。表 7-11 中有关编号范围的划分，只是可编程序控制器出厂时的一种设置。

1）普通用途辅助继电器

普通用途辅助继电器的作用与继电器电路中的中间继电器类似，可作为中间状态存储及信号变换。普通用途辅助继电器线圈只能被可编程序控制器内的各种软组件的触点驱动。普通用途辅助继电器有无数的电子常开与常闭触点，在程序中可以无限次地使用，但是不能直接驱动外部负载，外部负载应通过输出继电器驱动。

普通用途辅助继电器与断电保持用途辅助继电器的比例，可通过外部设备设定参数进行调整。

2）断电保持用途辅助继电器

如果在可编程序控制器运行过程中断电，输出继电器与普通辅助继电器都断开。再运行时，除了输入条件为 ON（接通）的，也都断开。但根据控制对象的不同，也可能需要记忆断电前的状态，再运行时将其再现。断电保持用途辅助继电器就能满足这样的需要，利用可编程序控制器内的后备电池进行供电，可以保持断电前的状态。

图 7-9 是断电保持用途辅助继电器应用于滑块左右往复运动机构的例子。

当滑块碰撞左边限位开关 LS1 时，X000＝ON→M600=ON→电动机反转，驱动滑块右行→断电→平台中途停止→通电后再启动，因 M600＝ON（保持）→电动机继续驱动滑块右行，直到滑块碰撞右限位开关 LS2，此时，X001＝ON（右限位开关）→M600＝OFF、M601＝ON→电动机反转，驱动滑块左行。

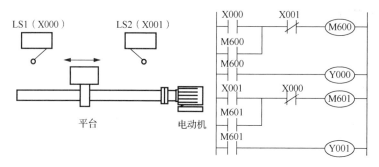

图 7-9　断电保持用途辅助继电器应用举例

3）特殊用途辅助继电器

可编程序控制器内有很多的特殊用途辅助继电器，按其使用方式可分为以下两类。

（1）触点利用型特殊用途辅助继电器，如 M8000、M8002 等。其线圈由可编程序控制器自行驱动，用户只能用其触点。这类特殊用途辅助继电器常用作时基、状态标志或有专用控制组件出现的程序中。

例如，M8000：运行监视器（在运行中接通）；M8002：初始脉冲（仅在可编程序控制器开始运行的第一个扫描周期接通）；M8011：10ms 周期振荡时钟脉冲输出；M8012：100ms 周期振荡时钟脉冲输出；M8013：1s 周期振荡时钟脉冲输出；M8014：1min 周期振荡时钟脉冲输出。

（2）线圈驱动型特殊用途辅助继电器，如 M8030、M8033 等。这类辅助继电器由用户驱动线圈后（注意：有驱动时有效和 END 指令实行后驱动有效两种情况），可编程序控制器作特定的运动。

例如，M8030：锂电池发光二极管熄灭指令；M8033：断电时保持输出；M8034：输出禁止；M8039：定时扫描。

3. 状态软元件[S]

FX$_{2N}$ 系列可编程序控制器共 1000 个状态软元件（也称为状态继电器），其分类、地址编号（以十进制数编号）、数量、用途及特点见表 7-12。

表 7-12　状态软元件分类、地址编号、数量、用途及特点

分　　类		地址编号	数　　量	用途及特点
普通用途[1]	供初始状态用	S0～S9	10	用于状态转移图的初始状态
	供退回原点用	S10～S19	10	在多运行模式控制中，用作返回原点的状态
	普通用途	S20～S499	480	用作状态转移图中的中间状态
断电保持用[2]		S500～S899	400	用于通电后继续执行断电前状态的场合
信号报警用[3]		S900～S999	100	可作为报警组件使用

注：[1]非电池后备区域辅助继电器。依据参数设定，可变为电池后备区域（断电保持）辅助继电器。
　　[2]电池后备区域辅助继电器（断电保持）依据参数设定，可变为非电池后备区域辅助继电器。
　　[3]电池后备固定区域辅助继电器（断电保持），利用 RST 和 ZRST 指令可清除内容。

状态软元件是构成状态转移图的基本要素，是对工步进行控制和简易编程的重要软元件，与状态梯形图或步进指令表组合使用。

状态软元件与辅助继电器一样，有无数的常开触点与常闭触点，在可编程序控制器的程序内可随意使用，次数不限。如果不作为步进状态程序中状态软组件使用，状态（S）可在一般的顺序控制程序中作为辅助继电器（M）使用。供信号报警器用的状态，也可用作外部故障诊断的输出。

4. 定时器（T）

定时器相当于继电器电路中的时间继电器，可在程序中用于延时控制。FX₂ₙ 系列可编程序控制器中的定时器（T）有 4 种类型，其地址编号按十进制数分配，见表 7-13。

表 7-13　定时器地址编号分配

100ms（普通型） 0.1～3276.7s	10ms（普通型） 0.01～327.67s	1ms（积算型） 0.001～32.767s	100ms（积算型） 0.1～3276.7s
T0～T199　共 200 点 其中，T192～T199 用于子程序	T200～T245，共 46 点	T246～T249，共 4 点 执行中断电池备用	T250～T25，共 6 点 电池备用

注：（1）在子程序与中断程序内采用 T192～T199 定时器。这种定时器在执行线圈指令或执行 END 指令时计时。若计时达到设定值，则在执行线圈指令或 END 指令时，输出触点动作。
（2）普通定时器只是在执行线圈指令时计时。因此，如果只在某种条件下执行线圈指令的子程序内使用，就不计时，不能正常动作。
（3）如果在子程序或中断程序内采用 1ms 积算型定时器，在其达到设定之后，必须注意的是，在执行最初的线圈指令时，输出触点动作。

可编程序控制器中的定时器是对本机内 1ms，10ms，100ms 等不同规格时钟脉冲累加计时的。定时器除了占有自己编号的存储器，还占有一个设定值寄存器和一个当前值寄存器。设定值寄存器存放程序赋予的定时设定值，当前值寄存器记录计时的当前值。这些寄存器均为 16 位二进制存储器，其最大值乘以定时器的计时单位值即定时器的最大计时范围值。定时器满足计时条件时当前寄存器开始计时，当它的当前计数值与设定值寄存器中设定值相等时，定时器的输出触点动作。定时器可采用程序存储器内的十进制常数（K）作为定时设定值，也可在数据寄存器（D）的内容中进行间接指定。不用作定时的定时器，可作为数据寄存器使用。

图 7-10 是定时器在梯形图中的应用。图 7-10（a）为非积算型定时器的梯形图程序及工作波形，图中 X000 为计时条件，当 X000 接通时定时器 T10 开始计时。K20 为定时设定值。十进制数 "20" 定时时间为 0.1×20=2s。图中，Y000 为定时器的被控对象。当计时时间结束，定时器 T10 的常开触点接通，Y000 置 1。在计时中，若计时条件 X000 断开或 PLC 电源断电，计时过程中止且当前值寄存器复位（置 0）。若 X000 断开或可编程序控制器电源断电发生在计时过程完成且定时器的触点已动作时，触点的动作也不能保持。

图 7-10（b）为积算型定时器的梯形图程序及工作波形。定时器 T10 已换成积算型定时器 T251，情况就不一样了。积算型定时器 T251 在计时条件失去或可编程序控制器断电时，其当前值寄存器的内容及触点状态均可保持，当计时条件恢复或通电时可 "累计" 计时，故称为积算型定时器。因积算型定时器的当前值寄存器及触点都有记忆功能，复位时，必须在程序中加入专门的复位指令 RST 才能消除记忆。

图 7-10（b）中的 X002 即复位条件。当 X002 接通，执行"RST　T251"指令时，T251 的当前值寄存器及触点同时置 0。

若定时器的设定值在数据寄存器 D10 中，D10 中的内容为 100，则定时器的设定值为 100。用数据寄存器内容作为设定值时，一般使用具有断电保持功能的数据寄存器。

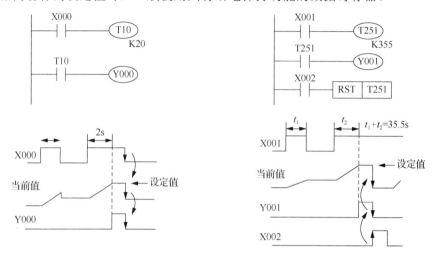

（a）非积算型定时器的梯形图程序及工作波形　　　（b）积算型定时器的梯形图程序及工作波形

图 7-10　定时器在梯形图中的应用

5. 计数器[C]

计数器在程序中用作计数控制。FX$_{2N}$ 系列可编程序控制器中的计数器可分为内部信号计数器和外部信号计数器两类。内部信号计数器是对机内组件（X、Y、M、S、T 和 C）的时钟信号计数，由于机内组件信号的频率低于扫描频率，故称为低速计数器，也称为普通计数器。对高于机器扫描频率的外部信号进行计数，需要用机内的高速计数器。

1）内部信号计数器的分类及地址编号分配

内部信号计数器有 16 位增型计数器和 32 位增/减型双向计数器两类，它们又可分为普通用途计数器和断电保持用途计数器，其地址编号（以十进制数编号）分配见表 7-14。不用作计数的计数器也可作为数据寄存器使用。

表 7-14　计数器的地址编号分配

16 位增型计数器 （1～+32767）		32 位增/减型双向计数器 （−2147483648～+2147483647）	
普通用途	断电保持用途	普通用途	断电保持用途
C0～C99 共 100 点	C100～C199 共 100 点	C200～C219 共 20 点	C220～C234 共 15 点

（1）16 位增型计数器。16 位是指其设定值及当前值寄存器为二进制 16 位寄存器，其设定值在 K1～K32767 范围内有效。设定值 K0 与 K1 意义相同，均在第一次计数时，其触点动作。

图 7-11 所示为 16 位增型计数器的工作讨程。图中，计数输入 X011 是计数器的计数条件，X011 每次驱动计数器 C0 的线圈时，计数器的当前值加 1。"K10"为计数器的设定值。当第

10 次驱动计数器线圈指令时，计数器的当前值和设定值相等，触点动作，Y000 状态为 "ON"。在 C0 的常开触点闭合后（置 1），即使 X011 动作，计数器的当前状态依然保持不变。

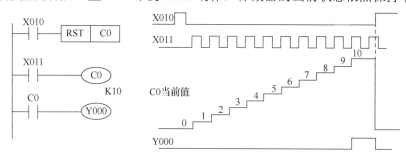

图 7-11　16 位增型计数器的工作过程

在电源正常的情况下，即使是非断电保持用途计数器的当前值寄存器也具有记忆功能，因而计数器重新开始计数前，要用复位指令才能对当前值寄存器复位。在图 7-11 中，X010 就是计数器 C0 复位的条件，当 X010 接通时，执行复位（RST）指令，计数器的当前值复位为 0，输出触点也复位。

计数器的设定值，除了常数，也可以间接通过数据寄存器设定。若使用计数器 C100~C199，即使断电，当前值和输出触点状态也能保持不变。

（2）32 位增/减型双向计数器。32 位是指计数器的寄存器为 32 位，其首位为符号位。设定值的范围是 32 位二进制数所表示的十进制数范围，即 -2147483648~+2147483647。设定值可直接用常数 K 或间接用数据寄存器 D 的内容设定。间接设定值时，要用两个连号组件的数据寄存器存放。例如，C200 用数据寄存器设定初值的表示方法是 D0（D1）。

增/减计数器的方向由特殊用途辅助继电器 M8200~M8234 设定，例如，当 M8200 接通（置1）时，C200 为减型计数器，M8200 断开（置 0）时，C200 为增型计数器。32 位增/减型双向计数器方向切换对应的特殊用途辅助继电器地址编号见表 7-15。

图 7-12 为 32 位增/减双向计数器的动作过程。图中，X014 作为计数输入，驱动 C2000 线圈进行加计数或减计数。X012 为计数方向选择。计数器设定值为 K5。当计数器的当前值由 -6 增加到 -5 时，其触点置 1；当前值由 -5 减少到 -6 时，其触点置 0。

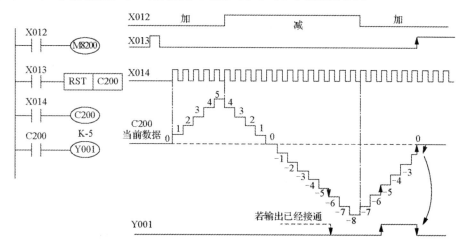

图 7-12　32 位增/减型双向计数器的动作过程

16 位增型计数器与 32 位增/减型双向计数器的特点见表 7-16。32 位增/减型双向计数器的使用较为灵活，可满足计数方向与计数范围等使用条件。

表 7-15　32 位增/减型双向计数器方向切换对应的特殊用途辅助继电器地址编号

计数器地址号	方向切换	计数器地址号	方向切换	计数器地址号	方向切换	计数器地址号	方向切换
C200	M8200	C209	M8209	C218	M8218	C227	M8227
C201	M8201	C210	M8210	C219	M8219	C228	M8228
C202	M8202	C211	M8211	C220	M8220	C229	M8229
C203	M8203	C212	M8212	C221	M8221	C230	M8230
C204	M8204	C213	M8213	C222	M8222	C231	M8231
C205	M8205	C214	M8214	C223	M8223	C232	M8232
C206	M8206	C215	M8215	C224	M8224	C233	M8233
C207	M8207	C216	M8216	C225	M8225	C234	M8234
C208	M8208	C217	M8217	C226	M8226		

表 7-16　16 位增型计数器与 32 位增/减型双向计数器的特点

项　目	16 位增型计数器	32 位增/减型双向计数器
计数方向	增计数	可采用增计数/减计数切换（见表 7-15）
设定值	1～32767	−2147483648～+2147483647
设定值的指定	常数 K 或数据寄存器	常数 K 或成对数据寄存器
当前值的变化	计数器增计数后不变化	计数器增计数后也变化（环形计数器）
输出触点	计数器增计数后动作保持	增计数时动作保持，减计数时复位
复位动作	执行 RST 指令时，计数器的当前值为 0，输出触点	
当前值寄存器	16 位	32 位

如果可编程序控制器电源断电，那么，普通用途计数器清除增计数值。而断电保持用计数器则可保存断电前的计数值，恢复供电后计数器仍可按断电前的计数值累积计算。

32 位增/减型双向计数器不作为计数器使用时也可以作为 32 位的数据寄存器使用，但要注意，32 位增/减型双向计数器不能作为 16 位指令中的软组件。

2）高速计数器

高速计数器与普通计数器的主要差别有以下 4 点。

（1）对外部信号计数，采取中断工作方式。由于待计量的高频信号都来自机外，故可编程序控制器中的高速计数器都设有专用的输入端子及控制端子。一般是在输入端设置一些带有特殊功能的端子，它们既可完成普通端子的功能，又能接收高频信号。为了满足控制准确性的需要，计数器的计数、启动、复位及数值控制功能都采取中断工作方式。

（2）计数范围较大，计数频率较高。一般高速计数器均为 32 位增/减型双向计数器。最高计数频率可达到 10kHz。

（3）工作状态设置较灵活。从计数器的工作特点来说，高速计数器的工作状态设置比较灵活。高速计数器除了具有普通计数器通过软件完成启动、复位、使用特殊用途辅助继电器改变计数方向等功能，还可通过外部信号实现对工作状态的控制，如启动、复位、改变计数方向等。

（4）使用专用的工作指令。普通计数器工作时，一般达到设定值时，其触点动作，再通过程序安排其触点实现对其他器件的控制。高速计数器除了普通计数器的这一工作方式，还具有专门的控制指令，可以不通过本身的触点，以中断工作方式直接完成对其他器件的控制。

FX$_{2N}$ 系列可编程序控制器中的 C235～C255 为高速计数器，它们共享同一个型号输入端上的 6 个高速计数器输入端（X000～X005）。使用某个高速计数器时可能要同时使用多个输入端，而这些输入端又不可被多个高速计数器重复使用。因此，实际应用中最多只能有 6 个高速计数器同时工作。

这样设置是为了使高速计数器具有多种工作方式，方便在各种控制工程中选用。FX$_{2N}$ 系列可编程序控制器的 21 个高速计数器按计数方式分类如下。

一相无启动/复位端子单输入型：C235～C240，6 点

一相带启动/复位端子单输入型：C241～C245，5 点

一相双计数输入型：C246～C250，5 点

双相双计数输入型：C251～C255，5 点

表 7-17 列出了 FX$_{2N}$ 系列可编程序控制器的高速计数器分类及各个输入端之间的对应关系。从该表中可以看到，X006 和 X007 也可参与高速计数工作，但只能作为启动信号而不能用于计数脉冲的输入。

表 7-17　FX$_{2N}$ 系列可编程序控制器的高速计数器分类及各个输入端之间的对应关系

中断输入	一相（无启动/复位端子）单输入型						一相（带启动/复位端子）单输入型					一相双计数输入型					二相双计数输入型				
	C235	C236	C237	C238	C239	C240	C241	C242	C243	C244	C245	C246	C247	C248	C249	C250	C251	C252	C253	C254	C255
X000	U/D						U/D			U/D		U	U		U		A	A		A	
X001		U/D					R			R		D	D		D		B	B		B	
X002			U/D					U/D			U/D		R		R			R		R	
X003				U/D				R			R			U		U			A		A
X004					U/D				U/D					D		D			B		B
X005						U/D			R					R		R			R		R
X006										S					S					S	
X007											S					S					S

注：（1）U 表示增计数输入，D 表示减计数输入，A 表示 A 相输入，B 表示 B 相输入，R 表示复位输入，S 表示启动输入。
　　（2）输入端 X000～X007 不能重复使用。例如，使用 C251 时，因为 X000 和 X001 被占用，所以 C235、C236、C241、C244、C246、C247、C249、C252、C254 输入分配指针 I00*、I10*和该输入的脉冲速度（SPD）指令都不能使用。
　　（3）使用高速计数器时，相应的输入端号内的滤波器常数自动转为适应高速写入（50μs）。

以上高速计数器都具有断电保持功能，也可以利用参数设定将其变为非断电保持型。不作为高速计数器使用的高速计数器也可以作为 32 位数据寄存器使用。

3）各类高速计数器的使用方法

（1）一相无启动/复位端子单输入型高速计数器。由表 7-17 可知，一相无启动/复位端子单输入型高速计数器的编号为 C235～C240，有 6 个点。它们的计数方式及触点动作与普通 32 位增/减型双向计数器相似。作增计数器使用时，当计数值达到设定值时，触点动作并保持；作减计数使用时，到达计数值则复位。其计数方向取决于对应的计数方向标志继电器 M8235～M8240。

图 7-13 为一相无启动/复位高速计数器工作的梯形图。这类计数器只有一个脉冲输入端。图中计数器位 C235，其计数输入端为 X000，程序中安排 X012 为 C235 的启动信号。X010 是程序安排的计数方向选择信号，M8235 接通（高电平）时为减计数，反之，为增计数（若程序中无 M8235 相关的驱动程序时，机器默认为增计数），波形可参考图 7-13。X011 是复位信号，

当 X011 接通时，C235 复位。Y010 是计数器 C235 的控制对象，若 C235 的当前值大于等于设定值，则 Y010 接通；反之，小于该设定值，则 Y010 断开。

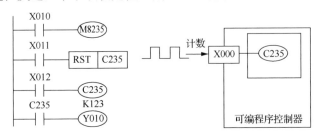

图 7-13　一相无启动/复位端子单输入型高速计数器的梯形图

（2）一相带启动/复位端子单输入型高速计数器。一相带启动/复位端的高速计数器编号为 C241～C245，共 5 点，这些计数器较一相无启动/复位端单输入型高速计数器增加了外部启动、复位控制端子。图 7-14 给出了这类计数器的使用情况。从图中可以看出，一相带启动/复位端子单输入型高速计数器的梯形图和图 7-13 中的梯形图结构是相似的。不同的是这类计数器利用 PLC 输入端 X003、X007 作为接收外部复位信号和启动信号。应注意的是，X007 端子上输入的外启动信号只有程序中 X015 先接通的情况下，高速计数器 C245 启动才有效。而 X003 为外复位输入，X014 为程序复位，两种复位方式均有效。

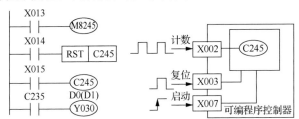

图 7-14　一相带启动/复位端子单输入型高速计数器的应用

（3）一相双计数输入型高速计数器。一相双计数输入型高速计数器的编号为 C246～C250，共 5 个点。一相双计数输入型高速计数器有两个外部计数输入端子：一个是输入增计数脉冲的端子，另一个是输入减计数脉冲的端子。图 7-15 是一相双计数输入型高速计数器 C246 的梯形图和信号连接情况。

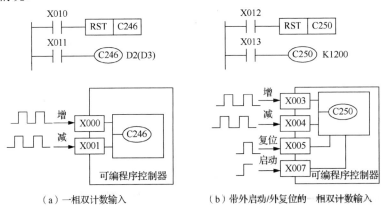

（a）一相双计数输入　　　　　（b）带外启动/外复位的一相双计数输入

图 7-15　一相双计数输入型高速计数器 C246 的梯形图和信号连接情况

图中，X000 及 X001 分别为 C246 的增计数输入端及减计数输入端。C246 是通过程序设置启动及复位条件的，如图中的 X011 及 X010。也有的一相双计数输入型高速计数器还带有外复位及外启动端，例如，图 7-15（b）就是 C250 带有外复位和外启动端的情况。图中 X005 及 X007 分别为复位端及外启动端。它们的工作情况和一相带启动/复位端计数器的相应端子相同。

　　（4）二相双计数输入型高速计数器。二相双计数输入型高速计数器的编号为 C251～C255，共 5 个点。二相双计数输入型高速计数器的两个脉冲输入端子是同时工作的，外计数方向的控制方式由二相脉冲间的相位决定。如图 7-16 所示，在 A 相信号为"1"期间，B 相信号在该期间为上升沿时为增计数；在 A 相信号为"0"期间，B 相信号在该期间为下降沿时是减计数。其余功能与一相双计数输入型相同。需要说明的是，带有外计数方向控制端的高速计数器也配有与编号相对应的特殊用途辅助继电器，只是它们没有控制功能，只有指示功能。相对应的特殊用途辅助继电器的状态会随着计数方向的变化而变化。

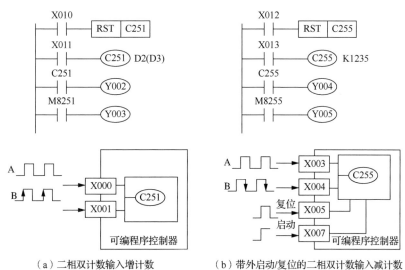

（a）二相双计数输入增计数　　　　　（b）带外启动/复位的二相双计数输入减计数

图 7-16　二相双计数输入型高速计数器的应用

　　例如，图 7-16（a）中，当外部计数方向由二相脉冲相位决定为增计数时，M8251 闭合，Y003 接通，表示高速计数器进行增计数。高速计数器设定值的设定方法和普通计数器相同，也有直接设定和间接设定两种方式。也可以使用传送指令修改高速计数器的设定值及当前值。

　　4）高速计数器的频率总和

　　由于高速计数器是采取中断方式工作的，会受到机器中断处理能力的限制。使用高速计数器，特别是一次使用多个高速计数器时，应该注意高速计数器的频率总和。频率总和是指同时在 PLC 输入端上出现的所有信号的最大频率总和。因而，安排高速计数器的工作频率时需考虑以下的两个问题。

　　（1）各输入端的响应频率。表 7-18 给出了各输入端的最高响应频率。由表 7-18 可知，FX₂ₙ 系列可编程序控制器除了允许 C235，C236，C246 一相输入 60kHz 脉冲，C251 二相输入 30kHz 脉冲，其他高速计数器输入最大频率总和不能超过 20kHz。

表 7-18　各输入端的最高频率

高速计数器类型	一相输入		二相输入	
	特殊输入端	其余输入端	特殊输入端	其余输入端
输入端	X000、X001	X002～X005	X000、X001	X002～X005
最高响应频率	60kHz	10kHz	30kHz	5kHz

（2）被选用的计数器及其工作方式。一相双计数输入型高速计数器只有一个输入端输入脉冲信号。一相双计数输入型高速计数器在工作时，若已确定为增计数或为减计数，情况和一相型类似。若增计数脉冲和减计数脉冲同时存在时，该计数器所占用的工作频率应为二相信号频率之和。二相双计数输入型高速计数器工作时，不但要接收两路脉冲信号，还须同时完成对两路脉冲的解码工作。有关技术手册规定，在计算总的频率和时，要将它们的工作频率乘以2。

例如，某系统选用的高速计数器输入信号频率情况见表 7-19。则频率总和为

一相 5kHz×1+一相 7kHz×1+二相 3kHz×1×2=18kHz≤20kHz

表 7-19　　高速计数器输入信号频率安排

计数器	对应输入端	输入信号最高频率
一相型 C237	X002	5kHz
一相双计数输入型 C246	X000、X001	7kHz
二相双计数输入型 C255	X003、X004	3kHz×2

上例说明，当使用多个高速计数器时，其频率总和必须低于 20 kHz，且还须考虑不同的输入端及不同的计数器的具体情况。

6．数据寄存器[D]

数据寄存器是存储数值数据的软组件，有普通用途数据寄存器、特殊用途数据寄存器、变址寄存器、文件数据寄存器 4 种，其地址编号分配（以十进制数分配）见表 7-20。

表 7-20　数据寄存器地址编号分配

分　　类	普通用途（共8000点）		特殊用途	供变址用	文件数据寄存器
数　据 寄存器	D0～D199[1] 200点	D200～D511[2] 312点（供链路用） D512～D7999[3] 7488点（供滤波器用）	D8000～D8195[4] 106点	V0（V）～V7[5] Z0（Z）～Z7[5] 16点	D1000 以后的通用断电保持寄存器利用参数设置可作为最多 7000 点的文件数据寄存器使用

注：（1）非电池备用区域。利用参数设定，可变为电池备用（断电保持）区域。

（2）电池备用区域（断电保持）。利用参数设定，可变为非电池备用区域。

（3）固定电池备用区域（断电保持），可利用 RST，ZRST 指令清除内容。

（4）特殊用途数据寄存器种类及功能。

（5）固定的非电池备用区域，不可改变区域特性。

数据寄存器都是 16 位（最高位为符号位）的，也可将 2 个数据寄存器组合，可存储 32 位（最高位为符号位）的数值数据。

1 个数据寄存器（16 位）处理的数值为-32768～+32767。其数据表示方法如图 7-17（a）

所示。寄存器的数值读出与写入一般采用应用指令。而且可以从数据存取单元（显示器）与编程器直接读出/写入。

两个相邻的数据寄存器表示 32 位数据（高位为大号，低位为小号。在变址寄存器中，V 为高位，Z 为低位），可处理-2 147 483 648～+2 147 483 647 的数值。在指定 32 位时，若指定低位（如 D0），则高位继其之后的地址编号（如 D1）被自动占用。低位可用奇数或偶数的软组件地址编号指定，考虑到外部设备的监视功能，低位要采用偶数软组件地址。其数据表示方法如图 7-17（b）所示。

（a）16位数据寄存器的数据表示方法

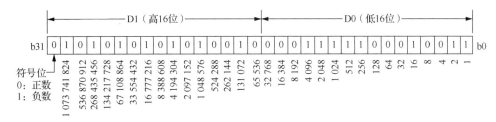

（b）32位数据寄存器的数据表示方法

图 7-17　16 位和 32 位数据寄存器的数据表示方法

1）普通用途数据寄存器

普通用途数据寄存器中一旦写入数据，只要不再写入其他数据，就不会变化。但是在运行中止或断电时，所有数据被清零（若驱动特殊用途辅助继电器 M8033，则可以保持其内容）。而断电保持用途的数据寄存器在运行中止或断电时可保持其内容。

利用外部设备的参数设定，可改变普通用途与断电保持用途数据寄存器的分配。当把断电保持用途数据寄存器用于普通场合时，在程序的起始步应采用复位（RST）或区间复位（ZRST）指令将其内容清除。

在并联通信中，D490～D509 被作为通信占用。

在断电保持用途数据寄存器内，D1000 以上的数据寄存器通过参数设定，能以 500 为单位用作文件数据寄存器。在不用作文件数据寄存器时，与通常的断电保持用途数据寄存器一样，可以利用程序与外部设备对数据进行读或写。

2）特殊用途数据寄存器

特殊用途数据寄存器是指写入特定目的的数据，或事先写入特定的内容。其内容在电源接通时，置位于初始值。（一般清除为 0 时，具有初始值的内容，利用系统只读存储器将其写入）。

例如，在图 7-18 中，利用传送指令（FNC12 MOV）

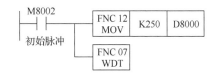

图 7-18　特殊用途数据寄存器写入特定数据

向监视定时器时间的数据寄存器 D8000 中写入设定时间，并用监视定时器刷新指令 WDT 对其刷新。写入设定的时间值可以是十进制常数，也可以是计数器或数据寄存器中的值。

3）变址寄存器[V、Z]

变址寄存器 V、Z 和通用数据寄存器相似，是进行数值数据读/写的 16 位数据寄存器。主要用于运算操作数地址的修改。

可以用变址寄存器进行变址的软组件是 X,Y,M,S,P,T,C,D,K,H,KnX,KnY,KnM,KnS（Kn□为位组合组件）。但是，变址寄存器不能修改 V 与 Z 本身或位数指定用的 Kn 本身。例如，K4M0Z0 有效，而 K0Z0M0 无效。

图 7-19 所示是变址数据寄存器 V、Z 的组合。进行 32 位数据运算时，用指定的 Z0～Z7 和 V0～V7 组合修改运算操作数地址，即（V0,Z0），（V1,Z1），…，（V7,Z7）。

图 7-20 所示是变址寄存器使用说明，根据 V 与 Z 的内容修改软组件地址编号，称为软组件的变址。即使为常数时，例如，V0＝18 时，则 K20V0 是指十进制常数 K38（20＋18＝38）。

图 7-19　变址数据寄存器 V、Z 的组合　　　　图 7-20　变址寄存器的使用说明

图 7-21 是使用变址寄存器在应用程序中改变输出软组件地址编号的例子。该程序仅用有限次数的指令就实现了将（D10）或（D11）中的内容所确定的脉冲量分别由 Y020 和 Y021 输出。切换输出软组件地址由 X010 的通/断确定。当 X010 闭合时，K0 值输入 Z0，X011 闭合时，FNC 57 脉冲输出指令执行一次，将 D10 中脉冲以每秒 1kHz 的频率从 Y020 端输出；若 X010 断开，则 K1 值输入 Z0，X011 闭合时，FNC 57 脉冲输出指令执行一次，D11 中脉冲以每秒 1kHz 的频率从 Y021 输出。

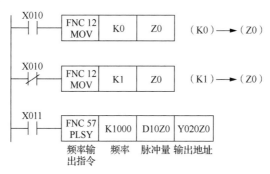

图 7-21　使用变址寄存器在应用程序中改变输出软组件地址编号的例子

4）文件数据寄存器

在 FX_{2N} 系列可编程序控制器的数据寄存器区域内，D1000 号（包括 D1000）以上的数据寄存器称为通用断电保持寄存器，利用参数设置，可把它作为最多 7000 点的文件数据寄存器。

文件数据寄存器实际上是一类专用数据寄存器，用于存储大量的数据，如采集数据、统计计算数据、多组控制参数等。

文件数据寄存器占用机内 RAM 存储器中的一个存储区[A]，以 500 点为一个单位，最多可设置 500×14=7000 点。下面对设定文件数据寄存器时的处理加以说明。

图 7-22 是文件数据寄存器动作示意。当 PLC 启动并开始运行时，数据块传送指令（FNC15 BMOV）将内部 RAM 或选件板内设定的文件数据寄存器区[A]中的数据，成批传送到系统 RAM 内的文件数据寄存器区[B]中，供系统中除数据块传送指令以外的应用指令对文件数据寄存器区[B]进行读写。反之，也可以通过数据块传送指令（FNC15　BMOV），把系统 RAM 内的文件数据寄存器区[B]的数据成批传送到内部 RAM 或选件板内设定的文件数据寄存器区[A]中。

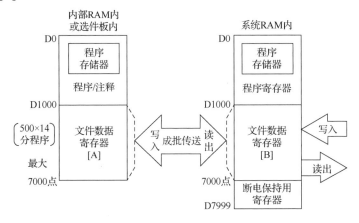

图 7-22　文件数据寄存器动作示意

应注意的是，系统 RAM 内的文件数据寄存器区[B]中的软组件虽然具有断电保持功能，但是系统在断电后恢复电源启动时，文件数据寄存器区[B]中保存的断电前变化的数据将会被文件数据寄存器区[A]中的数据初始化。若要保持文件数据寄存器区[B]中变化的数据，必须同时将文件数据寄存器区[A]中数据更新为变化的数据。另外，外部设备要对文件数据寄存器区[B]中软组件的"当前值"强制复位或清除时，应将文件数据寄存器区[A]中对应的软组件进行修改（需要内部 RAM 或选件板内文件数据寄存器区[A]复位，或电可擦只读存储器（EEPROM）存储卡的保护开关处于断开状态），然后，向文件寄存器区[B]中自动传送。

7.2.3　数据类字元件的结构形式

1. 字元件的基本形式

FX₂ₙ 系列 PLC 数据类字元件的基本结构为 16 位存储单元，最高位（第 16 位）为符号位，如图 7-17（a）所示。机内的 T、C、D、V、Z 元件均为 16 位字元件。

2. 双字元件的结构形式

为了实现 32 位数据的运算、传送和存储，可以用两个字元件构成 32 位的"双字元件"。其中，低位字元件存储 32 位数据的低 16 位部分，高位字元件存储 32 位数据的高 16 位部分。最高位（第 32 位）为符号位。在指令中表示双字元件时，一般只指出低位字元件的地址编号，高位字元件被隐藏，但被指令所占用。虽然取奇数或偶数地址作为双字元件的低位是任意的，但为了减少元件安排上的错误，建议用偶数作为双字元件的低位字元件号。

3. 位组合元件的构成

在可编程序控制器中，除了大量使用二进制数据，也常用一种方法来反映十进制数据。FX_{2N} 系列的可编程序控制器是采用 4 个位元件的状态来表示一位十进制数据的，称为 BCD 码（也称为 8421 码）。由此而产生了位组合元件。位组合元件常用输入继电器 X、输出继电器 Y、辅助继电器 M 和状态继电器 S 这样的位元件组合而成，用 KnX、KnY、KnM、KnS 等形式表示。其中，"Kn" 指有 n 组 4 位的组合元件。例如，K1X000 表示由 X000～X003 四位位元件组合，若 n=2，即 K2M0，则由 M0～M7 八个连号的辅助继电器组成。同理，若是 K4Y000，则由 Y000～Y017 十六个输出继电器组合，构成了字元件，而 K8X000 则构成了 32 位的双字输入元件。

7.2.4 FX_{2N} 系列可编程序控制器的程序存储器的结构和参数结构

1. 可编程序控制器的程序存储器的结构

上面介绍了 FX_{2N} 系列可编程序控制器的全部软元件。我们还应该清楚各类软元件在机内存储器中的分布。了解这些软元件的类型、数量、编号区间及使用特性对正确编程具有十分重要的意义。FX_{2N} 系列可编程序控制器的程序存储器结构如图 7-23 所示。图中，程序存储器内的各软元件根据其初始化内容，分为 A、B、C 三种类型，见表 7-21。

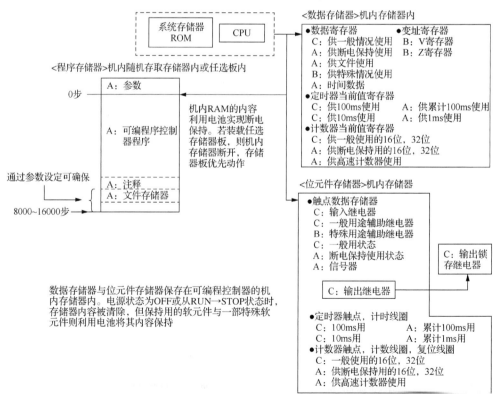

图 7-23　FX_{2N} 系列可编程序控制器的程序存储器结构

表 7-21　程序存储器种类及初始化状态

程序存储器类型	电源状态 OFF	电源状态 OFF→ON	STOP→RUN	RUN→STOP
A 型：有电池后备区域的存储器	数值保持不变			
B 型：特殊用途辅助继电器、特殊用途数据寄存器、变址寄存器	清 0	置初始化值	不变	
C 型：其他无电池后备区域的存储器	清 0		不变	清 0
			M8033 接通时不变化	

2. 可编程序控制器程序存储器容量的设定

图 7-23 中可编程序控制器的程序存储器的容量若不能满足需要，可安装存储器板进行容量扩展。FX₂ₙ 系列可编程序控制器程序存储器板种类及其容量扩展设定见表 7-22。

表 7-22　FX₂ₙ 系列可编程序控制器程序存储器板种类及其容量扩展设定

设定内容	机内存储器	FX₂ₙ 系列机型任选存储器板		
		EEPROM-4	EEPROM-8	EEPROM-16 EEPROM-8 RAM-8
顺控程序	0～8KB	0～4KB	0～8KB	0～16KB
文件数据寄存器	0～7KB	0～4KB	0～7KB	0～7KB
注释	0～8KB	0～4KB	0～8KB	0～16KB
合计	最大 8KB，也可采用 2KB/4KB 模式	最大 4KB，也可采用 2KB	最大 8KB，也可采用 2KB/4KB 模式	最大 16KB，也可采用 2KB/4KB/8KB 模式

7.3　FX₂ₙ 系列可编程序控制器的基本指令及应用

FX₂ₙ 系列可编程序控制器有基本（顺控）指令 27 种、步进指令 2 种、应用指令 128 种，共 298 种。本节将介绍基本指令。

FX₂ₙ 系列可编程序控制器的编程语言主要有梯形图及指令表。指令表由指令集合而成，且和梯形图有严格的对应关系。梯形图是用图形符号及图形符号间的相互关系来表达控制思想的一种图形程序，而指令表则是图形符号及它们之间关联的语句表述。

FX₂ₙ 系列可编程序控制器的基本指令见表 7-23。

表 7-23　FX₂ₙ 系列可编程序控制器的基本指令

助记符及名称	功　能	梯形图表示及可用元件	助记符及名称	功　能	梯形图表示及可用元件
[LD] 取	逻辑运算开始与左母线连接的常开触点	XYMSTC	[OUT] 输出	线圈驱动指令	YMSTC

续表

助记符及名称	功 能	梯形图表示及可用元件	助记符及名称	功 能	梯形图表示及可用元件
[LD] 取反	逻辑运算开始与左母线连接的常闭触点	XYMSTC	[SET] 置位	线圈接通保持指令	SET YMS
[LDP] 取脉冲	逻辑运算开始与左母线连接的上升沿检测	XYMSTC	[RST] 复位	线圈接通清楚指令	RST YMSTCD
[LDF] 取反脉冲	逻辑运算开始与左母线连接的下降沿检测	XYMSTC	[PLS] 上升脉冲	上升沿微分输出指令	PLS YM
[AND] 与	串联常开触点	XYMSTC	[PLF] 下降脉冲	下降沿微分输出指令	PLF YM
[ANI] 与非	串联常闭触点	XYMSTC	[MC] 主控	公共串联点的连接线圈	MC Ni YM
[ANDP] 与脉冲	串联上升沿检测	XYMSTC	[MCR] 主控复位	公共串联点的清除指令	MCR Ni
[ANDF] 与脉冲	串联下降沿检测	XYMSTC	[MPS] 进栈	连接点数据入栈	
[OR] 或	并联常开触点	XYMSTC	[MRD] 读栈	从堆栈读出连接点数据	MPS MRD MPP
[ORI] 或非	并联常闭触点	XYMSTC	[MPP] 出栈	从堆栈读出数据并复位	
[ORP] 或脉冲	并联上升沿检测	XYMSTC	[INV] 反转	运算结果取反	对指令前方逻辑取非
[ORF] 或非脉冲	并联下降沿检测	XYMSTC	[NOP] 空操作	无动作	变更程序中代替某些指令
[ANB] 电路块与	并联电路块的串联		[END] 结束	控制程序结束	程序结束返回到0步
[ORB] 电路块或	串联电路块的并联		—	—	—

7.3.1　逻辑取、取反线圈驱动（LD、LDI、OUT）指令

（1）指令助记符及功能。LD、LDI、OUT 指令的功能、梯形图表示、操作组件、所占的程序步如表 7-24 所示。

表 7-24　指令助记符及功能

符　号	名　称	功　能	梯形图表示和可操作组件	程序步
LD	取	逻辑运算开始的常开触点	X,Y,M,S,T,C	1
LDI	取反	逻辑运算开始的常闭触点	X,Y,M,S,T,C	1
OUT	输出	线圈驱动指令	Y,M,S,T,C	Y、M：1；S，特殊用途辅助继电器 M：2；T：3；C：3～5

（2）指令说明。LD、LDI 指令可用于将触点与左母线连接。也可以与后面介绍的 ANB、ORB 指令配合使用于分支起点处。

OUT 指令是对输出继电器 Y、辅助继电器 M、状态继电器 S、定时器 T、计数器 C 的线圈进行驱动的指令，但不能用于输入继电器。OUT 指令可多次并联使用。

（3）编程应用。图 7-24 给出了本组指令的梯形图实例——编程应用，并配有指令表。须指出的是，图中的 OUT　M100 和 OUT　T0 是线圈的并联使用。另外，定时器或计数器的线圈在梯形图中或在使用 OUT 指令后，必须设定十进制常数 K，或指定数据寄存器的地址编号。

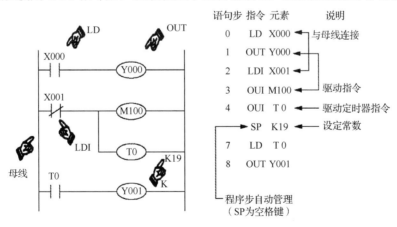

图 7-24　LD、LDI、OUT 指令的编程应用

7.3.2　触点串联（AND、ANI）指令

1. 指令助记符及功能

触点串联（AND、ANI）指令的指令助记符及功能见表 7-25。

表 7-25   触点串联指令助记符及功能

符 号	名 称	功 能	梯形图表示和可操作组件	程序步
AND	与	常开触点串联	X、Y、M、S、T、C	1
ANI	与非	常闭触点串联	X、Y、M、S、T、C	1

2. 指令说明

AND、ANI 指令为单个触点的串联指令。AND 用于常开触点。ANI 用于常闭触点。串联触点的数量不受限制。

OUT 指令为线圈驱动指令：可以通过触点对其他线圈的驱动使用 OUT 指令，称为纵接输出或连续输出。例如，图 7-25 中就是在 OUT M101 之后，通过触点 T1，对 Y004 线圈使用 OUT 指令。对这种纵接输出，只要顺序正确就可多次重复。但限于图形编程器的功能。应尽量做到一行不超过 10 个连接点及一个线圈，总数不要超过 24 行。

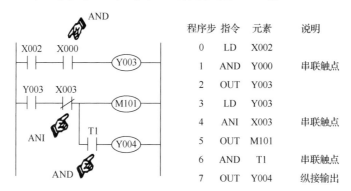

图 7-25   AND、ANI 指令应用

3. 编程应用

在图 7-26 中驱动 M101 之后再通过触点 T1 驱动 Y004 的。但是，若驱动顺序换成图 7-26 的形式，则必须用后述的栈操作指令 MPS 与 MPP 进行处理。

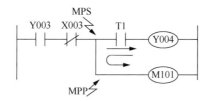

图 7-26   MPS、MPP 指令的关系

7.3.3 触点并联（OR、ORI）指令

1. 指令助记符及功能

触点并联（OR、ORI）指令助记符及功能见表 7-26。

表 7-26 触点并联指令助记符及功能

符　号	名　称	功　能	梯形图表示和可操作组件	程序步
OR	或	常开触点并联	X、Y、M、S、T、C	1
ORI	或非	常闭触点并联	X、Y、M、S、T、C	1

2. 指令说明

OR、ORI 指令是单个触点的并联指令。OR 为常开触点的并联，ORI 为常闭触点的并联。

与 LD、LDI 指令触点并联的触点要使用 OR 或 ORI 指令，并联触点的个数没有限制，但限于编程器和打印机的幅面限制，尽量做到 24 行以下。

若两个以上触点的串联支路与其他回路并联时，应采用后面介绍的电路块或（ORB）指令。

3. 编程应用

OR、ORI 指令应用如图 7-27 所示。

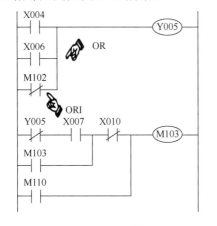
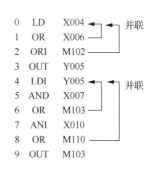

图 7-27 OR、ORI 指令应用

7.3.4 串联电路块的并联（ORB）指令

1. 指令助记符及功能

串联电路块的并联指令助记符及功能见表 7-27。

表 7-27   串联电路块的并联指令助记符及功能

符　　号	名　　称	功　　能	梯形图表示和可操作组件	程序步
ORB	电路块或	串联电路块的并联	可操作组件：无	1

2. 指令说明

ORB 指令是不带软组件地址编号的指令。两个以上触点串联的支路称为串联电路块，将串联电路块再并联时，"分支开始"用 LD、LDI 指令表示，"分支结束"用 ORB 指令表示。

有多条串联电路块并联时，可对每个电路块使用 ORB 指令，对并联电路数没有限制。对多条串联电路块并联电路，也可成批使用 ORB 指令，但考虑到 LD、LDI 指令的重复使用限制在 8 次，因此 ORB 指令的连续使用次数也应限制在 8 次。

3. 编程应用

串联电路块的并联指令应用与编程如图 7-28 所示。

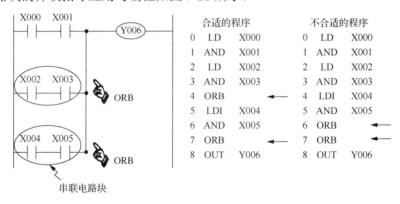

图 7-28   串联电路块的并联指令应用与编程

7.3.5 并联电路块的串联（ANB）指令

1. 指令助记符及功能

并联电路块的串联指令助记符及功能见表 7-28。

表 7-28   并联电路块的串联指令助记符及功能

符　　号	名　　称	功　　能	梯形图表示和可操作组件	程序步
ANB	电路块与	并联电路块的串联	可操作组件：无	1

2. 指令说明

ANB 指令是不带操作组件编号的指令。两个或两个以上触点并联的电路称为并联电路块。当分支电路并联电路块与前面的电路串联时，使用 ANB 指令。分支起点用 LD、LDI 指令，并联电路块结束后使用 ANB 指令，表示与前面的电路串联。

若多个并联电路块按顺序和前面的电路串联时，则 ANB 指令的使用次数没有限制。对多个并联电路块串联时，ANB 指令可以集中成批地使用。但在这种场合，与 ORB 指令一样，LD、LDI 指令的使用次数只能限制在 8 次以内，ANB 指令成批使用次数也应限制在 8 次。

3. 编程应用

并联电路块的串联指令应用与编程如图 7-29 所示。

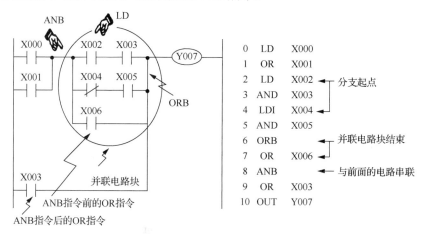

图 7-29 并联电路块的串联指令应用与编程

7.3.6 栈操作（MPS、MRD、MPP）指令

1. 指令助记符及功能

栈操作指令助记符及功能见表 7-29。

表 7-29 栈操作指令助记符及功能

符 号	名 称	功 能	梯形图表示和可操作组件	程序步
MPS	进栈	将连接点数据入栈		1
MRD	读栈	读栈存储器栈顶数据		1
MPP	出栈	取出栈存储器栈顶数据	可操作组件：无	1

2. 指令说明

这组指令分别为进栈、读栈、出栈指令，用于分支多重输出电路中将连接点数据先存储，便于连接后面电路时读出或取出该数据。

在 FX$_{2N}$ 系列 PLC 中有 11 个用来存储运算中间结果的存储区域，称为栈存储器。栈操作指令如图 7-30 所示，由图可知，使用一次 MPS 指令，便将此刻的中间运算结果送入堆栈的第一层，而将原存在堆栈第一层的数据移往堆栈的下一层。

MRD 指令是读出栈存储器最上层的最新数据，此时堆栈内的数据不移动。可对分支多重输出电路多次使用，但分支多重输出电路不能超过 24 行。

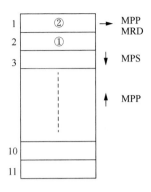

图 7-30　栈操作指令

使用 MPP 指令，栈存储器最上层的数据被读出，各数据顺次向上一层移动，读出的数据从堆栈内消失。

MPS、MRD、MPP 指令都是不带软组件的指令。MPS 和 MPP 必须成对使用，而且连续使用应少于 11 次。

3. 编程应用

【例 7-1】一层堆栈的应用与编程如图 7-31 所示。

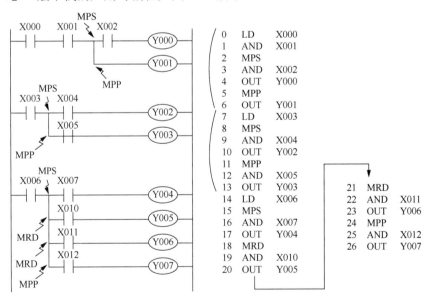

图 7-31　一层堆栈的应用与编程

【例 7-2】一层堆栈，必须使用 ANB、ORB 指令，如图 7-32 所示。

【例 7-3】二层堆栈程序，如图 7-33 所示。

【例 7-4】图 7-35 是四层堆栈及程序的改进。四层堆栈程序如图 7-34（a）所示，也可以将梯形图（a）改变成图（b）所示，可不使用堆栈指令。

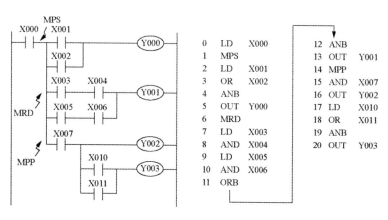

图 7-32　一层堆栈，必须使用 ANB、ORB 指令的编程

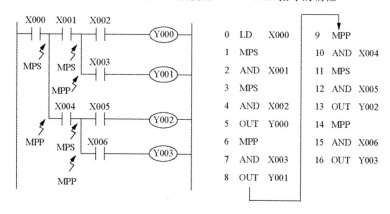

图 7-33　二层堆栈的编程

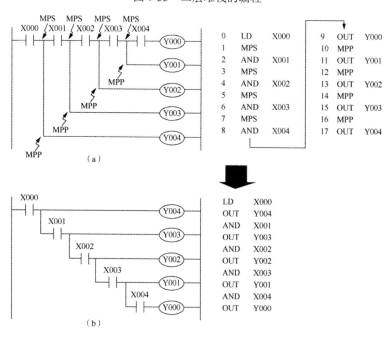

图 7-34　四层堆栈及程序的改进

7.3.7 主控（MC、MCR）指令

1. 指令助记符及功能

主控指令助记符及功能见表 7-30。

表 7-30　主控指令助记符及功能

符　号	名　称	功　能	梯形图表示及操作组件	程序步
MC	主控	主控电路块的起点	┤├─ MC Ni Y, M ─ ── 除了特殊用途辅助继电器M	3
MCR	主控复位	主控电路块的终点	─ MCR Ni ─	2

2. 指令说明

（1）MC 为主控指令，用于公共串联触点的连接，MCR 为主控复位指令，即 MC 的复位指令。编程时，经常遇到多个线圈同时受一个或一组指令控制，主控触点可以解决这个问题。若在每个线圈的控制电路中都串联同样的触点，可以减少程序的步数，进而减少程序扫描时间。

主控指令控制的操作组件的常开触点要与主控指令后的母线垂直串联，当主控指令控制的操作组件的常开触点闭合时，激活所控制的一组梯形图电路。无嵌套结构的主控指令 MC/MCR 编程应用如图 7-35 所示。

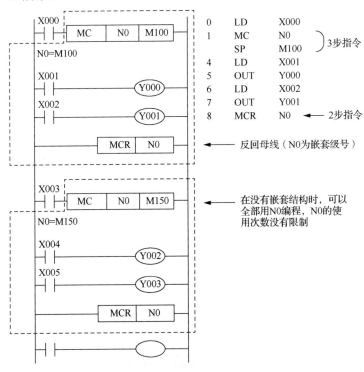

图 7-35　无嵌套结构的主控指令 MC/MCR 编程应用

（2）在图 7-36 中，若输入 X000 接通，则执行 MC 至 MCR 之间的梯形图电路的指令。若输入 X000 断开，则跳过主控指令控制的梯形图电路。这时，MC 与 MCR 之间的梯形图电路根据软组件性质不同有以下两种状态：

积算型定时器、计数器、置位/复位指令驱动的软组件保持断开前状态，非积算型定时器、OUT 指令驱动的软组件均变为 OFF 状态。

（3）主控（MC）指令母线后连接的所有起始触点均以 LD/LDI 指令开始，最后由 MCR 指令返回到主控（MC）指令后的母线，向下继续续执行新的程序。

（4）在没有嵌套结构的多个主控指令程序中，可以都用嵌套级编号 N0 来编程，N0 的使用次数不受限制。

（5）通过更改 M*i* 的地址编号，可以多次使用 MC 指令，形成多个嵌套级，嵌套级 N*i* 的编号由小到大。返回时通过 MCR 指令，从大的嵌套级开始逐级返回。

7.3.8　置位（SET）和复位（RST）指令

1. 指令助记符及功能

置位和复位指令助记符及功能等见表 7-31。

表 7-31　置位和复位指令助记符及功能等

符　号	名　称	功　能	梯形图表示及操作组件	程序步
SET	置位	线圈接通，保持指令	├─┤ ├─┤ SET │ Y, M, S ├─┤	Y、M：1 S、特 M：2
RST	复位	线圈接通，清除指令	├─┤ ├─┤ RST │Y,M,S,T,C,D,V,Z├─┤	T、C：2 D、V、Z、特 D：3

注：表中，"特 M" 指特殊用途辅助继电器，"特 D" 指特殊用途数据寄存器。

2. 指令说明

（1）SET 为置位指令，使线圈接通保持（置 1）。RST 为复位指令，使线圈断开复位（置 0）。

（2）对同一个软组件，SET，RST 可多次使用，不限制使用次数，但最后执行者有效。

（3）对数据寄存器 D、变址寄存器 V 和 Z 的内容清零，既可以用 RST 指令，也可以用常数 K0 经传送指令清零，效果相同。RST 指令也可以用于积算型定时器 T246～T255 和计数器 C 的当前值的复位和触点复位。

3. 编程应用

在图 7-36 程序中，置位指令执行条件 X000 一旦接通后再次变为 OFF 状态，Y000 驱动为 ON 状态后并保持。复位指令执行条件 X001 一旦接通后再次变为 OFF 状态后，Y000 被复位为 OFF 状态后并保持。M 和 S 也是如此。

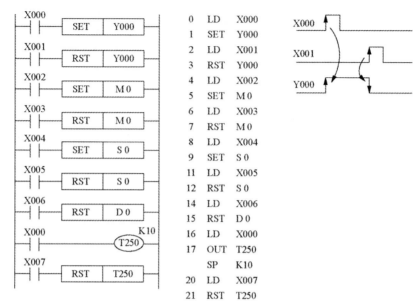

图 7-36 SET 和 RST 指令的编程应用

7.3.9 微分脉冲输出（PLS、PLF）指令

1. 指令助记符及功能

PLS、PLF 指令助记符及功能见表 7-32。

表 7-32 指令助记符及功能

符　　号	名　　称	功　　能	梯形图表示及可操作组件	程序步
PLS	上升沿脉冲	上升沿微分输出	┤├──[PLS | Y, M]	2
PLF	下升沿脉冲	下降沿微分输出	┤├──[PLF | Y, M]　特殊用途辅助继电器除外	2

注：（1）当使用 M1536～M3071 时，程序步加 1。

（2）特殊用途辅助继电器不能作为 PLS 或 PLF 的操作组件。

2. 指令说明

（1）PLS、PLF 为微分脉冲输出指令。PLS 指令使操作组件在输入信号上升沿时产生一个扫描周期的脉冲输出。PLF 指令则使操作组件在输入信号下降沿产生一个扫描周期的脉冲输出。

（2）在图 7-37 程序的时序图中可以看出，PLS、PLF 指令可以将输入组件的脉宽较宽的输入信号变成脉宽等于可编程序控制器的扫描周期的触发脉冲信号，相当于对输入信号进行了微分。

3. 编程应用

PLS、PLF 指令的编程应用及操作组件输出时序如图 7-37 所示。

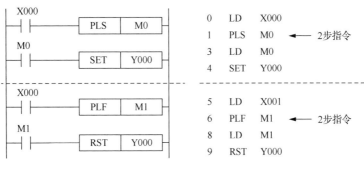

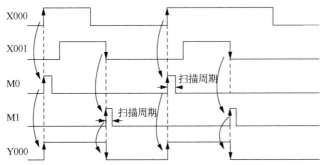

图 7-37　PLS、PLF 指令的编程应用及操作组件输出时序

7.3.10　取反（INV）指令

1. 指令助记符及功能

INV 指令助记符及功能见表 7-33。

表 7-33　指令助记符及功能

符　　号	名　　称	功　　能	梯形图表示及操作组件	程序步
INV	取反	运算结果取反操作	无操作软元件	1

2. 指令说明

（1）INV 指令操作示意如图 7-38 所示，不需要指定软组件的地址号。

执行INV指令前的运算结果		执行INV指令后的运算结果
OFF	→	ON
ON	→	OFF

图 7-38　INV 指令操作示意

（2）使用 INV 指令编程时，可以在 AND 或 ANI，ANDP 或 ANDF 指令的位置后编程，也可以在 ORB、ANB 指令回路中编程，但不能像 OR、ORI、ORP、ORF 指令那样单独并联使用，也不能像 LD、LDI、LDI、LDF 那样与母线单独连接。

3．编程应用

INV 指令的编程应用如图 7-39 所示。

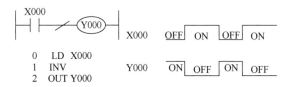

图 7-39　INV 指令的编程应用

由图 7-39 可知，若 X000 断开，则 Y000 接通；若 X000 接通，则 Y000 断开。

7.3.11　空操作（NOP）指令和程序结束（END）指令

1．指令助记符及功能

NOP 和 END 指令助记符及功能见表 7-34。

表 7-34　指令助记符及功能

符　　号	名　　称	功　　能	梯形图表示及操作组件		程序步
NOP	空操作	无动作	─┤ NOP ├─	无操作元件	1
END	结束	输入/输出处理返回到 0 步	─┤ END ├─	无操作元件	1

2．指令说明

（1）空操作指令就是使该步无操作。在程序中加入空操作指令，在变更程序或增加指令时可以使步序号不变化。用 NOP 指令也可以替换一些已写入的指令，修改梯形图或程序。但要注意，若将 LD、LDI、ANB、ORB 等指令换成 NOP 指令后，会引起梯形图电路的构成发生很大的变化，导致出错。

例如：

① 当 AND、ANI 指令改为 NOP 指令时，会使相关触点短路，如图 7-40（a）所示。

② 当 ANB 指令改为 NOP 指令时，会使前面的电路全部短路，如图 7-40（b）所示。

③ 当 OR 指令改为 NOP 时，会使相关电路切断，如图 7-40（c）所示。

④ 当 ORB 指令改为 NOP 时，前面的电路全部被切断，如图 7-40（d）所示。

⑤ 当图 7-40（e）中 LD 指令改为 NOP 时，则与上面的 OUT 电路纵向连接，电路如图 7-40（f）所示。如果把图 7-40（f）中的 AND 指令改为 LD，电路就变成了图 7-40（g）所示的电路。

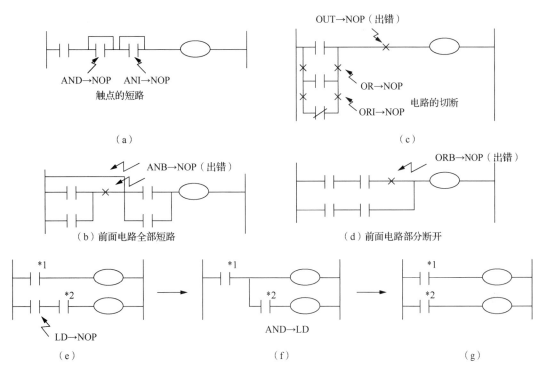

图 7-40　用 NOP 指令修改电路

（2）当执行程序全部清零操作时，所有指令均变成 NOP。

（3）END 为程序结束指令。可编程控器总是按照指令进行输入处理、执行程序到 END 指令结束，进入输出处理工作。若在程序中不写入 END 指令，则可编程序控制器从用户程序的第 0 步扫描到程序存储器的最后一步。若在程序中写入 END 指令，则 END 以后的程序步不再扫描执行，而是直接进行输出处理，如图 7-41 所示。也就是说，使用 END 指令可以缩短扫描周期。

（4）END 指令还有一个用途是可以对较长的程序分段程序调试。调试时，可将程序分段后插入 END 指令，从而依次对各程序段的运算进行检查。然后在确认前面电路块动作正确无误之后依次删除 END 指令。

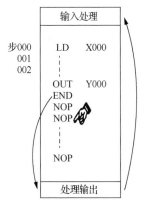

图 7-41　END 指令执行过程

7.4　编程注意事项和规则

　　掌握可编程序控制器的基本指令之后，就可以根据需要进行编程了。编程主要是根据工艺设计的要求，采用梯形图、语句表、流程图等形式进行编程，实现工艺设计的要求。编程是有一定的规则和一些注意事项的。

7.4.1　梯形图的结构规则

梯形图作为一种编程语言，绘制时有一定的规则。在编辑梯形图时，要注意以下规则。

（1）梯形图的各种符号，要以左母线为起点，右母线为终点（可允许省略右母线），从左向右分行绘制。每一行起始的触点群构成该行梯形图的"执行条件"，与右母线连接的应是输出线圈、功能指令，不能是触点。一行写完，自上而下依次再写下一行。注意，触点不能连接在输出线圈的右边，如图 7-42（a）所示；输出线圈也不能直接与左母线连接，必须通过触点连接，如图 7-42（b）所示。

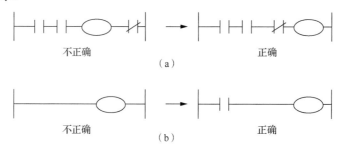

图 7-42　规则（1）说明

（2）触点应画在水平线上，不能画在垂直分支线上（主控触点除外）。例如，在图 7-43（a）中触点 E 被画在垂直线上，便很难正确识别它与其他触点的关系，也难于判断通过触点 E 对输出线圈的控制方向。因此，应根据信号单向自左至右、自上而下流动的原则和对输出线圈 F 的几种可能控制路径画成如图 7-43（b）所示的形式。

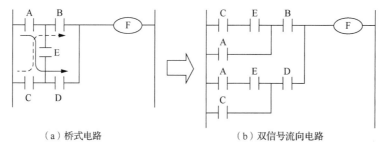

（a）桥式电路　　　　　　　　　　　（b）双信号流向电路

图 7-43　规则（2）说明：桥式梯形图改成双信号流向的梯形图

（3）不包含触点的分支应放在垂直方向，不可在水平方向设置，以便识别触点的组合和对输出线圈的控制路径，如图 7-44 所示。

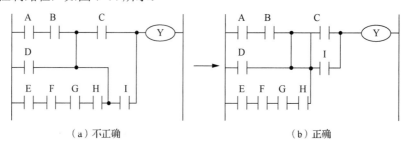

（a）不正确　　　　　　　　　　　　（b）正确

图 7-44　规则（3）说明

（4）如果由几个电路块并联时，应将触点最多的支路块放在最上面。若由几个支路块串联时，应将并联支路多的尽量靠近左母线。这样可以使编制的程序简洁明，指令语句减少，如图 7-45 所示。

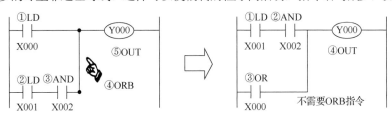

（a）串联触点多的电路块写在上面

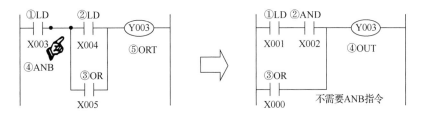

（b）并联电路多的尽量靠近母线

图 7-45　规则（4）说明

（5）遇到不可编程的梯形图时，可根据信号流向对原梯形图重新编排，以便正确进行编程。图 7-46 中举了 3 个重新编排梯形图的实例，将不可编程的梯形图重新编排成了可编程的梯形图。

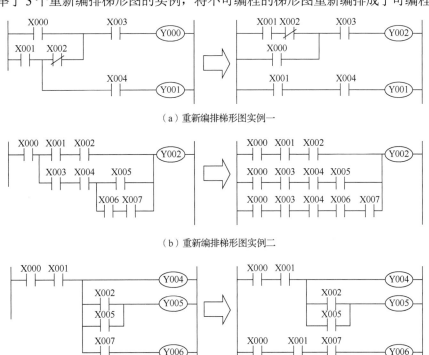

（a）重新编排梯形图实例一

（b）重新编排梯形图实例二

（c）重新编排梯形图实例三

图 7-46　重新编排梯形图实例举例

7.4.2　语句表程序的编辑规则

在许多场合需要将绘好的梯形图写出指令语句表程序。根据梯形图上的符号及符号间的相互关系正确地选取指令及其正确的表达顺序是很重要的。

（1）利用 PLC 基本指令对梯形图编程时，必须按信号单方向从左到右、自上而下的流向原则进行编写。图 7-47 阐明了所示梯形图的编程顺序。

（2）在处理较复杂的触点结构时，如触点块的串联/并联或堆栈相关指令，指令表的表达顺序：先写出参与因素的内容，再表达参与因素之间的关系。

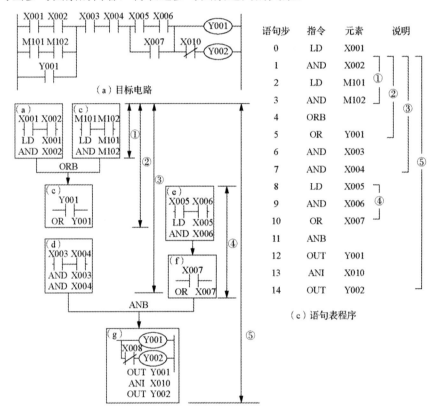

图 7-47　梯形图的编程顺序

7.4.3　双线圈的输出问题

在梯形图中，线圈前边的触点代表线圈输出的条件，线圈代表输出。在同一程序中，某个线圈的输出条件可能非常复杂，但应是唯一且可集中表达的。由 PLC 的操作系统引出的梯形图编绘法则规定，一个线圈在梯形图中只能出现一次。如果在同一程序中同一组件的线圈使用两次或多次，称为双线圈输出。可编程序控制器程序对这种情况的扫描执行原则：前面的输出无效，最后一次输出才是有效的。但是，作为这种事件的特例，同一程序的两个绝不会同时执行的程序段中可以有相同的输出线圈，如图 7-48 所示。

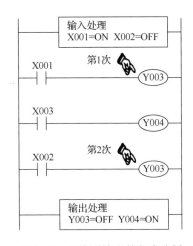

图 7-48　双线圈输出的程序分析

在图 7-48 所示程序中，输出线圈 Y003 出现两次输出情况。当 X001=ON，X002=OFF 时，第 1 次的 Y003 因 X001 接通，故其输出数据存储器接通，输出 Y004 也接通。但是第 2 次的 Y003，因输入 X002 的断开，故其输出数据存储器又断开。因此，实际的外部输出成为 Y003=OFF，Y004=ON。

7.5　机电装备常用基本电气控制电路的 PLC 编程实现

本节将讨论一些基本环节的编程，这些环节常作为梯形图的基本单元出现在程序中。

7.5.1　三相异步电动机单向运转控制：启动 - 保护 - 停止电路单元

三相异步电动机单向运转控制电路在电气控制部分已经介绍过，现将电路图绘于图 7-49 中。图 7-44（a）为 PLC 的输入/输出接线图，从图中可知，启动按钮 SB1 连接于 X000 触点，停止按钮 SB2 连接于 X001，交流接触器 KM 连接于触点 Y000。这就是端子分配图，实际上是为程序安排代表控制系统中事物的机内组件。图 7-49（b）是启动 - 保护 - 停止单向控制运转的梯形图，它是将机内组件进行逻辑组合的程序，也是实现控制系统内各事物间逻辑关系的体现。

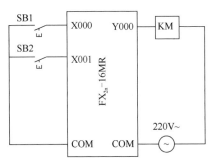

（a）PLC的输入/输出接线图

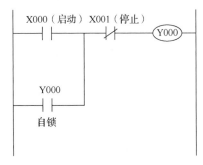

（b）启动—保护—停止单向控制运转的梯形图

图 7-49　异步电动机单向运转控制

梯形图 7-49（b）的工作过程如下：当按下启动按钮 SB1 时，X000 接通，Y000 置 1；并联在 X000 触点上的 Y000 是常开触点自锁，其作用是当按钮 SB1 松开，输入继电器 X000 断开时，线圈 Y000 仍然能保持接通状态，接触器 KM 使电动机连续通电运行。需要制动时，按下停止按钮 SB2，串联于 Y000 线圈回路中的 X001 的常闭触点断开，Y000 置 0，接触器 KM 动作，电动机断电而停止转动。

启动－保护－停止单向控制运转电路是梯形图中最典型的单元，它包含了梯形图程序的全部要素。具体如下：

（1）事件。每一个梯形图支路都针对一个事件，事件用输出线圈（或功能框）表示，本例中为 Y000。

（2）事件发生的条件。每一个梯形图支路中除了输出线圈还有触点的逻辑组合，若干触点的逻辑组合使输出线圈置 1 的条件即事件发生的条件。本例中，启动按钮使 X000 闭合是 Y000 置 1 的条件。

（3）事件得以延续的条件。触点组合中使输出线圈置 1 得以保持的条件是，与 X000 并联的 Y000 自锁触点闭合。

（4）事件终止的条件。即触点组合中使输出线圈置 1 中断的条件。本例中为 X001 常闭触点断开。

7.5.2　三相异步电动机可逆运行控制：互锁环节

在上例的基础上，若希望实现三相异步电动机可逆运行，只须增加一个反转控制按钮和一个反转接触器 KM2 即可。PLC 的端子分配以及梯形图如图 7-50 所示。梯形图设计可以这样考虑，选择两个启动－保护－停止电路，一个用于正转（通过 Y000 驱动正转接触器 KM1），另一个用于反转（通过 Y001 驱动反转接触器 KM2）。因为正/反转两个接触器不能同时接通，所以在两个接触器的驱动支路中分别串联对方接触器的常闭触点（如 Y000 支路串联 Y001 常闭触点；Y001 支路串联 Y000 常闭触点）。这样当正转方向的驱动组件 Y000 接通时，反转方向的驱动组件 Y001 就不能同时接通。这种在两个线圈回路中互相串联对方常闭触点的结构形式称为互锁。这个例子提示我们，在多输出的梯形图中，若要考虑多输出间的相互制约，可以用上述方法实现多输出之间的互锁。

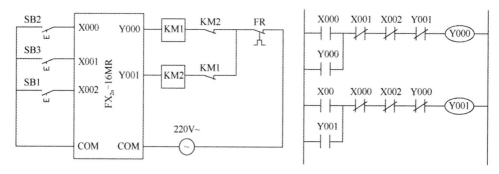

图 7-50　三相异步电动机可逆运行控制

7.5.3　两台电动机延时启动的基本环节

对两台异步电动机，要求一台启动 10s 后第二台启动，运行后能同时停止。欲实现这一功能，给两台电动机供电的两个交流接触器要用可编程序控制器的两个输出接口。由于两台电动机延时启动、同时制动，因此用一个启动按钮和一个停止按钮就够了，但实现延时需要一个定时器。梯形图的设计可以依以下顺序进行：首先绘制两台电动机独立的启动－保护－停止电路，第一台电动机使用启动按钮启动，第二台电动机使用定时器的常开触点延时启动，两台电动机均使用同一个停止按钮，然后再解决定时器的工作问题。由于第一台电动机启动 10s 后第二台电动机启动，因此第一台电动机启动是计时起点，要将定时器的线圈并联在第一台电动机的输出线圈上。根据本例的 PLC 端子分配与接线情况，只要将图 7-51 中 PLC 端子接线图中的反转控制按钮 SB3 去掉，就达到目的了，梯形图如图 7-51 所示。

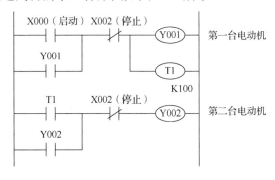

图 7-51　两台异步电动机延时启动控制梯形图

7.5.4　定时器的延时扩展

定时器的计时时间都有一个最大值，如 100ms 的定时器最大计时时间为 3276.7s。若工程中所需的延时时间大于选定的定时器最大定时数值时，最简单的延时扩展方法是采用定时器接力计时，即先启动一个定时器计时，计时时间到时，用第一个定时器的常开触点启动第二个定时器，再使用第二个定时器启动第三个定时器，依此类推。

注意，要应用最后一个定时器的触点去控制最终的控制对象。图 7-52 所示梯形图就是定时器接力延时的例子。

此外，也可以利用计数器配合定时器获得长延时，如图 7-53 所示。图中，常开触点 X000

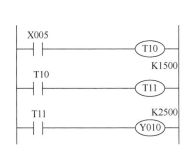

图 7-52　用两个定时器延时 400s

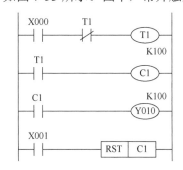

图 7-53　定时器与计数器配合延时 1000s

闭合是梯形图程序的执行条件，当 X000 保持接通时电路工作。在定时器 T1 的支路中连接定时器 T1 的常闭触点，它使定时器 T1 每隔 10s 复位一次，重新计时。T1 的常开触点每 10s 接通一个扫描周期，使计数器 C1 计一个数。当 C1 计数到设定值 100 时（相当于延时 1000s），C1 的常开触点闭合，将控制对象 Y010 接通。从 X000 接通为始点的延时时间就是定时器的时间设定值乘以计数器的设定值。X001 是计数器 C10 的复位条件。

7.5.5　由定时器构成的振荡电路

在图 7-53 的梯形图中，T1 支路实际上是一种振荡电路，T1 的常开触点每接通一次产生的脉冲宽度为一个扫描周期，周期为 10s（定时器 T1 的设定值）的方波脉冲。这个脉冲序列是作为计数器 C1 的计数脉冲的。当然，这种脉冲还可以用于移位寄存器的移位等其他场合。

7.5.6　分频电路

图 7-54 所示是一个 2 分频电路及波形。待分频的脉冲信号加在 X000 端，设 M101 和 Y010 初始状态均为 0。

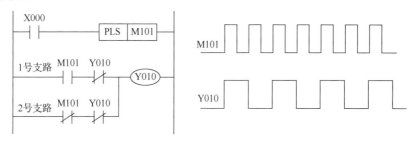

图 7-54　2 分频电路及波形

在第一个脉冲信号到来时，M101 产生一个扫描周期的单脉冲，在一个扫描周期内它的常开触点闭合，常闭触点断开，使 1 号支路接通，2 号支路断开，Y010 置 1。M101 产生的脉冲周期结束后，M101 置 0，又使 2 号支路接通，1 号支路断开，使 Y010 保持置 1。当第二个脉冲到来时，M101 再产生一个扫描周期的单脉冲，在 1 号支路中 Y101 常闭触点处于断开状态，对 Y010 的状态无影响，而在 2 号支路中 M101 常闭触点断开，使 Y010 的状态由 1 变为 0。第二个脉冲扫描周期结束后，M101 置 0，使 Y010 仍保持置 0。当第三个脉冲到来时，Y010 及 M101 的状态和第一个脉冲到来时完全相同，Y010 的状态变化重复上述过程。通过以上分析可知，X000 每输入 2 个脉冲，Y010 就产生一个脉冲，实现输入信号的 2 分频。

7.6　“经验”编程法

常见的编程应用方法称为“经验”编程法。“经验”编程法顾名思义就是依据设计者的设计经验进行设计的方法。它主要基于以下几点。

（1）从梯形图来看，PLC 编程的根本点是找出符合控制要求的系统各个输出的工作条件，这些条件又总是通过机内各种器件按一定的逻辑关系组合来实现的。

（2）梯形图的基本模式为启动－保护－停止电路。每个启动－保护－停止电路一般只针对一个输出，这个输出可以是系统的实际输出，也可以是中间变量。

（3）梯形图编程中有一些约定俗成的基本环节，它们都有一定的功能，可以在许多地方借以应用。

在编写以上各例程序的基础上，现将"经验"编程法步骤总结如下：

（1）在准确了解控制要求后，合理地为控制系统中的事件分配输入/输出端。选择必要的机内器件，如定时器、计数器、辅助继电器。

（2）对于一些控制要求较简单的输出，可直接写出它们的工作条件，依据启动－保护－停止电路模式完成相关梯形图支路的绘制。对工作条件稍复杂的，可借助辅助继电器。

（3）对于较复杂的控制要求，为了能用启动－保护－停止电路模式绘制出各输出端的梯形图，要正确分析控制要求，并确定组成总的控制要求的关键点。在空间类逻辑为主的控制中关键点为影响控制状态的点。例如，在抢答器应用例子中，主持人是否宣布开始、答题时间是否结束。在时间类逻辑为主的控制中（如交通灯），关键点为控制状态转换的时间。

（4）把关键点用梯形图表达出来。关键点总是用机内器件来代表的，应考虑并安排好关键点。在绘制关键点的梯形图时，可以使用常见的基本环节，如定时器计时环节、振荡环节、分频环节等。

（5）在完成关键点梯形图的基础上，针对系统最终的输出进行梯形图的绘制。使用关键点综合归纳满足整个系统的控制要求。

（6）审查以上草图，在此基础上，补充遗漏的功能，更正错误，进行最后的完善。

最后需要说明的是，"经验"编程法并无一定的章法可循。在设计过程中如发现初步的设计构想不能实现控制要求时，可换个角度试一试。当设计者的设计经历多起来时，"经验"编程法就会得心应手了。

习题及思考题

7-1　简述 FX₂N 系列可编程序控制器的基本单元、扩展单元和扩展模块的用途。

7-2　定时器和计数器各有哪些使用要素？如果梯形图线圈前的触点是工作条件，那么定时器和计数器的工作条件有什么不同？

7-3　画出与下列语句表对应的梯形图。

0	LD	X000	6	AND	X005	12	AND	M103
1	AND	X001	7	LD	X006	13	ORB	
2	LD	X002	8	AND	X007	14	AND	M102
3	ANI	X003	9	ORB		15	OUT	Y034
4	ORB		10	ANB		16	END	
5	LD	X004	11	LD	M101			

7-4 写出图 7-55 所示梯形图对应的指令表。

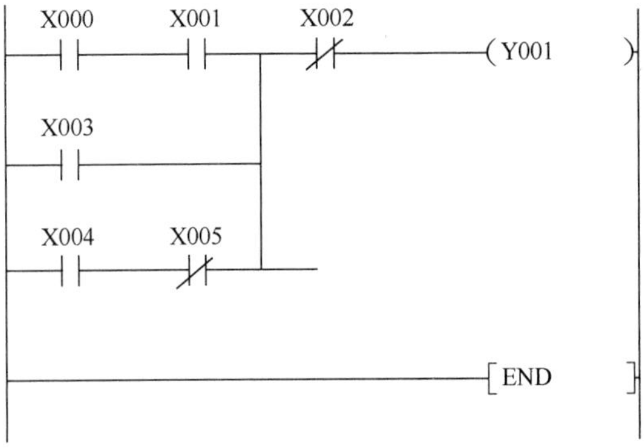

图 7-55 题 7-4 图

7-5 写出图 7-56 所示梯形图对应的指令表。

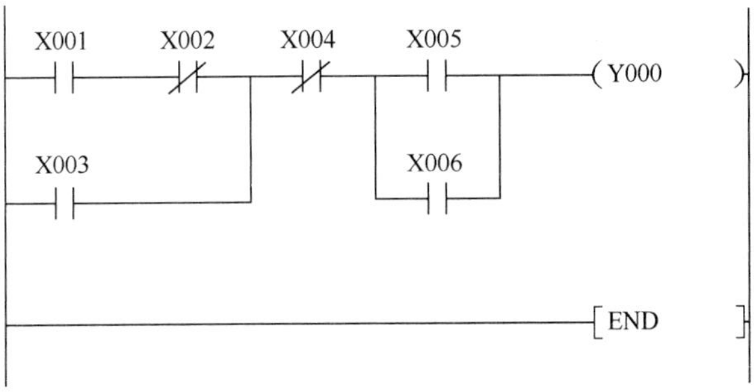

图 7-56 题 7-5 图

7-6 写出图 7-57 所示梯形图对应的指令表。

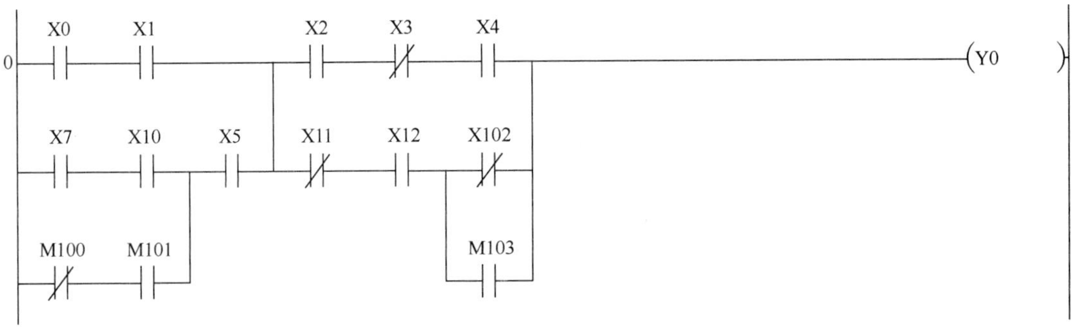

图 7-57 题 7-6 图

7-7　写出图 7-58 所示梯形图对应的指令表。

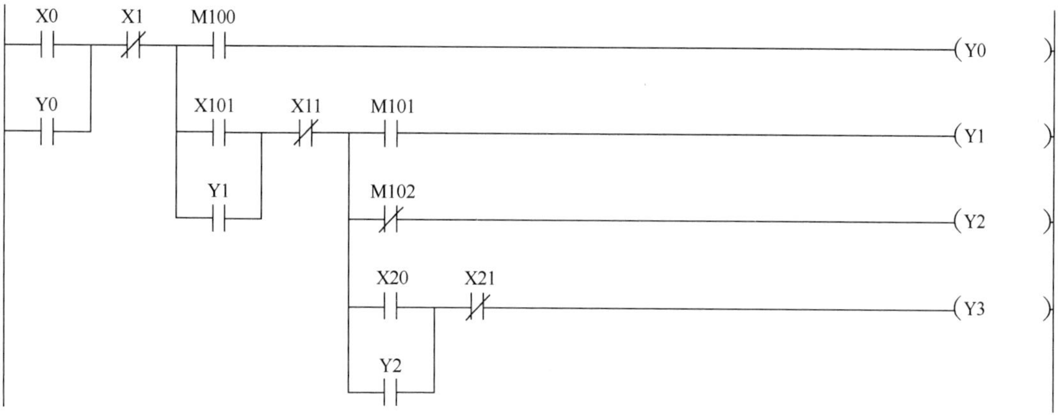

图 7-58　题 7-7 图

7-8　画出图 7-59 中 M206 的波形。

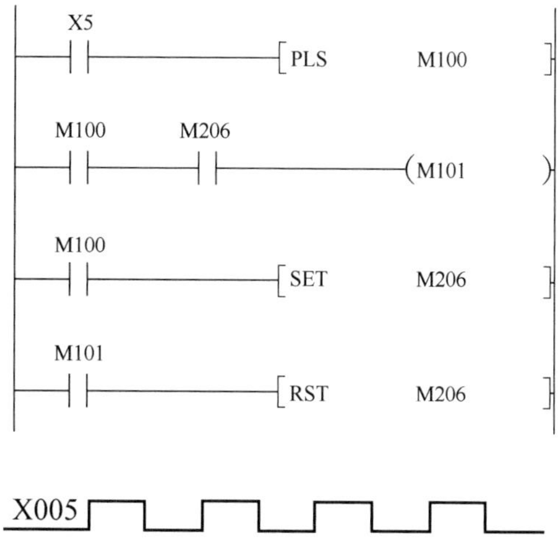

图 7-59　题 7-8 图

7-9　用主控指令画出图 7-60 中的等效电路，并写出指令表程序。

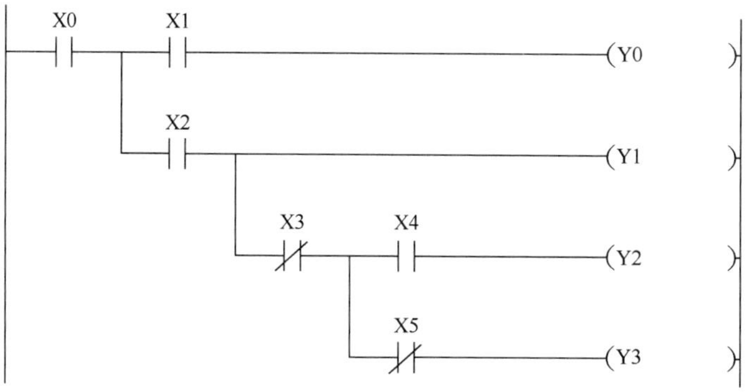

图 7-60　题 7-9 图

7-10　设计一个四组抢答器，任一组抢先按下按键后，显示器能及时显示该组的编号并使蜂鸣器发出响声，同时锁住抢答器，使其他组按下按键无效。该抢答器有复位开关，复位后可重新抢答，设计其 PLC 程序。

7-11　设计一个 PLC 控制系统，控制要求：按下启动按钮，第一台电动机启动，运行 5s 后，第二台电动机启动，运行 10s 后，第一台电动机停止，同时第三台电动机启动，运行 20s 后，3 台电动机全部停止。

第8章 »»»»»
可编程序控制器步进指令及状态编程法

流程作业的自动化控制系统一般都包含若干状态（也就是工步），当条件满足时，系统能够从一种状态转移到另一种状态，我们把这种控制称为顺序控制。针对顺序控制要求，可编程序控制器提供了顺序功能表图（SFC）编程法。顺序功能表图又称为状态转移图，由一系列状态（用 S 表示）组成。系统提供 S0～S999 共 1000 个状态供编程使用。

状态编程法即顺序功能表图编程法，它是程序编制的重要方法及工具。近年来不少可编程序控制器厂商结合此法开发了相关的指令。FX_{2N} 系列可编程序控制器的步进指令及大量的状态软元件就是为状态编程法安排的。

状态转移图是状态编程的重要工具，包含了状态编程的全部要素。进行状态编程时，一般先绘制出状态转移图，再把它转换成状态梯形图或指令表。

本章介绍状态编程法及状态转移图与状态梯形图对应关系。然后，说明常见状态转移图的编程方法，并结合实例介绍状态编程法在顺序控制中的应用。

8.1 步进指令与状态转移图表示方法

8.1.1 FX_{2N} 系列可编程序控制器步进指令及使用说明

1. FX_{2N} 系列可编程序控制器步进指令

很多生产设备的机械动作按照时间的先后次序，遵循一定规律顺序进行。针对这种顺序控制，FX_{2N} 系列可编程序控制器指令系统中有两条步进顺序控制指令，简称步进指令。利用步进指令可以将一个复杂的工作流程分解为若干较简单的工步，使每个工步的编程相对容易。因此，编程效率较高。

FX_{2N} 系列可编程序控制器步进指令有两条，其指令助记符与功能见表 8-1。

表 8-1　步进指令助记符与功能

指令助记符	名　称	功　能	状态梯形图的表示	程序步
STL	步进触点指令	步进触点驱动	S0~S899 ⊣ STL ├──{　├	1
RET	步进返回指令	步进程序结束返回	──────[RET　├	1

步进触点指令——STL，只有常开触点，它的右侧相当于一根新的内母线。因此，对与步进触点右侧连接的其他继电器触点，在编写语句表时要用指令 LD 或 LDI 开始。

步进返回指令——RET，用于状态（S）流程结束时，返回主程序（母线）。它只能与状态接点连接。RET 指令仅在最后一个状态的末行使用一次。

使用步进指令时应先设计状态转移图，再由状态转移图转换成状态梯形图。状态转移图中的每个状态表示顺序控制的每步工作的操作。因此，通过步进指令实现时间或位移等顺序控制的操作过程。使用步进指令不仅可以简单、直观地表示顺序操作的流程图，而且可以非常容易地设计多流程顺序控制，并且能够减少程序条数，使程序易于理解。

2. 步进指令的使用说明

（1）步进触点在状态梯形图中与左母线相连，具有主控制功能，STL 右侧相当于一条新母线，与之相连的触点以 LD 或 LDI 指令开始。RET 指令可以在一系列的 STL 指令最后安排返回，也可以在一系列的 STL 指令中需要中断返回主程序逻辑时使用。

（2）当步进触点接通时，其后面的电路才能按逻辑动作。若步进触点断开，则后面的电路则全部断开，相当于该段程序跳过。若需要保持输出结果，则可用 SET 和 RST 指令。

（3）栈操作指令 MPS/MRD/MPP 在状态内不能直接与步进触点后的内母线连接，应接在 LD 或 LDI 指令之后，如图 8-1 所示。在 STL 指令内允许使用跳转指令，但其操作复杂，厂家建议最好不使用。

（4）允许同一编号元件的线圈在不同的步进触点后面多次使用。但是应注意，同一编号的定时器线圈不能在相邻的状态中出现。在同一个程序段中，同一状态继电器地址编号只能使用一次。

（5）为了控制电动机正/反转时避免两个线圈同时接通短路，在状态内可实现输出线圈互锁，方法如图 8-2 所示。

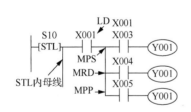

图 8-1　栈操作指令在状态内的正确使用

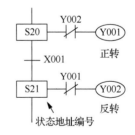

图 8-2　输出线圈的互锁电路

（6）每个状态的内母线上都将提供 3 种功能：

① 驱动负载（OUT　Yi）。

② 指定转移条件（LD/LDI　Xi）。

③ 指定转移目标（SET　Si）。

以上 3 项称为状态的三要素，后两个功能是必不可少的。

8.1.2　状态转移图的建立

状态转移图是状态编程法的重要工具。状态编程的一般设计思想如下：将一个复杂的控制过程分解为若干个工作状态,弄清各工作状态的工作细节(如状态功能、转移条件和转移方向),再依据总的控制顺序要求,将这些工作状态联系起来,构成状态转移图。

1. 状态转移图的组成

状态转移图主要由状态(工步)、动作、有向连线、转换条件等组成。在应用步进指令编程前,最好先绘制出状态转移图,然后根据状态转移图编写状态梯形图程序。状态转移图的组成如图 8-3(a)所示,图 8-3(b)为 3 台电动机按顺序启动的状态转移图。

(1)初始状态。一个步进控制系统必须有一个初始状态,初始状态对应步进程序运行的起点。初始状态用双线方框表示,初始状态应从初始状态继电器 S0~S9 中选择一个使用。

(2)状态。将一个步进程序分解为若干个工步,这些工步称为状态。状态符号用单线方框表示,每一个状态要使用一个通用状态继电器来表示,如 S20、S21、S22 状态。

(3)动作。状态符号方框右边用线条连接的符号为本状态下的控制对象,简称动作(允许某些状态无工作对象)。

(4)有向连线。有向连线表示状态的转移方向。在绘制状态转移图时,将代表各个状态的方框按先后顺序排列,并用有向连线将它们连接起来。表示从上到下或从左到右这两个方向的有向连线的箭头也可以省略。

(5)转换条件。状态之间的转换条件用与有向连线垂直的短划线来表示,将相邻两状态隔开。转换条件标注在转换短线的旁边。转换条件是与转换逻辑相关的触点,可以是常开触点、常闭触点或它们的组合。

(6)活动状态(各程序步只有被激发时才是活动步)。当状态继电器置位时,该状态便处于活动状态,相应的动作被执行;处于不活动状态时,相应的非保持型动作被停止。

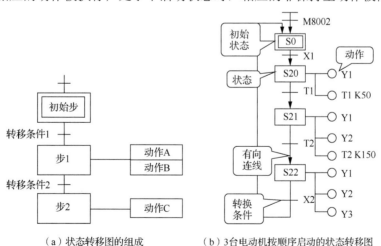

(a)状态转移图的组成　　　(b)3 台电动机按顺序启动的状态转移图

图 8-3　状态转移图的组成

状态转移图中的每个状态表示顺序控制的每步工作的操作,因此常用步进指令实现时间或位移等顺序控制的操作过程。

2. 状态转移图的分类

根据生产工艺和系统复杂程度的不同，SFC 的基本结构可分为单分支、选择分支、并行分支、循环分支 4 种。

（1）单分支：是由一系列相继执行的工步组成的，每一工步的后面只能有一个转移的条件，每个转移后面只有一个工步，如图 8-4（a）所示。

（2）选择分支：从多个分支流程中根据条件选择某一分支，状态转移到该分支执行，其他分支的转移条件不能同时满足，即每次只满足一个分支转移条件，称为选择性分支。图 8-4（b）中共有两个分支，根据分支转移条件 d、e 决定究竟选择哪一个分支。

（3）并行分支：满足某个条件后能使多个流程分支同时执行的分支流程，若在某一步执行完后，需要同时启动若干条分支，那么这种结构称为并行分支，如图 8-4（c）所示。

分支开始时采用双水平线将各个分支相连，双水平线上方需要一个转移。与转移对应的条件称为公共转移条件。若公共转移条件满足，则同时执行下列所有分支。水平线下方一般没有转移条件。

（4）循环分支：它用于一个顺序过程的多次反复执行，如图 8-4（d）所示。当 S21 步为活动步且满足转移条件 c 时，就回到 S0 步开始新一轮的循环。

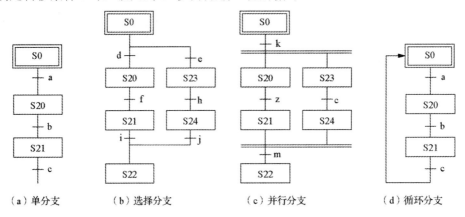

图 8-4 状态转移图的基本结构

3. 状态转移图的设计方法

根据上述方法，下面以自动运料小车的控制为例，介绍状态转移图的建立。自动运料小车的运动过程如图 8-5 所示。

自动运料小车往返一个工作周期的控制工艺要求：自动运料小车初始位置停在右侧限位开关 X1 等待装料。按下启动按钮 X3，打开料斗闸门，开始装料，8s 后关闭料斗的闸门，左移送料；碰到限位开关 X2 后停下，开始卸料，10s 后卸料完毕，右移返回；碰到限位开关 X1 后停止运行，完成一个工作周期。

通过自动运料小车的控制要求可知，该系统是按照时间的先后次序且遵循一定规律的典型顺序控制系统。自动运料小车的一个工作周期可以分为 4 个阶段，分别是装料、左移、卸料、右移返回原点。图 8-6 为自动运料小车的工步图。

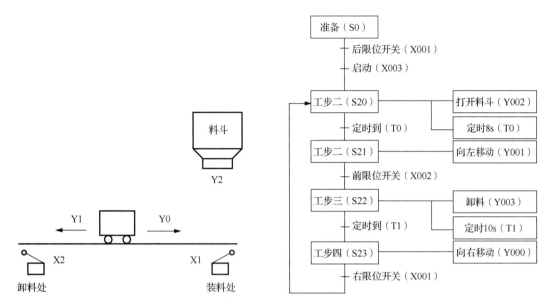

图 8-5　自动运料小车的运动过程　　　　图 8-6　自动运料小车的工步

为了使自动运料小车能够按照工艺要求顺序自动循环各个生产步骤。把自动运料小车的各个工步按工作顺序连接成图 8-6 所示的工步，把图中的"工步"更换为"状态"，就得到了状态转移图。

状态编程法的一般原则如下：

（1）把一个复杂的控制过程分解为若干工步。

（2）弄清各工步的工作细节（工步的功能、转移条件和转移方向）。

（3）依照总的控制顺序要求，把这些工步联系起来，形成状态转移图。

（4）编制梯形图程序。

8.1.3　典型案例分析

由自动运料小车的工艺要求可知，这是一个单分支顺序流程控制过程，设计其状态转移图的步骤如下。

（1）分配 I/O 地址。

输入信号：

　　　　　　启动——X3；

　　　　　　右限位——X1；

　　　　　　左限位——X2。

输出信号：

　　　　　　右行——Y0；

　　　　　　左行——Y1；

　　　　　　装料——Y2；

　　　　　　卸料——Y3。

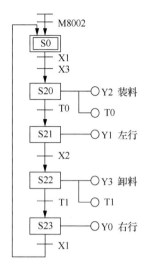

图 8-7　自动运料小车的状态转移图

（2）确定状态转移图的步数。将整个工作过程按工步进行分解，每个工步对应一个步（状态），工步的分配如下所示。

初始状态：S0；

装料：S20；

左行：S21；

卸料：S22；

右行：S23。

（3）绘制状态转移图。自动运料小车的状态转移图如图 8-7 所示。

（4）将状态转移图转换成状态梯形图和步进指令表。将图 8-7 转换成图 8-8 所对应的状态梯形图和步进指令表。由以上分析可看出，状态转移图基本上是以机械控制的流程表示状态（工步）的流程的，而状态梯形图全部由继电器表示控制流程的程序。

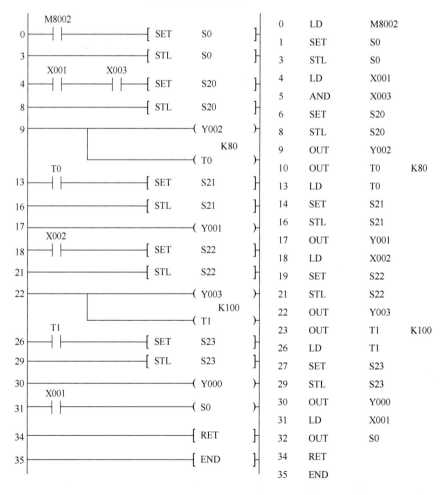

图 8-8　自动运料小车的状态梯形图和步进指令表

8.2　设计状态转移图的注意事项和规则

8.2.1　设计状态转移图的注意事项

（1）对状态编程时必须使用步进触点指令 STL。程序的最后必须使用步进返回指令 RET，返回主母线。

（2）初始状态的软元件用 S0～S9 表示，要用双框表示；中间状态软元件用 S20～S899 等状态表示，用单框表示。若需要在断电恢复后继续原状态运行时，可使用 S500～S899 断电保持状态元件。

（3）状态编程顺序：先进行驱动，再进行转移，不能颠倒顺序。

（4）当同一个负载需要连续多个状态驱动时，可使用多重输出。在状态程序中，不同时被"激活"的"双线圈"是允许的，如图 8-9（a）所示。另外，相邻状态使用的 T、C 元件，编号不能相同，如图 8-9（b）所示。

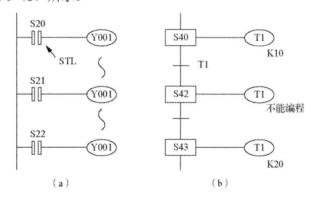

图 8-9　步进指令中输出编号说明

（5）初始状态可由其他状态驱动，但运行开始时必须用其他方法预先做好驱动准备；否则，状态流程不可能向下进行。一般用系统的初始条件，若无初始条件，可用 M8002（PLC 从 STOP→RUN 切换时的初始脉冲）进行驱动。

（6）在 STL 与 RET 指令之间不能使用 MC、MCR 指令。

8.2.2　设计状态转移图的规则

（1）若向上转移（称为重复）、向非相连的下面转移或向其他流程状态转移（称为跳转），称为顺序不连续转移。顺序不连续转移的状态不能使用 SET 指令，要用 OUT 指令进行状态转移，并要在状态转移图中用"↓"符号表示转移目标，如图 8-10 所示。

（2）在流程中要表示状态的自复位处理时，要用" ⤓"符号表示，自复位状态在程序中用 RST 指令表示，如图 8-11 所示。

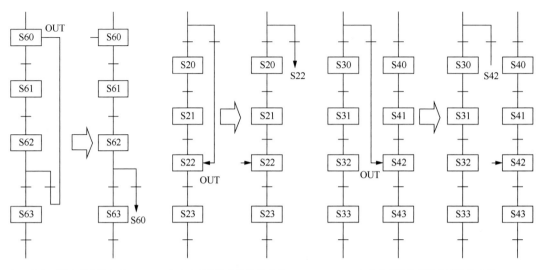

（a）向上面状态转移的表示　　　（b）向下面状态转移的表示　　　（c）向其他流程状态转移的表示

图 8-10　非连续转移在状态转移图中的表示

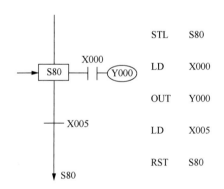

图 8-11　自复位表示方法

（3）状态转移图中的转移条件不能使用 ANB，ORB，MPS，MRD，MPP 指令，如图8-12所示。

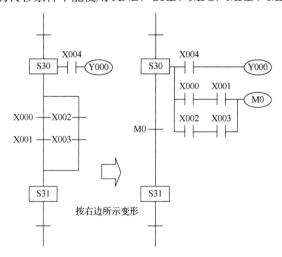

图 8-12　复杂转移条件的处理

（4）状态转移图中的连接线不能和流程交叉，其交叉流程的处理如图 8-13 所示。

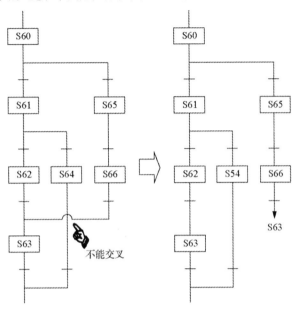

图 8-13　状态转移图中交叉流程的处理

为了有效地设计状态转移图，常需要采用表 8-2 所列的特殊用途辅助继电器。

表 8-2　状态转移图中常用特殊用途辅助继电器的功能

地址编号	名　称	功　　　能
M8000	RUN 监视器	可编程序控制器在运行过程中，它一直处于接通状态，可作为驱动所需的程序输入条件与表示可编程序控制器的运行状态来使用
M8002	初始脉冲	在可编程序控制器接通瞬间，产生 1 个扫描周期的接通信号，用于程序的初始设定与初始状态的置位
M8040	禁止转移	在驱动该继电器时，禁止在所有程序步之间转移。在禁止转移状态下，状态内的程序仍然动作。因此，输出线圈等不会自动断开
M8046	STL 动作	任一状态接通时，M8046 仍自动接通，可用于避免与其他流程同时启动，也可用作工步的动作标志
M8047	STL 监视器有效	在驱动该继电器时，编程功能可自动读出正在动作中的状态地址编号

8.3　多流程步进顺序控制

在顺序控制中，经常需要按不同的条件转向不同的分支，或者在同一条件下转向多路分支。当然，还可能需要跳过某些操作或重复某种操作。也就是说，在控制过程中可能具有两个以上的顺序动作过程，其状态转移流程图也具有两个以上的状态转移分支，这样的状态转移图称为多流程步进顺序控制。常用的状态转移图的基本结构有单流程、选择性分支、并行分支和跳转与循环 4 种结构。

8.3.1 单流程结构程序

所谓单流程结构，就是由一系列相继执行的工步组成的单条流程。其特点如下：

① 每一工步的后面只能有一个转移的条件且转向仅有一个工步。

② 状态不必按顺序编号，其他流程的状态也可以作为状态转移的条件。第一节中讨论的自动运料小车往返控制 SFC 就是这类结构。下面再分析一例关于 3 台电动机顺序启动控制系统。

3 台电动机顺序启动控制要求：某设备有 3 台电动机，按下启动按钮，第一台电动机 M1 启动；运行 5s 后，第二台电动机 M2 启动；M2 运行 15s 后，第三台电动机 M3 启动。按下停止按钮后，3 台电动机全部停止。设计其状态转移图的步骤如下。

1．分配 I/O 地址

输入信号：

    启动——X1；

    停止——X2。

输出信号：

    M1——Y1；

    M2——Y2；

    M3——Y3；

2．绘制工步图和状态转移图

根据 3 台电动机顺序启动控制要求，绘制其工步图，如图 8-14 所示。然后，由工步图绘制出对应的状态转移图，如图 8-15 所示。

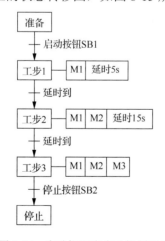

图 8-14　电动机顺序启动控制工步

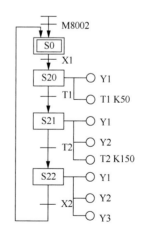

图 8-15　电动机顺序启动状态转移图

3．将状态转移图转换成状态梯形图

将图 8-15 转换成图 8-16 所对应的状态梯形图和步进指令表。

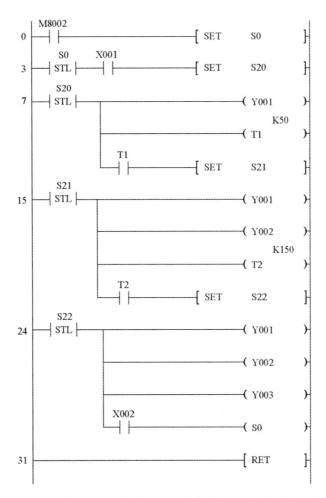

图 8-16　3 台电动机顺序启动控制的状态梯形图和步进指令表

8.3.2　选择性分支结构程序

1. 选择性分支的状态转移图的特点

根据条件从多个分支流程中选择某一分支，状态转移到该分支执行，其他分支的转移条件不能同时满足，即每次只满足一个分支转移条件，称为选择性分支。图 8-17 就是一个选择性分支的状态转移图，其特点如下：

（1）该状态转移图有 3 个分支流程顺序。

（2）S20 为分支状态。根据不同的条件（X000、X010、X020），选择执行其中的一个分支流程。当 X000 的状态为 ON 时执行第一分支流程；当 X010 的状态为 ON 时，执行第二分支流程；当 X020 的状态为 ON 时，执行第三分支流程。X000，X010，X020 不能同时为 ON。

（3）S50 为汇合状态，可由 S22、S32、S42 任一状态驱动。

2. 选择性分支、汇合的编程

编程原则是先集中处理分支状态编程，然后再集中处理汇合状态编程。

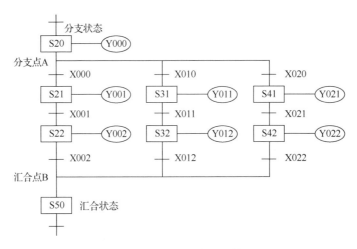

图 8-17　选择性分支的状态转移图

1）分支状态的编程

分支状态的编程方法是先对分支状态 S20 进行驱动处理（OUT　Y000），然后按 S21、S31、S41 的顺序进行转移处理。图 8-17 的分支状态 S20 如图 8-18（a）所示，图 8-18（b）是分支状态 S20 的编程。

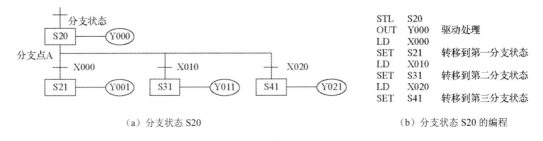

（a）分支状态 S20　　　　　　　　　　　　　　　（b）分支状态 S20 的编程

图 8-18　分支状态 S20 及其编程

2）汇合状态的编程

汇合状态的编程方法是先依次对 S21、S22、S31、S32、S41、S42 状态进行汇合前的输出处理编程，然后按顺序从 S22（第一分支）、S32（第二分支）、S42（第三分支）向汇合状态 S50 转移编程。

图 8-17 中的汇合状态 S50 的转移图，如图 8-19（a）所示，图 8-19（b）是其各分支汇合前的输出处理和向汇合状态 S50 转移的编程。

3. 选择性分支状态转移图及编程实例

在多分支结构中，根据不同的转移条件选择其中的某一个分支流程，这就是选择结构流程控制。以自动运料小车运送 3 种原料的控制为例，介绍选择结构的状态转移图、状态梯形图和步进指令表程序的编程。

控制要求：按下启动按钮，自动运料小车在左面装料处（X3 限位）从 a、b、c 3 种原料中选择一种装入，右行送料；自动地把原料卸在 A、B、C 处，然后左行返回装料处。自动运料小车的工作过程示意如图 8-20 所示。设计其状态转移图的步骤如下。

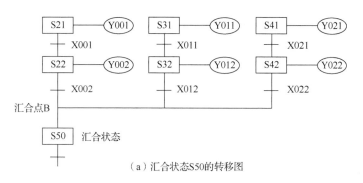

（a）汇合状态S50的转移图

STL S21	第一分支汇合前的输出处理	STL S32	
OUT Y001		OUT Y012	
LD X001		LD X012	
SET S22		SET S50	第二分支向S50转移
STL S22		STL S41	第三分支汇合前的输出处理
OUT Y002		OUT Y021	
LD X002		LD X021	
SET S50	第一分支向S50转移	SET S42	
STL S31	第二分支汇合前的输出处理	STL S42	
OUT Y011		OUT Y022	
LD X011		LD X022	
SET S32		SET S52	第三分支向S50转移

（b）各分支汇合前的输出处理和向汇合状态S50转移的编程

图 8-19　汇合状态 S50 的转移图及其编程

1）分配 I/O 地址

用开关 X1、X0 的状态组合选择在何处卸料。

X1，X0=11，即 X1 和 X0 均闭合，选择卸料在 A 处（代表装的是 A 原料）。

X1，X0=10，即 X1 闭合，X0 断开，选择卸料在 B 处（代表装的是 B 原料）。

X1，X0=01，即 X1 断开，X0 闭合，选择卸料在 C 处（代表装的是 C 原料）。

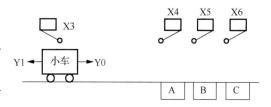

图 8-20　自动运料小车的工作过程示意

输入信号：

X0——原料选择开关

X1——原料选择开关

X2——启动按钮

X3——左限位

X4——A 处位置

X5——B 处位置

X6——C 处位置

输出信号：

Y0——装料

Y1——右行

Y2——卸料

Y3——左行

2）绘制状态转移图

根据自动运料小车的控制要求，绘制其状态转移图，如图8-21所示。

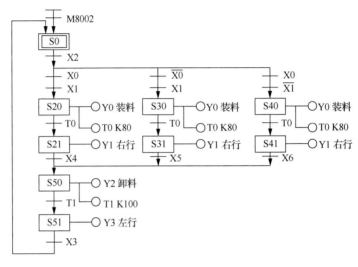

图8-21　自动运料小车的状态转移图

3）将状态转移图转换成状态梯形图和步进指令表

根据图8-21的状态转移图，绘制对应的状态梯形图和步进指令表，分别如图8-22和图8-23所示。

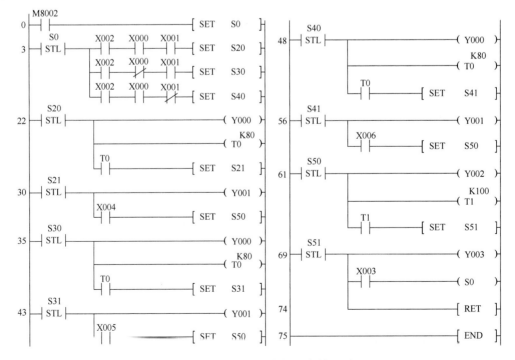

图8-22　自动运料小车的状态梯形图

LD	M8002	AND	X001	LD	T0	LD	T0	LD	T0	LD	T1
SET	S0	SET	S30	SET	S21	SET	S31	SET	S41	SET	S51
STL	S0	LD	X002	STL	S21	STL	S31	STL	S41	STL	S51
LD	X002	AND	X000	OUT	Y001	OUT	Y001	OUT	Y001	OUT	Y003
AND	X000	ANI	X001	LD	X004	LD	X005	LD	X006	LD	X003
AND	X001	SET	S40	SET	S50	SET	S50	SET	S50	OUT	S0
SET	S20	STL	S20	STL	S30	STL	S40	STL	S50	RET	
LD	X002	OUT	Y000	OUT	Y000	OUT	Y000	OUT	Y002	END	
ANI	X000	OUT	T0 K80	OUT	T0 K80	OUT	T0 K80	OUT	T1 K100		

图 8-23　自动运料小车的步进指令表

8.3.3　并行分支结构程序

1. 并行分支状态转移图及其特点

满足某个条件后使多个流程分支同时执行的分支流程称为并行分支，并行分支状态转移图及其程序如图 8-24 所示。在如图 8-24（a）中，当 X000 接通时，状态同时转移，使 S21、S31 和 S41 同时置位，3 个分支同时运行；只有在 S22、S32 和 S42 都运行结束后接通 X002，才能使 S30 置位，并使 S22、S32 和 S42 同时复位。

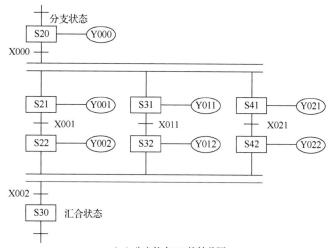

（a）分支状态S20的转移图

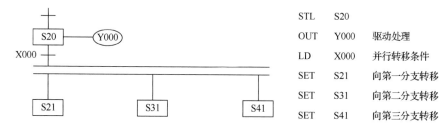

		STL	S20	
		OUT	Y000	驱动处理
		LD	X000	并行转移条件
		SET	S21	向第一分支转移
		SET	S31	向第二分支转移
		SET	S41	向第三分支转移

（b）并行分支状态程序

图 8-24　并行分支状态转移图及其程序

2. 并行分支状态转移图的编程

并行分支状态转移图的编程原则是先集中进行并行分支处理，再集中进行汇合处理。

1）并行分支的编程

并行分支的编程方法是先对分支状态进行驱动处理，然后按分支顺序进行状态转移处理。例如，图 8-24（a）为分支状态 S20 的转移图，图 8-24（b）是并行分支状态程序。

2）并行汇合处理编程

并行汇合的编程方法是先进行汇合前状态的驱动处理，然后按顺序进行汇合状态的转移处理。

按照并行汇合的编程方法，应先进行汇合前的输出处理，即按分支顺序对 S21，S22，S31，S32，S41，S42 进行输出处理，然后依次进行从 S22，S32，S42 到 S30 的转移。图 8-25（a）为并行汇合状态 S30，图 8-25（b）是各分支汇合前的输出处理和向汇合状态 S30 转移的编程。

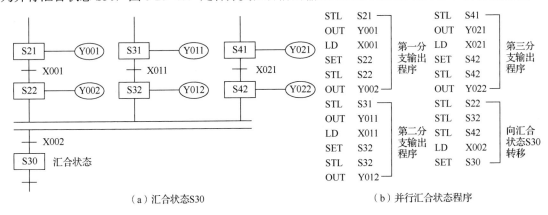

（a）汇合状态S30　　　　　　　　　（b）并行汇合状态程序

图 8-25　并行汇合的编程

3. 并行分支、汇合编程实例

以交通信号灯为例，交通信号灯一个周期（20s）的时序图如图 8-26 所示。南北方向信号灯和东西方向信号灯同时工作，在 0～7s，东西方向信号灯中的绿灯亮，南北方向信号灯中的

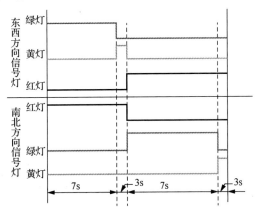

图 8-26　交通信号灯的工作时序图

红灯亮；7～10s，东西方向信号灯中黄灯亮，南北方向信号灯中的红灯亮；10～17s，东西方向信号灯中的红灯亮，南北方向信号灯中的绿灯亮；17～20s，东西方向信号灯中的红灯亮，南北方向信号灯中的黄灯亮。根据以上信息，设计状态转移图。

1）分配 I/O 地址

根据交通信号灯 I/O 地址的分配，绘制交通信号灯的 I/O 接线图，如图 8-27 所示。

输入信号：

　　X0——启动按钮 SB1

　　X1——停止按钮 SB2

输出信号：

　　Y1——东西绿灯

　　Y2——东西黄灯

　　Y3——东西红灯

　　Y4——南北红灯

　　Y5——南北绿灯

　　Y6——南北黄灯

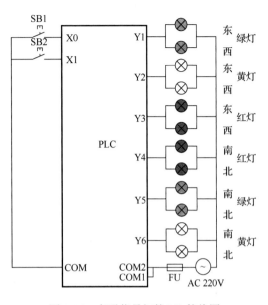

图 8-27　交通信号灯的 I/O 接线图

2）绘制状态转移图

根据交通信号灯的控制要求，绘制其状态转移图，如图 8-28 所示。

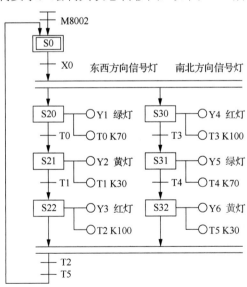

图 8-28　交通信号灯的状态转移图

3）将状态转移图转换成状态梯形图和步进指令表

根据图 8-28 的状态转移图，绘制对应的状态梯形图和步进指令表，如图 8-29 和图 8-30 所示。

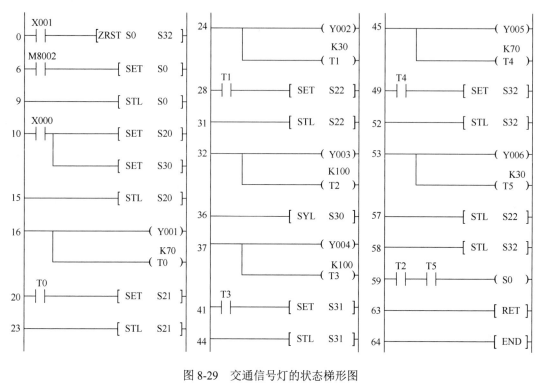

图 8-29　交通信号灯的状态梯形图

LD	X001	OUT	Y002	OUT	Y005
ZRST	S0 S32	OUT	T1 K30	OUT	T4 K70
LD	M8002	LD	T1	LD	T4
SET	S0	SET	S22	SET	S32
STL	S0	STL	S22	STL	S32
LD	X000	OUT	Y003	OUT	Y006
SET	S20	OUT	T2 K100	OUT	T5 K30
SET	S30	STL	S30	STL	S22
STL	S20	OUT	Y004	STL	S32
OUT	Y001	OUT	T3 K100	LD	T2
OUT	T0 K70	LD	T3	AND	T5
LD	T0	SET	S31	OUT	S0
SET	S21	STL	S31	RET	
STL	S21			END	

图 8-30　交通信号灯的步进指令表

8.3.4　跳转与循环结构

跳转与循环是选择性分支的一种特殊形式。若满足某一转移条件，程序跳过几个状态往下继续执行，这是正向跳转；若要程序返回到上面某个状态再开始往下继续执行，这是逆向跳转，也称为循环。

任何复杂的控制过程均可以由以上所介绍的 4 种结构组合而成。图 8-31 所示就是跳转与循环结构的状态转移图和状态梯形图。

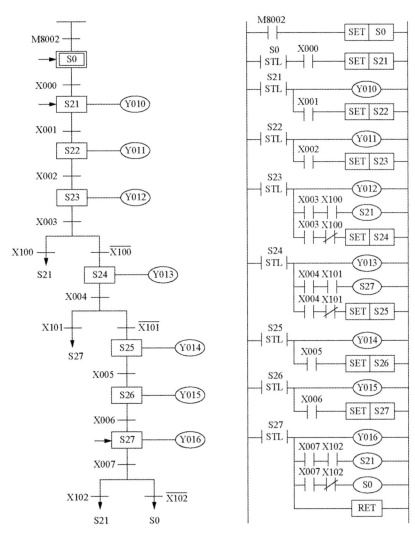

图 8-31　跳转与循环结构的状态转移图和状态梯形图

在图 8-30 中：

在 S23 工作时，若 X003 和 X100 均接通，则进入逆向跳转，返回到 S21 重新开始执行（循环工作）。

若 X100 断开，则 X100 常闭触点闭合，程序则按顺序往下执行 S24。

当 X004 和 X101 均接通时，程序由 S24 直接转移到 S27 状态，跳过 S25 和 S26，执行状态 S27，为正向跳转。

当 X007 和 X102 均接通时，程序将返回到 S21 状态，逆向跳转，开始新的工作循环。

当 X102 断开，X102 常闭触点闭合时，程序返回到预备工作状态 S0，等待新的启动命令。

跳转与循环的条件，可以由现场的行程（位置）获取，也可以用计数方法确定循环次数，在时间控制中可以用定时器来确定。

习题与思考题

8-1 说明状态编程法的特点及其适用场合。

8-2 假设选择性分支状态转移图如图 8-32 所示，试绘制其状态梯形图并对其进行编程。

8-3 假设选择性分支状态转移图如图 8-33 所示，试绘制其状态梯形图并对其进行编程。

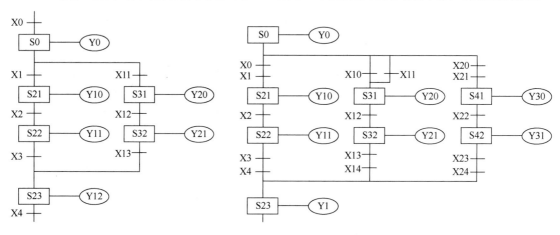

图 8-32 题 8-2 的选择性分支状态转移图   图 8-33 题 8-3 的选择性分支状态转移图

8-4 假设并行分支状态转移图如图 8-34 所示，试绘制其状态梯形图并对其进行编程。

8-5 假设并行分支状态转移图如图 8-35 所示，试绘制其状态梯形图并对其进行编程。

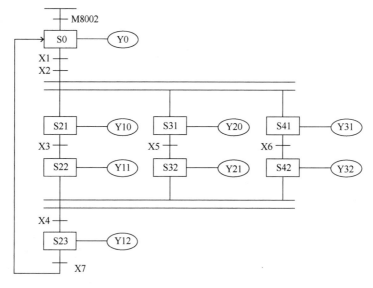

图 8-34 题 8-4 的并行分支状态转移图

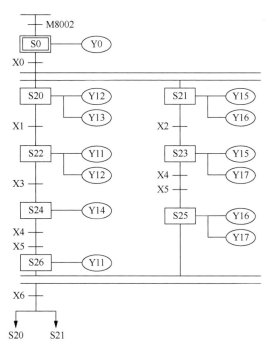

图 8-35　题 8-5 的并行分支状态转移图

8-6　根据交通信号灯的工作时序图（见图 8-36），试绘制对应的状态转移图和状态梯形图。

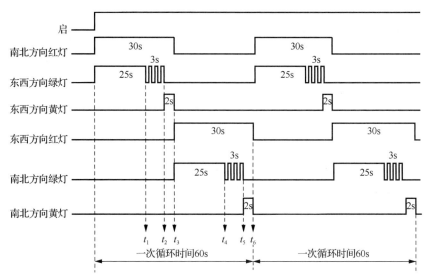

图 8-36　交通信号灯的工作时序图

第9章

可编程序控制器应用指令及编程

第 7~8 章对可编程序控制器的指令编程基于继电器、定时器、计数器类软元件，主要用于逻辑处理。作为工业控制计算机，这些显然是不够的。现代工业控制计算机在许多场合需要具备数据处理能力，如数据的传送、运算、变换及程序控制等，可编程序控制器就具备这些数据处理能力，它是通过应用指令（Applied Instruction）或功能指令（Functional Instruction）实现数据处理的。近年来，应用指令向综合性迈进了一大步，出现了很多种只需要一条指令就能实现以往需要大段程序才能完成某种任务的指令，如 PID 应用、表应用等。这类指令实际上就是一个个应用完整的子程序，大大提高了可编程序控制器的实用价值和普及率。

FX$_{2N}$ 系列可编程序控制器是 FX 系列中高档次的超小型化、高速、高性能产品，具有 128 种 298 条应用指令。这些指令分为程序控制、传送与比较、四则运算与逻辑运算、循环移位、数据处理、高速处理、便利指令、外部设备 I/O 处理、浮点操作、时钟运算、格雷码转换、触点比较等类型。

9.1 应用指令基本要素及其表达方式

9.1.1 应用指令介绍

设计任何一个可编程序控制器控制系统，如同设计任何一种电气控制系统一样，其目的都是通过控制被控对象（生 FX 系列可编程序控制器应用指令依据应用不同，可分为数据处理类、程序控制类、特种应用类和外部设备类等。应用指令主要解决数据处理任务，而数据处理类指令多数量大、使用频繁，又可分为传送与比较、四则运算与逻辑运算、移位、编码、译码等。

应用指令不含表达梯形图符号相互关系的成分，而是直接表达指令要做什么操作。FX 系列可编程序控制器在梯形图中一般使用应用框表达应用指令，在如图 9-1 所示的移位指令的梯形图中，M8002 的常开触点是应用指令的执行条件，其后面的方框即应用框。应用框中的分栏表示指令的名称、相关数据或数据的存储地址。这种表达方式的优点是直观，稍有计算机程序知识的人，马上可以领悟指令的应用意义。图 9-1 中指令的应用意义如下：当 M8002 接通时，十进制数 245 将被输送到数据寄存器 D501 中。

使用应用指令时，需注意指令的要素。下面以加法指令为例说明其表达方式及各个要求，图 9-2 和表 9-1 给出了加法指令的表达方式各个要素及其注释。

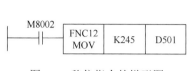

图 9-1　移位指令的梯形图

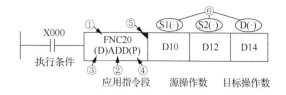

图 9-2　加法指令的表达方式及各个要素

表 9-1　加法指令各个要素注释

指令名称	指令代码	助记符	操作数范围			程序步
			S1（·）	S2（·）	D（·）	
加法	FNC 20 （16 / 32）	ADD ADD（P）	K、H KnX、KnY、KnM、KnS T、C、D、V、Z		KnY、KnM、KnS T、C、D、V、Z	ADD、ADDP…7 步 DADD、DADDP…13 步

图 9-2 及表 9-1 中应用指令的要素意义如下。

（1）应用指令的编号：每条应用指令都有一定的编号，即指令代码。在使用简易编程器的场合，输入应用指令时，首先输入的就是指令代码。如图 9-2 中①所示的就是指令代码。

（2）助记符：应用指令的助记符是该指令的英文缩写词。例如，加法指令"ADDITION"简写为 ADD。这种方式容易使人了解指令的应用，如图 9-2 中的②所示。

（3）数据长度：根据处理数据的长度应用指令分为 16 位指令和 32 位指令。其中 32 位指令用（D）符号表示，无（D）符号的为 16 位指令。图 9-2 中的③为数据长度符号。

（4）执行形式：应用指令有脉冲执行型指令和连续执行型指令。指令中标有（P）的，为脉冲执行型如图 9-2 中④所示。脉冲执行型指令在满足执行条件时仅执行一个扫描周期。这点对数据处理有很重要的意义。例如，一条加法指令在脉冲执行时，只把加数和被加数进行一次加法运算。而连续执行型指令在满足执行条件时，每个扫描周期都要相加一次，使目标操作数内容发生变化，对需要引起注意的指令，在指令标示栏右上角用"◥"符号警示，如图 9-2 中的⑤所示。

（5）操作数：操作数是指应用指令涉或产生的数据。操作数分为源操作数、目标操作数及其他操作数；源操作数是指指令执行后不改变其内容的操作数，用[S（·）]表示；目标操作数是指指令执行后将改变其内容的操作数，用[D（·）]表示，如图 9-2 中的⑥所示。其他操作数用 m 与 n 表示，其他操作数常用来表示常数或对源操作数和目标操作数进行补充说明。表示常数时，K 代表十进制，H 代表十六进制。在一条指令中，源操作数、目标操作数及其他操作数都可能不止一个，也可以一个都没有。当某种操作数较多时，可用标点符号区别，如[S1（·）]、[S2（·）]。

从根本上来说，操作数是参加运算数据的地址。地址是根据元件的类型分布在存储区中的。由于不同指令对参与操作的元件类型有一定限制，因此操作数的取值就有一定的范围。正确地选取操作数类型，对正确使用指令有很重要的意义。若想了解这些内容，可查阅相关手册。

（6）变址应用：操作数具有变址应用。后面标有"（·）"的操作数为具有变址应用的操作数，如[S（·）]、[D（·）]等。

（7）程序步：程序步为执行该指令所需的步数。指令代码和指令助记符占一个程序步，每个操作数占 2 个或 4 个程序步（16 位操作数占 2 个程序步，32 位操作数占 4 个程序步）。因此，一般 16 位指令为 7 个程序步，32 位指令为 13 个程序步。

在了解以上要素之后，就可以通过查阅相关手册了解应用指令的用法了。图 9-2 所示的应用指令代码为 20，它 32 位加法指令，是脉冲执行型指令。当它的执行条件 X000 置"1"时，数据寄存器 D10 和 D12 内的数据相加，结果存入 D14 中。

9.1.2　应用指令的通用格式

以上是应用指令的基本情况介绍，可以从中总结出应用指令的通用格式，该格式包括以下几点。

（1）指令代码。如 FNC00～FNC246。

（2）助记符。

（3）数据长度。

（4）执行形式。

（5）操作数。

① [S]源操作数。其内容不随指令执行而变化。

② [D]目标操作数。其内容随指令的执行而变化。

③ [m]与[n]其他操作数。通常用来表示常数，或者作为源操作数和目标操作数的补充。注释可用[m1]、[m2]等表示。

这些操作数的形式如下：

位元件 X、Y、M、S。

常数 K（十进制）、H（十六进制）或指针 P。

字元件 T、C、D、V、Z。

由位元件 X、Y、M、S 的位指定组成字元件 KnX、KnY、KnM、KnS。

表 9-2 归纳了 FX 系列可编程序控制器的应用指令，主要给出指令的分类、代码、助记符、功能及其对不同型号可编程序控制器的适用性。在实际应用时可以查询本表，了解一些应用指令的基本情况，然后通过学习其各个要素的表示含义，进行程序的编写或阅读。

表 9-2　FX 系列可编程序控制器的应用指令

分类	指令代码	助记符	功　　能	对应不同型号的可编程序控制器				
				FX$_{0S}$	FX$_{0N}$	FX$_{1S}$	FX$_{1N}$	FX$_{2N}$
程序流程	0	CJ	条件跳转	√	√	√	√	√
	1	CALL	子程序调用	×	×	√	√	√
	2	SRET	子程序返回	×	×	√	√	√
	3	IRET	中断返回	√	√	√	√	√
	4	EI	开中断	√	√	√	√	√
	5	DI	关中断	√	√	√	√	√
	6	FEND	主程序结束	√	√	√	√	√
	7	WDT	监视定时器刷新	√	√	√	√	√
	8	FOR	循环的起点与次数	√	√	√	√	√
	9	NEXT	循环的终点	√	√	√	√	√

续表

分类	指令代码	助记符	功　　能	对应不同型号的可编程序控制器				
				FX_{0S}	FX_{0N}	FX_{1S}	FX_{1N}	FX_{2N}
传送与比较	10	CMP	比较	√	√	√	√	√
	11	ZCP	区间比较	√	√	√	√	√
	12	MOV	传送	√	√	√	√	√
	13	SMOV	位传送	×	×	×	×	√
	14	CML	取反传送	×	×	×	×	√
	15	BMOV	成批传送	×	√	√	√	√
	16	FMOV	多点传送	×	×	×	×	√
	17	XCH	交换	×	×	×	×	√
	18	BCD	二进制转换成 BCD 码	√	√	√	√	√
	19	BIN	BCD 码转换成二进制	√	√	√	√	√
算术与逻辑运算	20	ADD	二进制加法运算	√	√	√	√	√
	21	SUB	二进制减法运算	√	√	√	√	√
	22	MUL	二进制乘法运算	√	√	√	√	√
	23	DIV	二进制除法运算	√	√	√	√	√
	24	INC	二进制加 1 运算	√	√	√	√	√
	25	DEC	二进制减 1 运算	√	√	√	√	√
	26	WAND	字逻辑与	√	√	√	√	√
	27	WOR	字逻辑或	√	√	√	√	√
	28	WXOR	字逻辑异或	√	√	√	√	√
	29	NEG	求二进制补码	×	×	×	×	√
循环与移位	30	ROR	循环右移	×	×	×	×	√
	31	ROL	循环左移	×	×	×	×	√
	32	RCR	带进位右移	×	×	×	×	√
	33	RCL	带进位左移	×	×	×	×	√
	34	SFTR	位右移	√	√	√	√	√
	35	SFTL	位左移	√	√	√	√	√
	36	WSFR	字右移	×	×	×	×	√
	37	WSFL	字左移	×	×	×	×	√
	38	SFWR	FIFO（先入先出）写入	×	×	√	√	√
	39	SFRD	FIFO（先入先出）读出	×	×	√	√	√
数据处理	40	ZRST	区间复位	√	√	√	√	√
	41	DECO	解码	√	√	√	√	√
	42	ENCO	编码	√	√	√	√	√
	43	SUM	统计 ON 位数	×	×	×	×	√
	44	BON	查询位某状态	×	×	×	×	√
	45	MEAN	求平均值	×	×	×	×	√
	46	ANS	报警器置位	×	×	×	×	√
	47	ANR	报警器复位	×	×	×	×	√
	48	SQR	求平方根	×	×	×	×	√
	49	FLT	整数与浮点数转换	×	×	×	×	√

续表

分类	指令代码	助记符	功　能	对应不同型号的可编程序控制器				
				FX$_{0S}$	FX$_{0N}$	FX$_{1S}$	FX$_{1N}$	FX$_{2N}$
高速处理	50	REF	输入/输出刷新	√	√	√	√	√
	51	REFF	输入滤波时间调整	×	×	×	×	√
	52	METR	矩阵输入	×	×	√	√	√
	53	HSCS	比较置位（高速计数用）	×	√	√	√	√
	54	HSCR	比较复位（高速计数用）	×	√	√	√	√
	55	HSZ	区间比较（高速计数用）	×	×	×	×	√
	56	SPD	脉冲密度	×	×	√	√	√
	57	PLSY	指定频率脉冲输出	√	√	√	√	√
	58	PWM	脉宽调制输出	√	√	√	√	√
	59	PLSR	带加减速脉冲输出	×	×	×	√	√
方便指令	60	IST	状态初始化	√	√	√	√	√
	61	SER	数据查找	×	×	×	×	√
	62	ABSD	凸轮控制（绝对式）	×	×	×	√	√
	63	INCD	凸轮控制（增量式）	×	×	×	√	√
	64	TTMR	示教定时器	×	×	×	×	√
	65	STMR	特殊定时器	×	×	×	×	√
	66	ALT	交替输出	√	√	√	√	√
	67	RAMP	斜波信号	√	√	√	√	√
	68	ROTC	旋转工作台控制	×	×	×	×	√
	69	SORT	列表数据排序	×	×	×	×	√
外部 I/O 设备	70	TKY	10 键输入	×	×	×	×	√
	71	HKY	16 键输入	×	×	×	×	√
	72	DSW	BCD 数字开关输入	×	×	√	√	√
	73	SEGD	七段码译码	×	×	×	×	√
	74	SEGL	七段码分时显示	×	×	√	√	√
	75	ARWS	方向开关	×	×	×	×	√
	76	ASC	ASCI 码转换	×	×	×	×	√
	77	RR	ASCI 码打印输出	×	×	×	×	√
	78	FROM	BFM 读出	×	√	×	√	√
	79	TO	BFM 写入	×	√	×	√	√
外部设备	80	RS	串行数据传送	×	√	√	√	√
	81	PRUN	八进制位传送（#）	×	×	×	√	√
	82	ASCI	十六进制转换成 ASCI 码	×	√	√	√	√
	83	HEX	ASCI 码转换成十六进制	×	√	√	√	√
	84	CCD	校验	×	√	√	√	√
	85	VRRD	电位器变量输入	×	×	√	√	√
	86	VRSC	电位器变量区间	×	×	√	√	√
	88	PID	PID 运算	×	×	√	√	√
浮点数运算	110	ECMP	二进制浮点数比较	×	×	×	×	√
	111	EZCP	二进制浮点数区间比较	×	×	×	×	√
	118	EBCD	二进制浮点数→十进制浮点数	×	×	×	×	√
	119	EBIN	十进制浮点数→二进制浮点数	×	×	×	×	√

续表

分类	指令代码	助记符	功　　能	对应不同型号的可编程序控制器				
				FX$_{0S}$	FX$_{0N}$	FX$_{1S}$	FX$_{1N}$	FX$_{2N}$
浮点数运算	120	EADD	二进制浮点数加法	×	×	×	×	√
	121	EUSB	二进制浮点数减法	×	×	×	×	√
	122	EMUL	二进制浮点数乘法	×	×	×	×	√
	123	EDIV	二进制浮点数除法	×	×	×	×	√
	127	ESQR	二进制浮点数开平方	×	×	×	×	√
	129	INT	二进制浮点数→二进制整数	×	×	×	×	√
	130	SIN	二进制浮点数 sin 运算	×	×	×	×	√
	131	COS	二进制浮点数 cos 运算	×	×	×	×	√
	132	TAN	二进制浮点数 tan 运算	×	×	×	×	√
定位	147	SWAP	高低字节交换	×	×	×	×	√
	155	ABS	ABS 当前值读取	×	×	√	√	×
	156	ZRN	原点回归	×	×	√	√	×
	157	PLSY	可变速的脉冲输出	×	×	√	√	×
	158	DRVI	相对位置控制	×	×	√	√	×
	159	DRVA	绝对位置控制	×	×	√	√	×
时钟运算	160	TCMP	时钟数据比较	×	×	√	√	√
	161	TZCP	时钟数据区间比较	×	×	√	√	√
	162	TADD	时钟数据加法	×	×	√	√	√
	163	TSUB	时钟数据减法	×	×	√	√	√
	166	TRD	时钟数据读出	×	×	√	√	√
	167	TWR	时钟数据写入	×	×	√	√	√
	169	HOUR	计时仪	×	×	√	√	√
外部设备	170	GRY	二进制转换成格雷码	×	×	×	×	√
	171	GBIN	格雷码转换成二进制	×	×	×	×	√
	176	RD3A	模拟量模块（FX$_{0N}$-3A）读出	×	√	×	√	×
	177	WR3A	模拟量模块（FX$_{0N}$-3A）写入	×	√	×	√	×
触点比较	224	LD=	当（S1）=（S2）时，起始触点接通	×	×	√	√	√
	225	LD>	当（S1）>（S2）时，起始触点接通	×	×	√	√	√
	226	LD<	当（S1）<（S2）时，起始触点接通	×	×	√	√	√
	228	LD<>	当（S1）<>（S2）时，起始触点接通	×	×	√	√	√
	229	LD≤	当（S1）≤（S2）时，起始触点接通	×	×	√	√	√
	230	LD≥	当（S1）≥（S2）时，起始触点接通	×	×	√	√	√
	232	AND=	当（S1）=（S2）时，串联触点接通	×	×	√	√	√
	233	AND>	当（S1）>（S2）时，串联触点接通	×	×	√	√	√
	234	AND<	当（S1）<（S2）时，串联触点接通	×	×	√	√	√
	236	AND<>	当（S1）<>（S2）时，串联触点接通	×	×	√	√	√
	237	AND≤	当（S1）≤（S2）时，串联触点接通	×	×	√	√	√
	238	AND≥	当（S1）≥（S2）时，串联触点接通	×	×	√	√	√
	240	OR=	当（S1）=（S2）时，并联触点接通	×	×	√	√	√
	241	OR>	当（S1）>（S2）时，并联触点接通	×	×	√	√	√
	242	OR<	当（S1）<（S2）时，并联触点接通	×	×	√	√	√
	244	OR<>	当（S1）<>（S2）时，并联触点接通	×	×	√	√	√
	245	OR≤	当（S1）≤（S2）时，并联触点接通	×	×	√	√	√
	246	OR≥	当（S1）≥（S2）时，并联触点接通	×	×	√	√	√

9.1.3 应用指令的数据结构

可编程序控制器控制系统是由可编程序控制器与用户输入/输出设备连接而成的。因此，可编程序控制器控制系统的应用指令的数据结构应包括以下内容。

（1）位元件。该元件是指只有接通（置 ON 或置 1）和断开（置 OFF 或置 0）两个状态的元件，常用的位元件有输入继电器（X）、输出继电器（Y）、辅助继电器（M）和状态继电器（S）。

（2）字元件。该元件是指处理数据的元件。FX 系列可编程序控制器的字元件数据长度最低 4 位，最高 32 位，如定时器 T、计时器（C）、数据寄存器（D）、变址寄存器（V、Z）以及位组件等。

其中，数据寄存器主要用于存储运算数据，可以对数据寄存器进行读或写操作。FX 系列可编程序控制器中的每个数据寄存器的数据长度都是 16 位（最高位为符号位）二进制数或一个字，可以用两个相邻数据寄存器合并起来存储 32 位（最高位为符号位）二进制数或两个字。为了避免出现错误，建议首地址用偶数编号。数据寄存器用字母 D 表示，采用十进制数编号，分为如下 3 种类型。

① 通用数据寄存器 D0～D199。数据寄存器中数据的写入一般采用传送指令，只要不往通用数据寄存器写入新数据，已写入的数据就不会变化。但是，当可编程序控制器的运行状态由 RUN 转到 STOP 时，全部数据清零（若特殊用途辅助继电器 M8033 处于 ON 状态，则 D0～D199 具有断电保持功能）。

② 断电保持数据寄存器 D200～D7999。断电保持数据寄存器有断电保持功能，只要不改写，其储存的数据不变。

③ 特殊数据寄存器 D8000～D8255。特殊数据寄存器用来监控可编程序控制器内部的各种工作方式和元件，如电池电压、扫描时间、脉冲执行情况等。

变址寄存器有 V0～V7 及 Z0～Z7，可进行数据的读或写。当进行 32 位操作时，把变址寄存器 V 和 Z 合并，其中 Z 位低 16 位。变址寄存器（V、Z）常用于修改编程元件的元件号。当 V0=8 时，数据寄存器元件号 D5V0 相当于 D13。

把 4 个位元件作为一个基本单元进行组合，称为位组件，代表 4 位 BCD 码，也表示 1 位十进制数。位组件用 KnP 表示，K 是十进制数，n 是位元件的组数（n 从 1 到 8 中取值），P（可表示 X、Y、S、M）为位组件的首地址，一般用 0 结尾。4 个单元 K4 组成 16 位操作数，例如，K4M10 表示由 M25～M10 组成的 16 位数据。

字元件与位元件之间的数据传输根据数据长度的不同，应按以下原则处理：

当长数据向短数据传输时，只传输相应的低位数据，高位数据溢出；当短数据向长数据传输时，长数据的高位数据全部变零。

9.2 传送与比较类指令及其应用举例

传送与比较类指令共 10 条，这些指令代码为 FNC10～FNC19，本小节主要介绍传送与比较类指令及常用的指令应用。

9.2.1　指令说明

1. 比较指令（CMP）

比较指令的作用是把源操作数 S1（·）与 S2（·）的数据进行比较，当源操作数 S1（·）比 S2（·）的数据大时，目标操作数 D（·）动作；当源操作数 S1（·）与 S2（·）的数据相等时，与目标操作数 D（·）加 1 相对应的继电器动作；当源操作数 S1（·）比 S2（·）的数据小时，与目标操作数 D（·）加 2 相对应的继电器动作。此处数据比较是指进行代数值大小比较，即带符的数值比较，所有的源数据均按二进制处理。当比较指令的操作数不完整（若只指定一个或两个操作数），或者指定的操作数不符合要求（例如，把 X、D、T、C 指定为目标操作数），或者指定的操作数的元件号超出了允许范围时，用比较指令就会出错。当目标软元件指定 M0 时，M0、M1、M2 自动被占用。此时，对目标操作数中的数据，要用 RST 指令才能恢复为原状态。比较指令要素见表 9-3。

表 9-3　比较指令要素

指令名称	指令代码	助记符	操作数范围			程序步
			S1（·）	S2（·）	D（·）	
比较	FNC10（16/32）	CMP CMP（P）	K、H、KnX、KnY、KnM、KnS T、C、D、V、Z		Y、M、S	CMP、CMPP…7 步 DCMP、DCMPP…13 步

2. 区间比较指令（ZCP）

该指令的功能是把 S（·）数据与上、下两个源数据 S1（·）和 S2（·）间的数据进行代数比较，即带符号比较，在其比较的范围内对应目标操作数中 M3、M4、M5 软元件动作。要求 S1（·）≤S2（·），若 S1（·）>S2（·），则 S2（·）被看成与 S1（·）一样大。例如，在 S1（·）=K100，S2（·）=K90 时，S2（·）被当作 K100 进行运算。区间比较指令要素见表 9-4。

表 9-4　区间比较指令要素

指令名称	指令代码	助记符	操作数范围		程序步
			S1（·）/S2（·）/S（·）	D（·）	
区间比较	FNC11（16/32）	ZCP ZCP（P）	K、H、KnX、KnY、KnM、KnS T、C、D、V、Z	Y、M、S	ZCP、ZCPP…9 步 DZCP、DZCPP…17 步

3. 传送指令（MOV）

该指令的功能是把数据传送给具有数据存储功能的继电器或位组件。该指令与右母线相连，不能直接连接左母线，需要一个触发传送指令执行的功能信号。该指令有一个源操作数和一个目标操作数，源操作数可以是确定的数据，也可以是数据寄存器，传送指令要素见表 9-5。DMOV 指令常用于运算结果以 32 位传送的应用指令（如 MUL 等），以及 32 位的数值或 32 位的高速计数器的当前值等的传送。

表 9-5　传送指令要素

指令名称	指令代码	助记符	操作数范围		程序步
			S1（·）	D（·）	
传送	FNC12 （16/32）	MOV MOV（P）	K、H KnX、KnY、KnM、KnS T、C、D、V、Z	KnY、KnM、KnS T、C、D、V、Z	MOV、MOVP…5步 DMOV、 DMOVP…9步

4. 移位传送指令（SMOV）

该指令的功能是进行数据分配与合成。该指令把源操作数中的二进制（BIN）数自动转换为 BCD 码，按源操作数中指定的起始位号 M1 和移位的位数 M2，向目标操作数中指定的起始位 n 进行移位传送。目标操作数中未被移位传送的 BCD 位，数值不变，然后再自动转换成二进制数。若源操作数为负及 BCD 码的值超过 9999，将出现错误。移位传送指令要素见表 9-6。

表 9-6　移位传送指令要素

指令名称	指令代码	助记符	操作数范围					程序步
			S（·）	M1	M2	D（·）	n	
移位传送	FNC13 （16）	SMOV SMOV（P）	KnX、KnY、 KnM、KnS、T、 C、D、V、Z	K、H= 1～4	K、H= 1～4	KnY、KnM、 KnS、T、C、 D、V、Z	K、H = 1～4	SMOV、 SMOVP…11 步

5. 取反传送指令（CML）

该指令的功能是把源数据的各位取反（0→1，1→0）并向目标元件传送。若把常数 K 用于源数据，则自动进行二进制变换。取反传送指令常用于希望对可编程序控制器输出的逻辑进行取反的情况。取反传送指令要素见表 9-7。

表 9-7　取反传送指令要素

指令名称	指令代码	助记符	操作数范围		程序步
			S（·）	D（·）	
取反传送	FNC14 （16/32）	CML CML（P）	K、H KnX、KnY、KnM、KnS T、C、D、V、Z	KnY、KnM、KnS T、C、D、V、Z	CML、CMLP…5步 DCMLP、DCMLP…9步

6. 块传送指令（BMOV）

该指令的功能是把从源操作数指定的软元件开始的 n 个数据，传送到从指定的目标操作数开始的 n 个软元件。如果软元件号超出允许的元件号范围，数据仅传送到允许的范围内。块传送指令要素见表 9-8。

7. 多点传送指令（FMOV）

该指令的功能是把源操作数指定的软元件的内容，向从目标操作数指定的软元件开始的 n 个软元件传送，n 个软元件的内容都一样。如果目标操作数指定的软元件号超出允许的元件号范围，数据仅传送到允许的范围内。多点传送指令要素见表 9-9。

表 9-8　块传送指令要素

指令名称	指令代码	助记符	操作数范围			程序步
			S（·）	D（·）	N	
块传送	FNC15 （16）	BMOV BMOV（P）	K、H KnX、KnY、KnM、KnS T、C、D	KnY、KnM、KnS T、C、D	K、H ≤512	BMOV、BMOVP…7 步

表 9-9　多点传送指令要素

指令名称	指令代码	助记符	操作数范围			程序步
			S（·）	D（·）	n	
多点传送	FNC16 （16）	FMOV FMOV（P）	K、H KnX、KnY、KnM、KnS T、C、D、V、Z	KnY、KnM、KnS T、C、D	K、H ≤512	FMOV、FMOVP…7 步 DFMOV、FMOVP…13 步

8. 数据交换指令（XCH）

该指令的功能是在指定的目标软元件之间进行数据交换。当指令满足执行条件时，D1（·）和 D2（·）中的数据进行交换。数据交换指令要素见表 9-10。

表 9-10　数据交换指令要素

指令名称	指令代码	助记符	操作数范围		程序步
			D1（·）	D2（·）	
数据交换	FNC17 （16/32）	XCH XCH（P）	KnY、KnM、KnS T、C、D、V、Z	KnY、KnM、KnS T、C、D、V、Z	XCH、XCHP…5 步 DXCH、DXCHP…9 步

9. BCD 码转换指令

该指令的功能是把源元件中的二进制数转换成 BCD 码并送到目标元件。对 16 位二进制操作数，如果转换的 BCD 码超出 0～9999 范围，就会出错；对 32 位二进制操作数，如果转换的 BCD 码超出 0～99999999 范围，就会出错。BCD 码转换指令可用于可编程序控制器内的二进制数变为七段显示等需要用 BCD 码向外部输出的场合。BCD 码转换指令要素见表 9-11。

表 9-11　BCD 码转换指令要素

指令名称	指令代码	助记符	操作数范围		程序步
			D1（·）	D2（·）	
BCD 转换	FNC18 （16/32）	BCD BCD（P）	KnX、KnY、KnM、KnS T、C、D、V、Z	KnY、KnM、KnS T、C、D、V、Z	BCD、BCDP…5 步 DBCD、DBCDP…9 步

10. 二进制转换指令

该指令的功能是把源元件中的 BCD 码转换成二进制数并送到目标元件中。对 16 位二进制操作数，如果源数据范围为 0～9999；对 32 位二进制操作数，源数据范围为 0～99999999。二进制转换指令要素见表9-12。

表9-12　二进制转换指令要素

指令名称	指令代码	助记符	操作数范围		程序步
			S（·）	D（·）	
二进制转换	FNC19 （16/32）	BIN BIN（P）	KnX、KnY、KnM、KnS T、C、D、V、Z	KnY、KnM、KnS T、C、D、V、Z	BIN、BINP…5步 DBIN、DBINP…9步

9.2.2　应用举例

【例9-1】　本例题讨论流水灯PLC控制。现有8盏灯，分别由可编程序控制器的8个输出控制并按照一定规律点亮：全部点亮、偶数点亮、奇数点亮、全部熄灭，时间间隔为1s；时间间隔为1s或2s（通过外部开关进行切换）之后，以2盏灯为1组，时间间隔为1s，依次点亮并循环进行。

输入/输出分配：输入信号包括启动信号、停止信号以及时间切换信号，分别为X0、X1、X2（对应3个按钮SB1、SB2、SA）；输出信号为8盏灯，对应的输出继电器为Y0～Y7。

输出位组件可以用K2Y0表示，用0表示灯灭，用1表示灯亮，十六进制数表示不同状态对应位组件的数值传送数据与输出位组件对照见表9-13。

表9-13　传送数据与输出位组件对照

传送数据	输出位组件 K2Y0							
	Y7	Y6	Y5	Y4	Y3	Y2	Y1	Y0
HFF	1	1	1	1	1	1	1	1
HAA	1	0	1	0	1	0	1	0
H55	0	1	0	1	0	1	0	1
H00	0	0	0	0	0	0	0	0
H03	0	0	0	0	0	0	1	1
H0C	0	0	0	0	1	1	0	0
H30	0	0	1	1	0	0	0	0
HC0	1	1	0	0	0	0	0	0

根据控制要求编写的流水灯PLC控制程序如图9-3所示。

图9-3　流水灯PLC控制程序

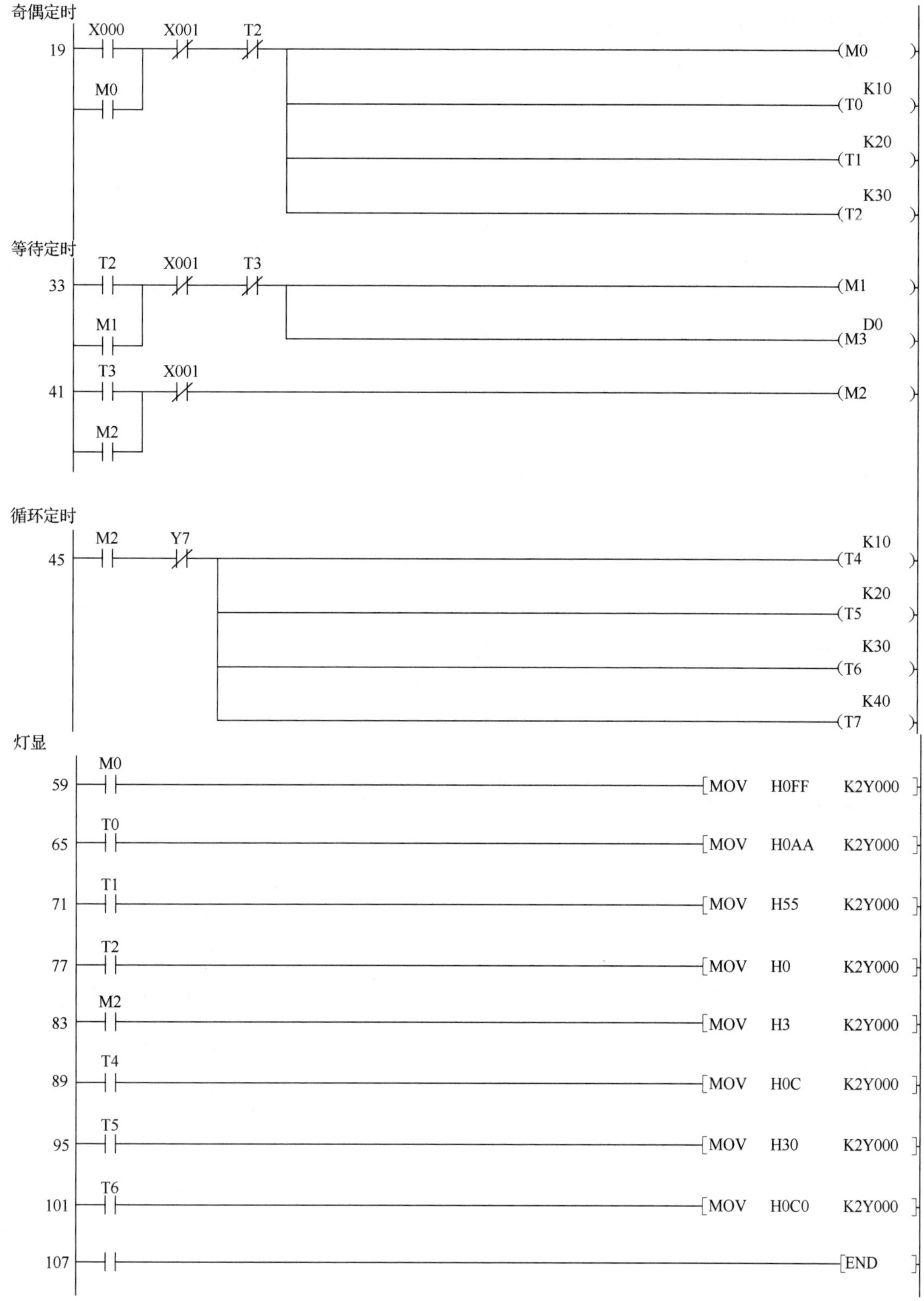

奇偶定时

```
       X000   X001   T2
19 ─┤├──┤/├──┤/├──────────────────────────────(M0  )
       │
       M0 │                                        K10
    ─┤├──┘  ┌─────────────────────────────────(T0  )
            │                                     K20
            ├─────────────────────────────────(T1  )
            │                                     K30
            └─────────────────────────────────(T2  )
```

等待定时

```
       T2    X001   T3
33 ─┤├──┤/├──┤/├──────────────────────────────(M1  )
       │
       M1 │                                        D0
    ─┤├──┘  └─────────────────────────────────(M3  )

       T3    X001
41 ─┤├──┤/├───────────────────────────────────(M2  )
       │
       M2 │
    ─┤├──┘
```

循环定时

```
       M2    Y7                                   K10
45 ─┤├──┤/├──┬────────────────────────────────(T4  )
             │                                    K20
             ├────────────────────────────────(T5  )
             │                                    K30
             ├────────────────────────────────(T6  )
             │                                    K40
             └────────────────────────────────(T7  )
```

灯显

```
       M0
59 ─┤├────────────────────────────────[MOV    H0FF   K2Y000]

       T0
65 ─┤├────────────────────────────────[MOV    H0AA   K2Y000]

       T1
71 ─┤├────────────────────────────────[MOV    H55    K2Y000]

       T2
77 ─┤├────────────────────────────────[MOV    H0     K2Y000]

       M2
83 ─┤├────────────────────────────────[MOV    H3     K2Y000]

       T4
89 ─┤├────────────────────────────────[MOV    H0C    K2Y000]

       T5
95 ─┤├────────────────────────────────[MOV    H30    K2Y000]

       T6
101 ─┤├───────────────────────────────[MOV    H0C0   K2Y000]

107 ─┤├──────────────────────────────────────────[END ]
```

图 9-3　流水灯 PLC 控制程序（续）

在图 9-3 中，复位程序的作用是在程序由 STOP 状态转到 RUN 状态或者停止时，把输出继电器 Y0～Y7 全部清零；切换程序的作用是由外部转换开关控制两个状态，转换开关的开与关分别控制定时器 T3 的定时时间；奇偶定时程序用于实现 8 盏灯的全部点亮、偶数点亮、奇数点亮、全部熄灭；等待定时程序的作用是利用定时器 T3，实现以上动作向循环显示过度；循环定时程序用于实现 2 盏灯（一组）在时间间隔 1s 内依次点亮并循环进行；灯显程序利用 MOV 指令，实现对 8 盏灯的最终控制。

图 9-3 所示程序的前部分是利用 PLC 的基本编程，实现本例题的逻辑控制，而对 8 盏灯的控制，采用应用指令中的传送指令，减少了基本编程中多线圈输出问题，简化逻辑控制。本例题的控制方法同样可以应用到多台电动机的控制上。

【例 9-2】 本例题讨论机械密码锁 PLC 控制。现有 PLC 控制的机械密码锁，其密码输入所用的 12 个按钮分别连接 X000～X013。其中，X000～X003 代表第一个十六进制数，X004～X007 代表第二个十六进制数，X010～X013 代表第三个十六进制数。为了安全起见，密码设置为四组三位十六进制数，输入时需按四次密码，若输入的密码与程序设定值相符合，5s 后该机械密码锁自动开启；若该机械密码锁未成功打开（X014 未断开），20s 后被重新锁定。

输入/输出地址分配：输入信号为 12 个按钮，与 PLC 的输入端 X0～X3 相连接；输出信号为 1 个开锁电磁阀和 4 盏指示灯，它们分别与 Y0～Y4 相连，设定值为 H2A4、H01E、H151、H18A。该机械密码锁 PLC 控制程序如图 9-4 所示。

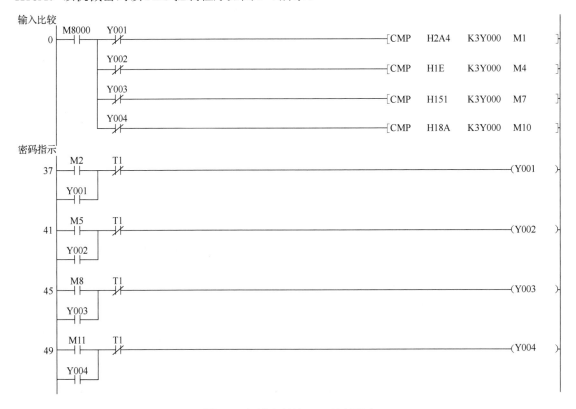

图 9-4　机械密码锁 PLC 控制程序

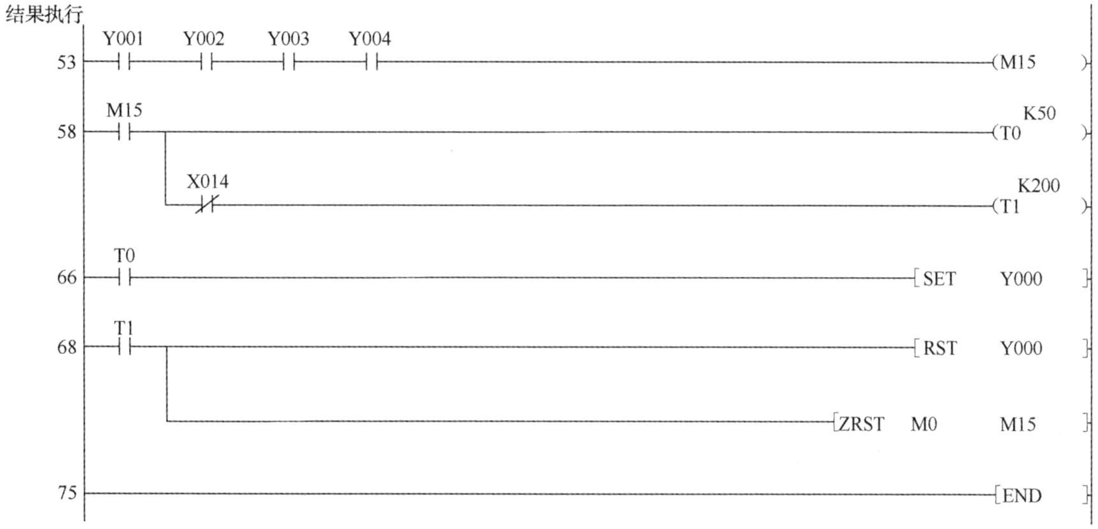

```
结果执行
        Y001   Y002   Y003   Y004
   53   ─┤├────┤├────┤├────┤├──────────────────────────────(M15  )
        M15                                                  K50
   58   ─┤├─────────────────────────────────────────────────(T0   )
        X014                                                 K200
        ─┤/├─────────────────────────────────────────────────(T1   )
        T0
   66   ─┤├─────────────────────────────────────────[ SET    Y000 ]
        T1
   68   ─┤├─────────────────────────────────────────[ RST    Y000 ]

                                                     [ ZRST   M0    M15 ]

   75   ────────────────────────────────────────────────────[ END ]
```

图 9-4　机械密码锁 PLC 控制程序（续）

9.3　算术指令及其应用举例

9.3.1　指令说明

（1）二进制加法指令（ADD）。该指令的功能是把指定的源操作数中的二进制数相加，并把结果传送到目标操作数中。

二进制加法指令有 3 个常用标志辅助寄存：

M8020 为零标志，若运算结果为 0，则 M8020＝1；

M8021 为借位标志，若运算结果小于－32767（16 位）或－2147483647（32 位），则 M8021＝1。

M8022 为进位标志，若运算结果超过 32767（16 位）或 2147483647（32 位），则 M8022＝1。

在 32 位运算中，被指定的起始字元件为低 16 位元件，约定的下一个字元件，则为高 16 位元件，如 D0（D1）。

源操作数和目标操作数可以用相同的元件号。若因源操作数和目标操作数元件号相同而采用连续执行的 ADD、（D）ADD 指令时，加法的结果在每个扫描周期都会改变。二进制加法指令要素参考表 9-1。

（2）二进制减法指令（SUB）。该指令的功能是把指定的源操作数中的二进制数相减，并把结果送到指定的目标操作数中。各种标志位的动作、32 位运算中软元件的指定方法、连续执行型和脉冲执行型的差异等均与上述加法指令相同。二进制减法指令要素见表 9-14。

（3）二进制乘法指令（MUL）。该指令的功能是把指定的源元件中的二进制数相乘，并把结果传送到指定的目标元件中。二进制乘法指令要素见表 9-15。

表9-14　二进制减法指令要素

指令名称	指令代码	助记符	操作数范围			程序步
			S1（·）	S2（·）	D（·）	
减法	FNC21 （16/32）	SUB SUB（P）	K.H、KnX、KnY、KnM、KnS T、C、D、Z 限 16 位运算		KnY、KnM、KnS T、C、D	SUB、SUBP…7 步 DSUB、DSUBP…13 步

表9-15　二进制乘法指令要素

指令名称	指令代码	助记符	操作数范围			程序步
			S1（·）	S2（·）	D（·）	
乘法	FNC22 （16/32）	MUL MUL（P）	K.H、KnX、KnY、KnM、KnS T、C、D、Z 限 16 位运算		KnY、KnM、KnS T、C、D	MUL、MULP…7 步 DMUL、DMULP…13 步

（4）二进制除法指令（DIV）。该指令的功能是把将指定的源元件中的二进制数相除，S1（·）为被除数，S2（·）为除数，商被传送到指定的目标元件 D（·）中去，余数被传送到目标元件 D（·）+1 的元件中。二进制除法指令要素见表 9-16。

表9-16　二进制除法指令要素

指令名称	指令代码	助记符	操作数范围			程序步
			S1（·）	S2（·）	D（·）	
除法	FNC23 （16/32）	DIV DIV（P）	K.H、KnX、KnY、KnM、KnS T、C、D、Z 限 16 位运算		KnY、KnM、KnS T、C、D	DIV、DIVP…7 步 DDIV、DDIVP…13 步

（5）二进制加 1 指令（INC）。当该指令执行时，D（·）中的元件的二进制数自动加 1。若用连续指令时，结果在每个扫描周期都加 1。在 16 位运算时，+32767 加上 1 就变为−32768，但标志位不动作。同样，在 32 位运算时，+2147483647 加 1 就变为−2147483647，标志位不动作。二进制加 1 指令要素见表 9-17。

表9-17　二进制加 1 指令要素

指令名称	指令代码	助记符	操作数范围	程序步
			D（·）	
加 1	FNC24 （16/32）	INC INC（P）	K.H、KnX、KnY、KnM、KnS T、C、D、V、Z	INC、INCP…3 步 DINC、DINCP…5 步

（6）二进制减 1 指令（DEC）。当该指令执行时，D（·）中的元件的二进制数自动减 1。若用连续指令时，结果在每个扫描周期都减 1。在 16 位运算时，−32768 减 1 就变为+32767，但标志位不动作。同样，在 32 位运算时，−2147483648 减 1 就变为+2147483647，标志位不动作。二进制减 1 指令要素见表 9-18。

表 9-18 二进制减 1 指令要素

指令名称	指令代码	助记符	操作数范围 D（·）	程序步
减 1	FNC25（16/32）	DEC DEC（P）	K.H、KnX、KnY、KnM、KnS T、C、D、V、Z	DEC、DECP…3 步 DDEC、DDECP…5 步

9.3.2 应用举例

【例 9-3】 本例题讨论自动售货机 PLC 控制。PLC 控制要求如下：

（1）按下 1 元、5 元、10 元所代表的按钮，可以投入货币，按下"可乐"和"雪碧"所代表的按钮，分别代表购买可乐和雪碧。出货口的"出可乐"和"出雪碧"表示可乐和雪碧已经取出。购买后用两个 LED 数码管显示当前余额，按下"找零按钮"，退币口退币。

（2）该售货机可以出卖雪碧和可乐两种饮料，价格分别为 5 元/瓶和 8 元/瓶。当投入的货币大于等于其售价时，对应的可乐指示灯、雪碧指示灯点亮，表示可以购买。

（3）当可以购买时，按下"可乐"或"雪碧"按钮，与之对应的指示灯闪烁，表示已经购买了可乐或雪碧，同时，出货口延时 3s，吐出可乐或雪碧。

（4）在购买了可乐或雪碧后，余额指示器显示当前的余额。若余额还可以购买饮料，按下"可乐"或"雪碧"按钮可以继续购买；若不想购买，则按下"找零按钮"，退币口退币。

输入/输出地址分配见表 9-19。

表 9-19 输入/输出地址分配

输入		输出		其他软元件	
输入继电器	作用	输出继电器	作用	名称	作用
X0	1 元投币	Y1	雪碧指示	D0	投币数、余额
X1	5 元投币	Y2	可乐指示	M30	可以买雪碧
X2	10 元投币	Y3	雪碧出口	M33	可以买可乐
X3	雪碧选择	Y4	可乐出口	M20	选择雪碧
X4	可乐选择	Y5	退币口	M21	选择可乐
X5	退币按钮	Y16～Y10	显示余额的个位数	M67～M60	余额的 8 位 BCD 码
		Y26～Y20	显示余额的十位数	M50	有余额
				T2～T5	出货延时
				T6	退币延时

自动售货机 PLC 控制程序如图 9-5 所示。

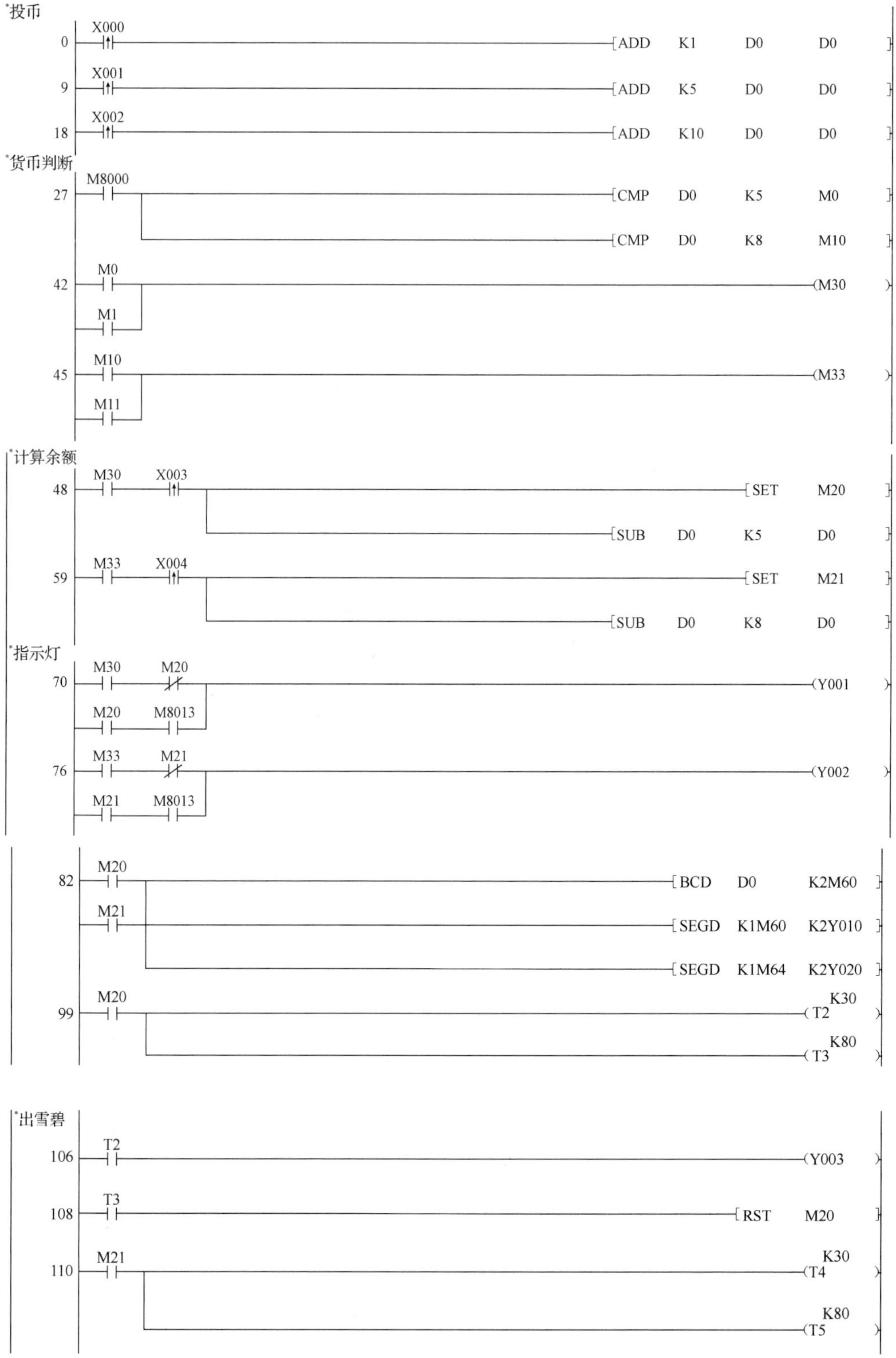

```
 "投币
      X000
   0  ├┤├───────────────────────────────────────────────[ADD    K1    D0    D0 ]
      X001
   9  ├┤├───────────────────────────────────────────────[ADD    K5    D0    D0 ]
      X002
  18  ├┤├───────────────────────────────────────────────[ADD    K10   D0    D0 ]
 "货币判断
      M8000
  27  ├┤├───────────────────────────────────────────────[CMP    D0    K5    M0 ]
         │
         └──────────────────────────────────────────────[CMP    D0    K8    M10]
      M0
  42  ├┤├────────────────────────────────────────────────────────────────(M30 )
      M1
      ├┤├┘
      M10
  45  ├┤├────────────────────────────────────────────────────────────────(M33 )
      M11
      ├┤├┘
 "计算余额
      M30   X003
  48  ├┤├────┤├─────────────────────────────────────────────────[SET    M20 ]
         │
         └───────────────────────────────────────────────[SUB    D0    K5    D0 ]
      M33   X004
  59  ├┤├────┤├─────────────────────────────────────────────────[SET    M21 ]
         │
         └───────────────────────────────────────────────[SUB    D0    K8    D0 ]
 "指示灯
      M30   M20
  70  ├┤├────┤/├──────────────────────────────────────────────────────────(Y001 )
      M20   M8013
      ├┤├────┤├┘
      M33   M21
  76  ├┤├────┤/├──────────────────────────────────────────────────────────(Y002 )
      M21   M8013
      ├┤├────┤├┘
      M20
  82  ├┤├─────────────────────────────────────────────────[BCD    D0    K2M60 ]
      M21
      ├┤├─────────────────────────────────────────────────[SEGD   K1M60  K2Y010]
         │
         └──────────────────────────────────────────────[SEGD   K1M64  K2Y020]
      M20                                                              K30
  99  ├┤├───────────────────────────────────────────────────────────(T2  )
         │                                                             K80
         └───────────────────────────────────────────────────────(T3  )
 "出雪碧
      T2
 106  ├┤├──────────────────────────────────────────────────────────────(Y003 )
      T3
 108  ├┤├─────────────────────────────────────────────────[RST    M20 ]
      M21                                                              K30
 110  ├┤├───────────────────────────────────────────────────────────(T4  )
         │                                                             K80
         └───────────────────────────────────────────────────────(T5  )
```

图 9-5　自动售货机 PLC 控制程序

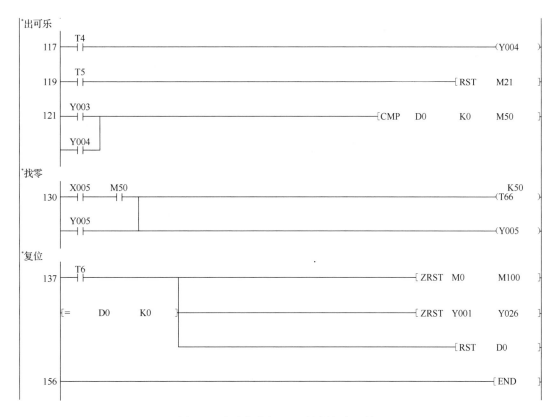

图 9-5　自动售货机 PLC 控制程序（续）

9.4　条件跳转指令与子程序指令

9.4.1　条件跳转指令

条件跳转指令（CJ）的功能是在满足跳转条件后，执行目标指针的程序。需要注意的是，对处于被跳过的程序段中的输出继电器（Y）、辅助继电器 M、状态继电器（S）来说，由于该段程序不再执行，因此，即使梯形图中涉及的工作条件发生变化，它们的工作状态将保持跳转发生前的状态。对被跳过的程序段中的时间继电器（T）及计数器（C）来说，无论其是否具有断电保持功能，由于跳过的程序停止执行，因此，它们的现实值寄存器被锁定，跳转发生后其计时、计数值保持不变，在跳转中止、程序继续执行时，计时、计数将继续进行。另外，计时、计数器的复位指令具有优先权，即使复位指令位于被跳过的程序段中，当执行条件满足时，复位工作也将被执行。条件跳转指令要素见表 9-20。

表 9-20　条件跳转指令要素

指令名称	指令代码	助记符	操作数范围 D（·）	程序步
条件跳转	FNC00 （16）	CJ CJ（P）	P0～P127 P63 即 END 所在步，不需要标记	CJ 和 CJ（P）～3 步 标号 P～1 步

【例 9-4】 本例题讨论电动机自动/手动切换 PLC 控制。由 PLC 控制的一台电动机有自动和手动两种模式。在手动模式下，按下启动按钮，启动电动机，电动机正常工作；按下停止按钮，电动机停止转动。在自动模式下，按下启动按钮，电动机工作 1min 后停止，5s 后再启动，反复如此操作。假设该电动机功率较小，不需要热继电器。

输入/输出地址分配：启动按钮和停止按钮分别与 PLC 的输入继电器 X0、X1 相连接，手动/自动切换开关与 X2 相连接；一个继电器线圈与输出继电器 Y0 相连接，以便控制电动机。电动机自动/手动切换 PLC 控制程序如图 9-6 所示。

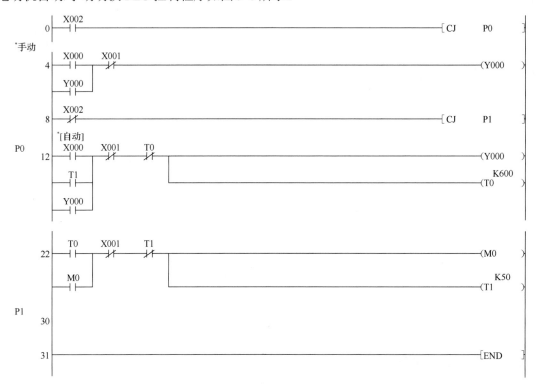

图 9-6 电动机自动/手动切换 PLC 控制程序

9.4.2 子程序指令

子程序指令（CALL、SRET）：子程序是为一些特定的控制目的而编写的相对独立的程序。为了区别于主程序，规定在程序编排时，把主程序排在前边，子程序排在后边，并以主程序结束指令 FEND（FNC 06）把这两部分隔开。子程序应该在主程序结束之后运行；CJ 指令的指针与 CALL 的指针不能重复；子程序允许嵌套，嵌套级别最多为 5 级；子程序只能用 T192～T199 和 T246～T249 作为定时器。子程序指令要素见表 9-21。

表 9-21 子程序指令要素

指令名称	指令代码	助记符	操作数范围	程序步
			D（·）	
子程序调用	FNC01（16）	CALL CALL（P）	指针 P0～P62，P64～P127 嵌套 5 级	3 步（指令标号）1 步
子程序返回	FNC02	SRET	无	1 步

【**例 9-5**】　本例题讨论抢答器的 PLC 控制。试设计一个用七段数码管显示的抢答器，用于 4 支参赛队抢答。设有主持人所用总台 1 个及参赛队所用分台 4 个。总台设有"开始"按钮及"复位"按钮，分台设有分台灯及抢答按钮。

系统通电后，主持人在总台控制台上单击"开始"按钮后，允许抢答。

在抢答过程中，1～4 参赛队中的任一队抢先按下抢答按钮（SB1、SB2、SB3、SB4）后，该队的指示灯（L1、L2、L3、L4）点亮。同时，七段数码管显示当前的队号，并与其他参赛队选手的电路互锁，使其他参赛队的抢答无效。

主持人确认抢答状态后，单击"复位"按钮，七段数码管清楚显示数码，系统继续允许其他参赛队选手抢答，直到有人抢先按下抢答按钮。

输入/输出地址分配：主持人所用总台的"开始"按钮与 X0 相连接，"复位"按钮与 X1 相连接，1～4 参赛队的抢答按钮分别与 X2～X5 相连接，七段数码管与 PLC 的 Y0～Y6 相连接，1～4 参赛队与 Y7～Y12 相连接。抢答器的 PLC 控制程序如图 9-7 所示。

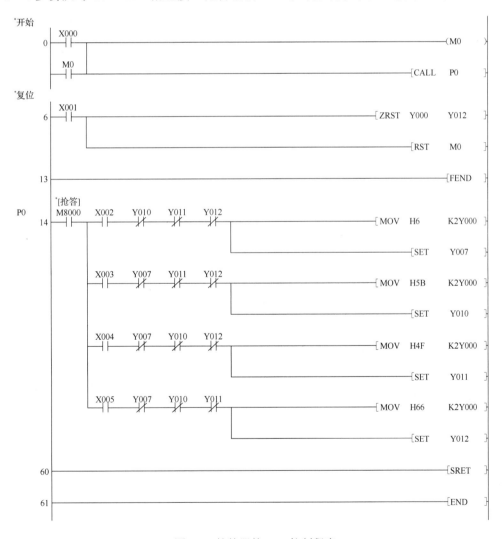

图 9-7　抢答器的 PLC 控制程序

习题与思考题

9-1 总结应用指令的基本要素。

9-2 总结应用指令的类型及其基本应用场合。

9-3 用 MOV 指令编写七段数码管每隔 1s 显示不同数值的循环程序，具体数字可以自定义。

9-4 用 BCD 指令编写七段数码管每隔 1s 显示不同数值的循环程序，具体数字可以自定义。

9-5 根据本章例题，试编写只售卖一种产品的自动售货机 PLC 控制程序，售价可以自定义。

9-6 用条件跳转指令编写其有两组正确答案的密码锁 PLC 控制程序，密码可以自定义。

第10章
可编程序控制器控制系统应用设计

前面几章介绍了可编程序控制器的硬件基本结构与工作原理、指令系统与编程方法。本章在前面的基础上，进一步介绍可编程序控制系统设计的基本原则、设计的一般步骤与方法，以及可编程序控制器控制系统设计应用举例。

可编程序控制器控制技术属于先进的实用技术，目前各种可编程序控制器在实际工程中应用广泛，以可编程序控制器为主的控制器的控制系统越来越多。应当说，在熟悉了可编程序控制器的组成和基本原理，掌握了可编程序控制器的指令系统及编程规则之后，就面临着如何将可编程序控制器应用到实际工程中的问题，即如何进行可编程序控制器控制系统的应用设计，使可编程序控制器能够实现对生产机械或生产过程的控制，并带来更可靠的性能、更高的质量和更好的效益。

10.1 可编程序控制器控制系统设计的基本原则、基本内容、一般步骤和机型选择

10.1.1 可编程序控制器控制系统设计的基本原则

设计任何一个可编程序控制器控制系统，如同设计任何一种电气控制系统一样，其目的都是通过控制被控对象（生产设备或生产过程）来实现工艺要求，提高生产效率和产品质量。因此，在设计可编程序控制器控制系统时，应遵循以下基本原则。

（1）可编程序控制器控制系统控制被控对象应最大限度地满足工艺要求。设计前，应深入现场进行调查研究，搜索资料，并与负责机械部分的设计人员和实际操作人员密切配合，共同拟定控制方案，协同解决设计中出现的各种问题。

（2）在满足工艺要求的前提下，力求使可编程序控制器控制系统简单、经济、使用及维修方便。

（3）保证控制系统的安全和可靠。

（4）考虑到生产的发展和工艺的改进，在配置可编程序控制器硬件设备时应适当留有一定的裕量。

10.1.2 可编程序控制器控制系统设计的基本内容

可编程序控制器控制系统是由可编程序控制器与用户输入、输出设备连接而成的。因此，可编程序控制器控制系统设计的基本内容应包括以下 6 个方面：

（1）选择用户输入设备（按钮、操作开关、限位开关、传感器等）、输出设备（继电器、接触器、信号灯等执行元件）以及由输出设备驱动的控制对象（电动机、电磁阀等）。这些设备属于一般的电子元件，其选择的方法在前面第1～4章已介绍。

（2）可编程序控制器的选择。可编程序控制器是控制系统的核心部件，正确选择可编程序控制器对保证整个控制系统的技术经济性能指标起着重要的作用。可编程序控制器的选择包括机型、容量的选择，以及I/O模块、电源模块等的选择。

（3）分配I/O点，绘制I/O连接图。

（4）控制程序设计。包括控制系统流程图、梯形图、语句表（程序清单）等设计。控制程序是控制整个系统工作的软件，是保证系统工作正常、安全、可靠的关键。因此，所设计的控制程序必须经过反复调试、修改，直到满足要求。

（5）必要时还须设计控制台（柜）。

（6）编制控制系统的技术文件。包括说明书、电气图及电子元件明细表。

传统的电气图一般包括电气原理图、电器布置图及电气安装图。在可编程序控制器控制系统中，这一部分图统称为"硬件图"。它在传统电气图的基础上增加了可编程序控制器部分，因此在电气原理图中应增加可编程序控制器的I/O连接图。另外，可编程序控制器控制系统中的电气图还应包括程序图（梯形图），通常称它为"软件图"。向用户提供"软件图"，便于用户在生产发展或工艺改进时修改程序，并有利于用户在维修时分析和排除故障。

10.1.3　可编程序控制器控制系统设计的一般步骤

设计可编程序控制器控制系统的一般步骤如图10-1所示。

（1）根据生产的工艺过程分析控制要求，以及需要完成的动作（动作顺序、动作条件、必需的保护和互锁等）、操作方式（手动、自动，连续、单周期、单步等）。

（2）根据控制要求确定所需要的输入、输出设备，据此确定可编程序控制器的I/O点数。

（3）选择可编程序控制器的机型及容量。

（4）定义输入/输出点名称，分配可编程序控制器的I/O点，设计I/O连接图。

（5）根据可编程序控制器所要完成的任务及应具备的功能，进行可编程序控制器程序设计。同时，可进行控制台（柜）的设计和现场施工。

可编程序控制器程序设计的步骤与内容如下：

（1）对于较复杂的控制系统，须绘制系统控制流程图，清楚地表明动作的顺序和条件。对于简单的控制系统，可省去这一步骤。

（2）设计梯形图。这是程序设计的关键一步，也是比较困难的一步。要设计好梯形图，首先要十分熟悉控制要求，同时还要有一定的电气设计的实践经验。

（3）根据梯形图编制程序清单。

（4）用计算机或编程器将程序输入可编程序控制器的用户存储器中，并检查输入的程序是否正确。

（5）对程序进行调试和修改，直到满足要求为止。

（6）待控制台（柜）设计及现场施工完成后，进行联机调试。若不满足要求，则再修改程序或检查接线，直到满足要求为止。

（7）编制技术文件。

（8）交付使用。

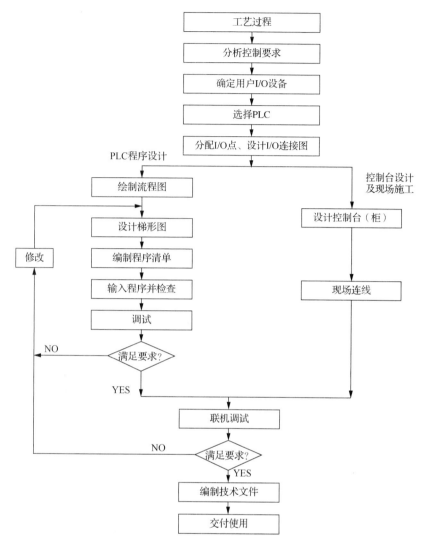

图 10-1　设计可编程序控制器控制系统的一般步骤

10.1.4　可编程序控制器机型的选择

可编程序控制器机型的选择是可编程序控制器应用设计中很重要的一步，目前，国内外生产的可编程序控制器种类很多，在选用可编程序控制器时应考虑以下几方面。

1. 规模要适当

输入、输出点数以及软件对可编程序控制器功能及指令的要求是选择可编程序控制器机型规模大小的重要依据。首先要确保有足够的输入、输出点数，并留有一定的余地（要有 10% 的备用量）。如果只是为了实现单机自动化或机电一体化产品，可选用小型可编程序控制器。如果控制系统较大，输入、输出点数较多，被控设备较分散，可以选用中型或大型可编程序控制器。

其次，还应确定用户程序存储器的容量。一般粗略的估计方法是（输入+输出）×（10~12）=

指令步数。特别要注意，因控制系统较复杂，数据处理量较大，可能出现存储容量不够的问题。

2. 功能要相当，结构要合理

（1）对于以开关量进行控制的系统，一般的低档机就能满足要求。

（2）对于以开关量控制为主，带少量模拟量控制的系统，应选用带 A/D、D/A 转换，加减运算、数据传送功能的低档机。

（3）对于控制比较复杂，控制性能要求较高的系统，例如，要求实现 PID 运算、闭环控制、通信联网等，可根据控制规模及复杂程度，选用中档或高档机。其中，高档机主要用于大规模过程控制、分布式控制系统以及整个工厂自动化等。

（4）对于工艺过程比较固定、环境条件较好（维修量较小）的场合，选用整体式结构的可编程序控制器。其他情况则选用模块式结构的可编程序控制器。

3. 输入、输出功能及负载能力的选择

选择哪一种功能的输入、输出形式或模块，要根据控制系统中输入和输出信号的种类、参数要求和技术要求，选用具有相应功能的模块。为了提高抗干扰能力，对输入和输出均应选用具有光电隔离的模块。对于输出形式，有无触点和有触点之分。无触点输出大多使用大功率三极管（直流输出）或双向可控硅（交流输出）电路，其优点是可靠性高、响应速度快、寿命长，缺点为价格高、过载能力相对差。有触点输出是使用继电器触点输出，其优点是适用电压范围宽、导通压降损失小、价格便宜，缺点是寿命短、响应速度慢。

此外，还应考虑输入和输出的负载能力，要注意其承受的电压值和电流值。应该指出的是，输出电流值和导通负载电流值是不同的概念。输出电流值是指每一个输出点的驱动能力，导通负载电流值是指整个输出模块驱动负载时所允许的最大电流值，即整个输出模块的满负荷能力。

4. 使用环境条件

在选择 PLC 时，要考虑使用现场的环境条件是否符合它的规定。一般考虑的环境条件有环境温度、相对湿度、电源允许波动范围和抗干扰等指标。

10.2　机械手的模拟控制

传送工件的机械手控制示意如图 10-2 所示，其任务是将工件从传送带 A 搬运到传送带 B。

1. 控制要求

按下启动按钮后，传送带 A 运行，直到光电开关 PS 检测到物体才停止。同时，机械手下降，下降到位后机械手夹紧物体，2s 后开始上升，在上升过程中机械手保持夹紧状态。上升到位后左转，左转到位后下降，下降到位后机械手松开，2s 后机械手上升。上升到位后，传送带 B 开始运行，同时机械手右转，右转到位后，传送带 B 停止。此时，传送带 A 运行，直到光电开关 PS 再次检测到物体才停止循环。

机械手的上升、下降和左转、右转的执行，分别由双线圈两位电磁阀控制汽缸的运动来实

现。当控制下降动作的电磁阀通电时，机械手下降；当该电磁阀断电时，机械手停止下降，保持现有的动作状态。当控制上升动作的电磁阀通电时，机械手上升。同样，左转和右转也是由对应的电磁阀控制。夹紧和放松则由单线圈的两位电磁阀控制汽缸的运动来实现，线圈通电时执行夹紧动作，断电时执行放松动作。并且要求只有当机械手处于上限位时才能进行向左/右移动，因此在机械手向左/右移动时，用上限条件作为互锁保护。由于上/下移动、左/右移动采用双线圈两位电磁阀控制，双线圈不能同时通电，因此在上/下移动、左/右移动的电路中必须设置互锁环节。

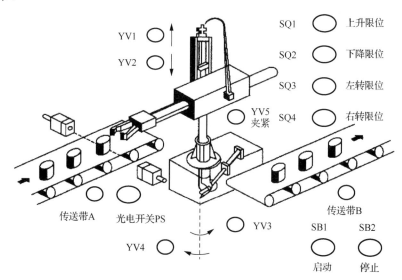

图 10-2　传送工件的机械手控制示意

为了保证机械手动作准确，在机械手上安装了限位开关 SQ1、SQ2、SQ3、SQ4，分别对机械手进行上升、下降、左转、右转动作限位，并给出动作到位的信号。光电开关 PS 负责检测传送带 A 上的工件是否到位，到位后机械手开始动作。

2. I/O 地址分配

根据上述的控制要求，找出机械手在传送工件的过程中有几个输入信号和输出信号，编制输入/输出地址分配表见表 10-1。

表 10-1　机械手的 I/O 地址分配

输入信号	输出信号
启动按钮：X0	上升 YV1：Y1
停止按钮：X1	下降 YV2：Y2
上升限位开关 SQ1：X2	左转 YV3：Y3
下降限位开关 SQ1：X3	右转 YV4：Y4
左转限位开关 SQ1：X4	夹紧 YV5：Y5
右转限位开关 SQ1：X5	传动带 A：Y6
光电开关 PS：X6	传动带 B：Y7

3. 控制程序设计

根据控制要求先设计出机械手功能流程图，如图 10-3 所示。根据功能流程图再设计出机械手状态梯形图程序，如图 10-4 所示。功能流程图是一个按顺序动作的步进控制系统。

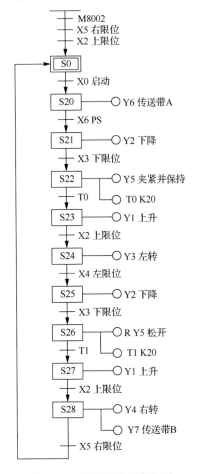

图 10-3　机械手功能流程图

在机械手功能流程图中用 S0～S28 代表流程图的各步骤，当两步骤之间的转换条件满足时，进入下一步。当机械手位于右限位 X5 和上限位 X2 时，代表机械手位于原位 S0。这时，按下启动按钮 X0，进入 S20 状态，该状态下的动作被执行，Y6 被接通，传送带 A 运行。当光电开关（X6）检测到物体时，转移条件满足，进入 S21 状态；上一个状态被复位，S21 状态下的动作被执行，Y2 通电，机械手下降，碰到下限位开关 X3 时，转移条件满足，进入 S22 状态；上一个状态被复位，S22 状态下的动作被执行，Y5 通电，机械手夹紧工件并保持。2s 后机械手上升，碰到上限位开关 X2，进入 S24 状态；该状态下的动作被执行，Y3 被接通，机械手左转，碰到左限位开关 X4 时，进入 S25 状态；该状态下的动作被执行，Y2 被接通，机械手下降，碰到下限位开关 X3 时，转移条件满足，进入 S26 状态；该状态下的动作被执行，复位 Y5，机械手松开，2s 后机械手上升，碰到上限位开关 X2 时，进入 S28 状态；该状态下的动作被执行，Y4 被接通，机械手右转，同时 Y7 通电，传送带 B 运行；当机械手碰到右限位开关 X5 时，返回到原位 S0，这样，就完成一个工作周期。

在机械手功能流程图中，每一工步的后面只能有一个转移的条件，每个转移后面只有一个工步，这属于单流程结构控制。根据图 10-3 的机械手功能流程图，将顺序功能流程图转换成状态梯形图，如图 10-4 所示。由以上分析可看出，状态转移图基本上是以机械控制的流程表示状态（工步）的流程，而状态梯形图全部是由继电器来表示控制流程的程序。

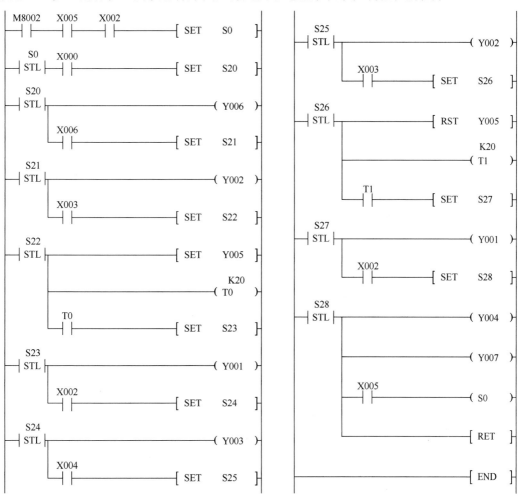

图 10-4　机械手状态梯形图

10.3　电动机的星形-三角形连接法降压启动控制

设计一个星形-三角形连接法降压启动控制系统，当按下启动按钮 SB1 时，接触器 KM1 和 KM3 通电，电动机三相电路被接成星形，以此方式启动，6s 后 KM1 和 KM2 通电，KM3 断电，电动机三相电路被连接成三角形，以此方式启动。当按下停止按钮 SB2 时，电动机停止转动。

1. I/O 地址分配

通过分析控制要求可知，该控制系统有 3 个输入和 3 个输出，输入/输出的地址分配见表 10-2。

表 10-2　输入/输出的地址分配

输入信号	输出信号
启动按钮 SB1：X0	电源接触器 KM1 线圈：Y0
停止按钮 SB2：X1	星形接触器 KM3 线圈：Y1
过载保护 FR：X2	三角形接触器 KM2 线圈：Y2

其控制电路接线图如图 10-5 所示，星形和三角形接触器的常闭触点在线圈电路中进行机械互锁。

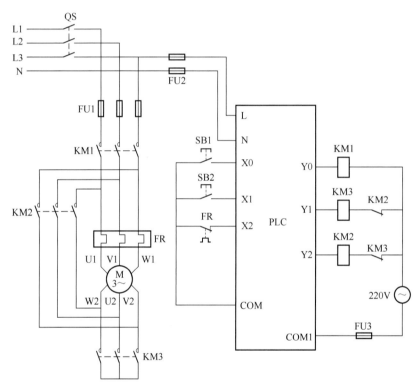

图 10-5　电动机的星形-三角形连接法降压启动控制电路接线图

2. 控制程序设计

根据控制要求设计的程序如图 10-6 所示。由于热继电器的过载保护连接的是常闭触点，因此，输入继电器 X2 通电，其常开触点闭合。按下启动按钮 X0，辅助继电器 M0 通电，其常开触点闭合，Y1 和 Y0 通电；接触器 KM3 和 KM1 吸合，其主触点闭合，电动机被连接成星形，以此方式启动；同时定时器 T0 开始定时，定时时间到，其常闭触点断开，Y1 断电，解除星形连接；Y1 的常闭触点恢复闭合，为 Y2 通电做好准备，T0 的常开触点闭合，接通 T1，延时 0.5s 后，Y2 通电，电动机被连接成三角形，以此方式启动。在 Y1 和 Y2 线圈中互相串联对方的常闭触点，实现互锁。用 T1 定时器实现星形和三角形绕组换接时所需的 0.5s（延时），以防止 KM2、KM3 同时通电，造成主电路短路。

3. 输入并仿真

将图 10-6 所示的程序用 GX 软件输入 PLC 中，并启动梯形图编辑工具进行仿真。在仿真过程中，注意观察 Y0、Y1、Y2 的通电顺序，对照控制要求，验证该程序是否正确。

4. 连接电路

按照星形-三角形连接法降压启动控制接线图（见图 10-5）将电路正确连接，连接时必须注意，用接触器 KM2 接成三角形时，其上面的 3 个接线端子接电动机的 U1、V1、W 相，对应下面的 3 个端子接电动机的 W2、U2、V 相。在 PLC 的输出端，将 KM2 和 KM3 互锁。

5. 调试运行

根据图 10-5 所示，按下启动按钮 SB1，首先看到 KM3 和 KM1 通电，电动机以丫形启动，大约 5s 后，KM3 断电。同时，KM2 通电，电动机以三角形连接法运行。按下停止按钮 SB2，电动机停止。

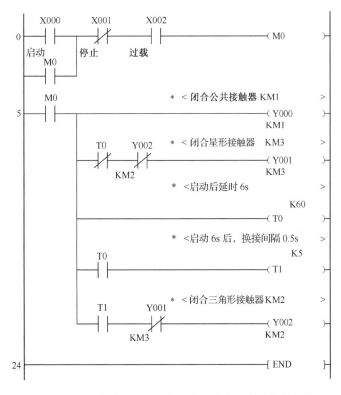

图 10-6　电动机的星形-三角形连接法降压启动控制程序

10.4　自动平移门控制系统设计

许多公共场所都采用自动平移门，其结构如图 10-7 所示，人靠近自动门时，微波感应器 SB 状态为 ON，驱动门电动机开门。当人通过后，再将门关上。该如何设计该自动门的 PLC 控制程序？

1. 控制要求

（1）当有人通过微波感应器 SB 时，控制门关开的电动机正转开门，到达开门限位开关

SQ1、SQ3 时，电动机停止运行。

（2）自动门在开门位置停留 8s 后，自动进入关门过程，控制门关开的电动机反转，当门移动到关门限位开关 SQ2、SQ4 时，电动机停止运行。

（3）在关门过程中，如果微波感应器探测到有人通过，应立即停止关门，并自动进入开门程序。

（4）在门打开后的 8s 等待时间内，若有人通过，必须重新等待 8s 后，再自动进入关门过程。

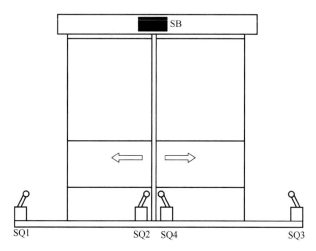

图 10-7　自动平移门结构示意

2. I/O 地址分配

根据系统的控制要求，分析该系统的输入和输出信号，自动门的 I/O 地址分配见表 10-3。

表 10-3　自动门的 I/O 地址分配

输入信号	输出信号
微波感应器 SB：X0	电动机正转（KM1）开门：Y0
开门限位开关 SQ1、SQ3：X1	电动机反转（KM2）关门：Y1
关门限位开关 SQ2、SQ4：X2	—

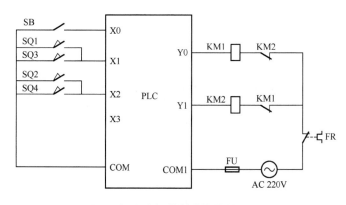

图 10-8　自动门控制系统的 I/O 接线

按照表 10-3 的 I/O 的地址分配，完成自动门控制系统的 I/O 接线，如图 10-8 所示。将微波感应器开关 SB 连接到 PLC 的 X0 端，开门限位开关 SQ1、SQ3 连接到 X1 端，关门限位开关 SQ2、SQ4 连接到 X2 端，完成 PLC 的输入端接线电路。将电动机正转接触器 KM1 的线圈连接到 PLC 的 Y0 端，电动机反转接触器 KM2 的线圈连接到 PLC 的 Y1 端，完成 PLC 的输出端接线电路。

3. 控制程序设计

分析自动门的控制要求，设计其状态转移图，如图 10-9 所示。从图 10-9 中可以看出，自动门在关门时会有两种选择，关门期间无人要求进出时继续完成关门动作，转移到状态 S0；若关门期间有人要求进出，则暂停关门动作，转移到状态 S20 后开门，让人进出后再关门。

将如图 10-9 所示的自动门控制系统的状态转移图转换成状态梯形图和步进指令表，如图 10-10 所示。

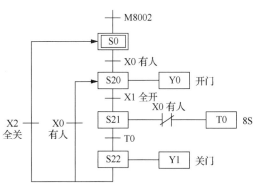

图 10-9　自动门控制系统的状态转移图

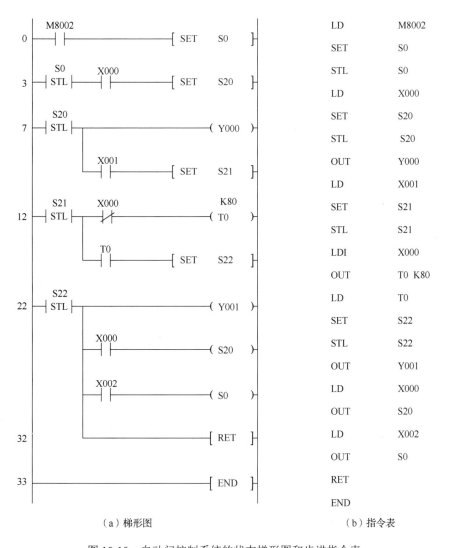

（a）梯形图　　　　　　　　（b）指令表

图 10-10　自动门控制系统的状态梯形图和步进指令表

4．调试运行

首先，将 X0 按下，Y0 通电，开始开门。按下 X1（开门到位），8s 后，Y1 通电，开始关门，按下 X2（关门到位），返回到 S0。在关门过程中，若按下 X0（有人通过），则返回到 S20，继续开门。

10.5　Z3040 型摇臂钻床的可编程序控制器控制系统设计

将第 4 章 4.3 节的 Z3040 型摇臂钻床采用可编程序控制器进行改造，改造思路如下：

（1）了解系统改造的要求。用可编程序控制器替换原继电器-接触器控制电路；尽可能地留用原继电器-接触器控制系统中可用的元器件；在满足控制要求的情况下，尽可能地采用价格便宜的可编程序控制器；要预留一些输入/输出点，以备添加功能时使用。

（2）了解原设备电器的工作原理。根据生产的工艺过程分析控制要求，如需要完成的动作（动作顺序、必需的保护和互锁等）、操作方式（手动、自动、连续、单周期、单步）等；根据控制要求确定系统控制方案；根据系统构成方案和工艺要求确定系统远行方式。

（3）根据控制要求确定所需的用户输入、输出设备，据此确定可编程序控制器的 I/O 点数。

（4）可编程序控制器的选择。可编程序控制器是控制系统的核心部件，正确选择可编程序控制器对保证整个控制系统的技术经济指标起着重要的作用。选择可编程序控制器时应包括机型、容量、I/O 模块、电源模块等。

1．控制要求

Z3040 型摇臂钻床控制系统执行件主要有主轴电动机、摇臂升降电动机、液压泵电动机、冷却泵电动机以及照明灯、信号灯。其中，主轴电动机为钻床主运动与进给传动提供动力，摇臂升降电动机为钻床对刀时摇臂的升降运动提供动力，液压泵电动机为移位运动装置提供压力油，以推动液压机构动作；冷却泵电动机带动冷却泵为铣床提供切削液。Z3040 型摇臂钻床对电气控制的要求如下。

（1）主轴电动机。主轴的旋转运动和纵向进给传动及其变速机构均在主轴箱内，由一台主轴电动机拖动。主轴由机械摩擦片式离合器实现正转、反转及调速的控制。因此，在电气控制方面，只须实现主轴电动机的自锁控制。

（2）摇臂升降电动机。摇臂的升降由一台交流异步电动机拖动，安装于主轴顶部，该电动机必须能够实现正/反转来控制摇臂的上升和下降。

（3）液压泵电动机。内外立柱、主轴箱与摇臂的夹紧与放松是由一台电动机通过正/反转拖动液压泵送出不同流向的压力油，推动活塞、带动菱形块动作来实现的。因此，要求液压泵电动机能正/反向旋转，采用点动控制。

（4）冷却泵电动机。应能实现自锁控制。

（5）互锁控制。在操纵摇臂升降时，应首先使液压泵电动机启动旋转，送出压力油，经液压系统将摇臂放松，再启动摇臂升降电动机，拖动摇臂上升或下降。当移动到位后，控制电路又要保证 M2（见图 10-11）先停下，再自动通过液压系统将摇臂夹紧，最后液压泵电动机才停止转动。

（6）电路安全。控制电路中应设置短路保护、电动机过载保护等安全措施。

2. I/O 地址分配

根据系统的控制要求，分析该系统的输入和输出信号，分配 I/O 地址。Z3040 型摇臂钻床的 I/O 地址分配见表 10-4。

表 10-4　Z3040 型摇臂钻床的 I/O 地址分配

输 入			输 出		
输入继电器	输入元件	作用	输出继电器	输出元件	作用
X0	SB1	主轴停止	Y0	YA	电磁阀 YA
X1	SB2	主轴启动	Y1	KM1	接触器 KM1
X2	SB3	摇臂上升	Y2	KM2	接触器 KM2
X3	SB4	摇臂下降	Y3	KM3	接触器 KM3
X3	SB5	主轴箱松开	Y4	KM4	接触器 KM4
X5	SB6	主轴箱夹紧	Y5	KM5	接触器 KM5
X6	SQ1	摇臂上升限位	Y7	HL1	主轴箱松开指示灯
X7	SQ5	摇臂下降限位	Y10	HL2	主轴箱夹紧指示灯
X10	SQ2	摇臂松开	Y11	HL3	主轴运行指示灯
X11	SQ3	摇臂夹紧	—	—	—
X12	SQ4	主轴箱夹紧	—	—	—

根据表 10-4 所列的 Z3040 型摇臂钻床的 I/O 地址分配情况，绘制 I/O 接线图。该钻床的主电路及 I/O 接线图如图 10-11 所示。

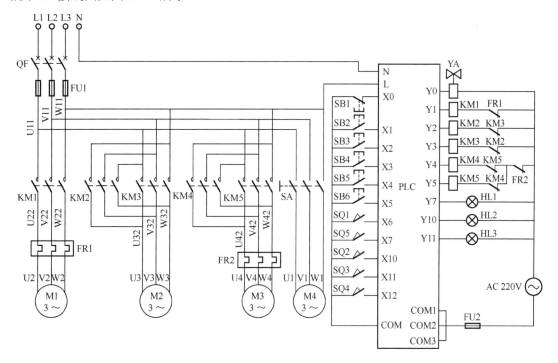

图 10-11　Z3040 型摇臂钻床的主电路及 I/O 接线图

对于图 10-11，需要说明以下几点：

（1）停止按钮 SB1 的常闭触点与 PLC 的软继电器 X0 相连，PLC 内部触点常用作常开触点，以缩短响应时间。

（2）热继电器的常闭触点不接入 PLC，可节省输入连接点数。

（3）输出电路中重要互锁关系的处理，除软件互锁外，硬件必须同时互锁。

（4）输出电路加装熔断器。

根据控制要求，需要 11 个输入设备、9 个输出设备。在此，选用 FX$_{2N}$-32MR 可编程序控制器即可。

3. 控制程序设计

根据控制要求，设计 Z3040 型摇臂钻床的 PLC 控制梯形图如图 10-12 所示。

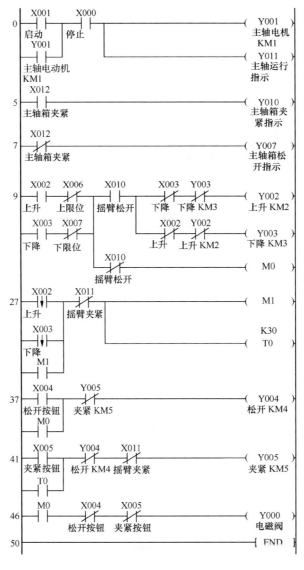

图 10-12　Z3040 型摇臂钻床的 PLC 控制梯形图

4. 调试运行

（1）按图 10-11 所示将可编程序控制器与输入/输出设备连接起来。

（2）用 GX Works 软件编制如图 10-12 所示的梯形图，编译无误后分别下载到 PLC 中，并将模式选择开关拨到 RUN 状态。

（3）按照 Z3040 型摇臂钻床的控制要求操作，观察经过可编程序控制器改造后能否达到钻床的控制要求。

10.6　自动分拣生产线的可编程序控制器控制系统设计

自动分拣生产线结构示意如图 10-13 所示，这是一个传送、分拣金属工件和塑料工件的系统。工件由供料盘推送至位置Ⅰ的供料架后，由气动机械手夹持送至传送带位置Ⅱ的下料孔；工件经电感式接近开关检测确定为金属工件后，即由装在传送带位置Ⅲ的汽缸活塞杠推至分拣斜槽；若检测为塑料工件，则由传送带继续向前传送，由位置Ⅳ的汽缸活塞杠推至分拣斜槽。

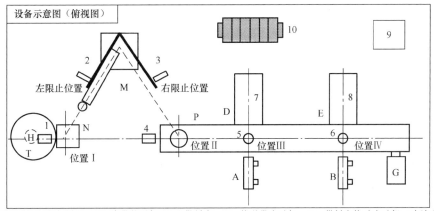

N—供料架；M—气动机械手；P—皮带传送机；T—供料盘；G—传送带电动机；H—供料盘拖动电动机（直流电动机）；
位置Ⅰ—供料架；位置Ⅱ—皮带传送机下料孔；位置Ⅲ、Ⅳ—工件识别与分拣（D、E 下料斜槽）
1—光电传感器；2，3—磁性开关；4—光电传感器（漫反射型）；5—电感式接近开关；6—电容式接近开关；
7，8—斜槽；9—气源；10—电磁阀组；控制气动机械手的升降、伸缩、夹紧的汽缸与 A、B 直线汽缸装有磁性开关

图 10-13　自动分拣生产线结构示意

10.6.1　自动分拣生产线的控制要求

（1）由按钮 SB1 控制系统启动。系统需在原点状态下才能启动。系统处于原点状态时，原点指示灯（黄灯）闪亮（每秒闪烁 1 次）。原点状态要求如下。

① 供料盘停止转动。

② 气动机械手无夹持工件，气动手爪松开，气动机械手直线汽缸活塞杠退回；气动机械手停止在左边的限止位置上。

③ 传送带电动机停止转动，传送带上各直线汽缸活塞杠退回。

（2）当系统启动后，运行指示灯（绿灯）闪亮。

（3）系统启动后，当供料架无工件时，供料盘应立刻转动，直至供料架的光电传感器检测

到工件才停止。

（4）当供料架的光电传感器检测到工件后，气动机械手的手臂就伸出、下降，用气动手爪将工件夹紧（夹紧时间 1s）；然后上升、缩回，转动至右限止位置，再伸出、下降，气动手爪放松，通过位置Ⅱ的下料孔将工件放到皮带传送机的传送带上。

（5）气动机械手放下所夹持的工件 1s 后上升、缩回，转回左限止位置后继续进行工件传送。

（6）当传送带位置Ⅱ的光电传感器检测到工件后，传送带电动机立刻启动并开始运行（变频器输出频率为 25Hz）。若是金属工件，就由位置Ⅲ的直线式推料汽缸 A 分拣到斜槽 7；若是塑料工件，传送带立刻转为 10Hz 低速运行，到达位置Ⅳ时，就由位置Ⅳ的直线式推料汽缸 B 分拣到斜槽 8。分拣用的直线汽缸动作，由汽缸上的磁性开关控制。物料被分拣后，汽缸活塞复位。

（7）若传送带位置Ⅱ的光电传感器连续 6s 还检测不到工件，则指示灯（红色）闪亮（1s 之内闪烁 3 次），提示皮带传送机缺料。当传送带位置Ⅱ的光电传感器检测到工件时，指示灯熄灭。

（8）按钮 SB2 控制系统正常停机。按下 SB2，运行指示灯（绿灯）熄灭。若气动机械手没有夹持工件，系统就会在完成工件的传送与分拣后，回到原点位置上，进入待机状态。若气动机械手夹持有工件，则系统会继续进行工件的传送与分拣，在工作完成后才停止运行，并使系统回到原点位置上，进入待机状态。

自动分拣装置的外形结构如图 10-14 所示。从图中可以看出，直线式推料汽缸 A、B 与斜槽 7、8 是在一个平面内水平分布的。直线式推料汽缸活塞杠伸出，便可把工件推进斜槽中，实现工件的分拣。

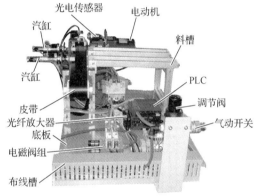

图 10-14　自动分拣装置的外形结构

10.6.2　自动分拣生产线的主要部件

1. 自动分拣生产线的组成

如图 10-13 所示，自动分拣生产线由供料机构、气动机械手、交流变频皮带传送机构、物料辨别传感器、物料分拣汽缸组成。下面只介绍前三者，自动分拣生产线有关传感器的知识单独介绍。

1）供料机构

供料机构如图 10-15 所示。直流电动机 H 拖动供料盘 T 转动，供料盘带动拨动杠将工件推送到供料架，等待气动机械手夹运。当光电传感器 X3 检测到工件时，电动机就立刻停止转动。

2）气动机械手

气动机械手的垂直升降、手臂伸缩、左右转动和气动手爪的夹紧动作均由气压驱动，因此，它的气动回路由垂直升降汽缸、伸缩汽缸、摆动汽缸和夹紧汽缸组成。气动机械手的所有执行汽缸都是双作用汽缸，因此，控制它们工作的电磁阀需要有两个工作口、两个排气口以及一个供气口，所使用的电磁阀均为二位五通电磁阀。

气动机械手采用双电控电磁换向阀控制的汽缸：控制气动机械手垂直升降的汽缸、控制机械手伸缩汽缸、控制气动机械手摆动的汽缸。

气动机械手采用单电控电磁换向阀控制的汽缸：控制气动机械手夹紧物件的汽缸。该汽缸上装有夹紧识别磁性开关，其他 3 个汽缸的两端均装有检测位置用的磁性开关。手动机械手的所有动作的转换是在电磁换向阀和磁性开关的控制下进行的。

　　3）交流变频皮带传送机构

皮带传送机构用于传送物料，由三相异步电动机拖动，该交流电动机的转速由三菱 S540 变频器控制。皮带传送机构如图 10-16 所示。在图 10-13 所示位置 II 的下料孔旁边装有光电传感器，只要该传感器检测到物料，就启动传送带中速运行。该传送机构还包括安装在位置III用来识别金属的电感式传感器、安装在位置IV用来识别非金属的电容式传感器，以及位置 A、B 处的直线式推料汽缸和出料斜槽。两个直线式推料汽缸均采用双电控电磁换向阀控制推出和退回，两端装有推出到位和退回到位的磁性开关。

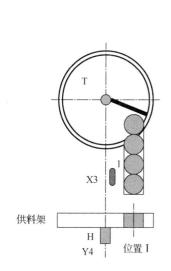

图 10-15　供料机构示意

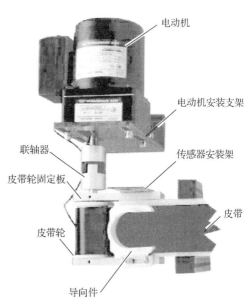

图 10-16　皮带传送机构

2. 自动分拣生产线有关传感器

自动分拣生产线所使用的传感器都是接近感知传感器，它利用传感器对所接近的物体具有的敏感特性来识别物体的接近，并输出相应开关信号。因此，接近感知传感器通常也称为接近开关。图 10-17 所示为自动分拣生产线有关传感器的位置示意，图中标出了每一个传感器的安装位置、名称、接线方式以及接入 PLC 输入端子的对应地址编号。

　　1）光电传感器

用来检测生产线上工件不足或工件有无的漫射式光电传感器的工作原理如图 10-18 所示。在工作时，光发射器始终发射检查光，若接近开关前方一定距离内没有物体，则光电传感器处于常态而不动作；若前方一定距离内出现物体，只要反射回来的光强度足够，则接收器所接收到足够的漫射光就会使接近开关动作而改变输出状态。光电传感器分 NPN 晶体管集电极开路输出型和 PNP 晶体管集电极开路输出型两种，由于 FX_{2N} 系列的 PLC 是漏型输入，因此选择光电传感器时，应该选用 NPN 输出型。

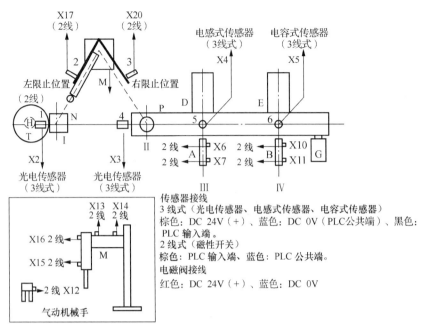

图 10-17　自动分拣生产线有关传感器的位置示意

光电传感器与 PLC 的接线如图 10-19 所示。对 NPN 输出型的光电传感器，其工作电源"0V"端连接在 PLC 的"COM"上。3 线式光电传感器都要连接工作电源，连接方法如下：

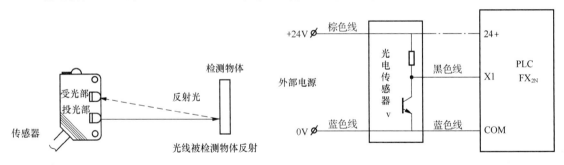

图 10-18　漫射式光电传感器的工作原理　　　图 10-19　光电传感器与 PLC 的接线

① 连接在外部电源上。

② 连接在 PLC 提供的直流电压为 24V 的正极端子上。

2）电感式传感器与电容式传感器

电感式传感器是利用电涡流效应工作的，用来检测金属物体。当没有物体接近时，电感式传感器不动作。若在一定距离内检测到金属物体，则传感器动作而改变输出状态。它也分 NPN 输出型和 PNP 输出型两种，该控制系统选择 NPN 输出型，接线方法参照图 10-19 所示的接线图。

电容式传感器用来检测非金属物体。该控制系统选择 NPN 输出型，接线方法参照图 10-19 所示的接线图。

3）磁性开关

自动分拣生产线所使用的汽缸都是带磁性开关的汽缸。这些汽缸在非磁性物体的活塞上安装一个永久磁铁的磁环，这样就提供了一个反映汽缸活塞位置的磁场。其工作原理如图 10-20 所示，磁性开关的接线图如图 10-20（a）所示，它有两根引出线，棕色线连接 PLC 的输入端，蓝色线连接 PLC 的 COM 端。磁性开关安装在汽缸两侧，如图 10-20（b）所示。当汽缸活塞杠的磁环接近开关时，舌簧开关的两根簧片被磁化而相互吸引，触点闭合，指示灯（红灯）亮；当磁环移开开关后，簧片失磁，触点断开。触点闭合或断开时发出电控信号，在 PLC 的自动控制中可以利用该信号判断汽缸的活塞杠伸出到位或缩回到位。

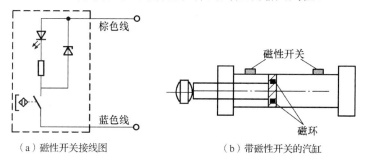

（a）磁性开关接线图　　　　　　　　（b）带磁性开关的汽缸

图 10-20　带磁性开关的汽缸工作原理

10.6.3　自动分拣生产线的控制系统设计

1. I/O 地址分配

根据自动分拣生产线的控制要求，确定控制系统的输入/输出信号，其 I/O 地址分配见表 10-5，选择 FX$_{2N}$-48MR 的 PLC，绘制其 I/O 接线图，如图 10-21 所示。

表 10-5　自动分拣生产线的 I/O 地址分配

输入		输出	
输入继电器	作用	输出继电器	作用
X0	启动	Y0	原点指示（黄灯）
X1	停止	Y1	运行指示（绿灯）
X2	供料检测	Y2	缺料指示（红灯）
X3	下料检测	Y3	A 汽缸伸出
X4	金属检测	Y4	A 汽缸缩回
X5	塑料检测	Y5	B 汽缸伸出
X6	A 汽缸伸出到位	Y6	B 汽缸缩回
X7	A 汽缸缩回到位	Y7	供料盘电动机
X10	B 汽缸伸出到位	Y10	气动机械手夹紧
X11	B 汽缸缩回到位	Y11	气动机械手伸出
X12	夹紧检测	Y12	气动机械手缩回
X13	气动机械手伸出到位	Y13	气动机械手下降
X14	气动机械手缩回到位	Y14	气动机械手上升
X15	气动机械手下降到位	Y15	气动机械手左转
X16	气动机械手上升到位	Y16	气动机械手右转
X17	气动机械手左转到位	Y20	变频器 STF
X20	气动机械手右转到位	Y21	中速 RM
X21	急停	Y22	低速 RL
X22	气动机械手回归原点	—	
X23	单周期选择	—	
X24	连续选择	—	

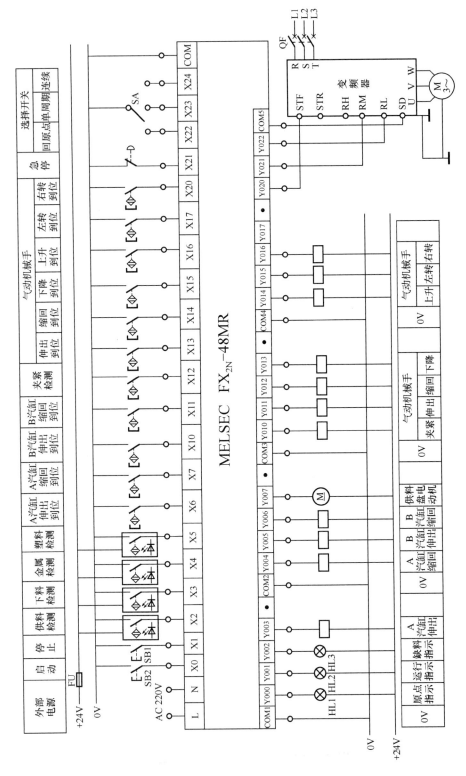

图 10-21　自动分拣生产线的 I/O 接线图

2. 控制方案

1）自动程序

由自动分拣生产线控制系统的要求可知，该系统在原点状态时按下启动按钮 X0，气动机械手和传送带分别按各自的顺序工作。因此，气动机械手的自动程序结构采用并行分支，如图 10-22 所示。每个分支根据工作方式的不同（单周期或连续）有 4 种不同的结果。如果是连续工作方式（X24=ON），那么各分支自动循环；如果是单周期工作方式（X23=ON），那么各分支程序完成后回到原点状态。M1 的作用是停止记忆（见图 10-25），无论什么时间按下停止按钮 X1，其状态就用辅助继电器 M1 保持记忆，保证整个工作流程完成后再停止。

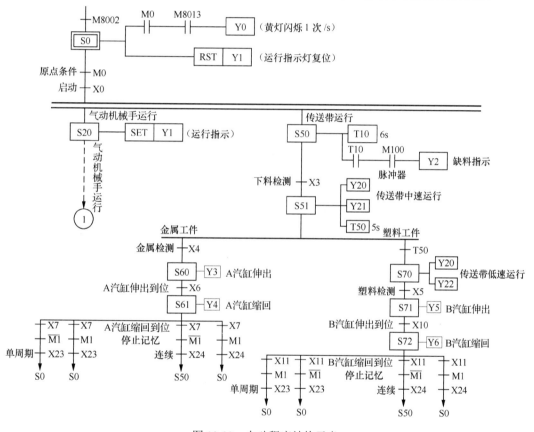

图 10-22　自动程序结构示意

2）气动机械手自动程序

气动机械手的自动程序流程图如图 10-23 所示。正常停机时，如果机械手没有夹持工件，那么转向③或④两个选择分支，完成相应的动作后，回到原点位置上，进入待机状态；如果机械手夹持有工件，那么系统会继续进行工件的传送与分拣，在工作完成后才停止运行并使系统回到原点位置上，进入待机状态。

3）各动作结构自动返回原点的顺序控制程序

根据控制要求，当自动分拣生产线需要中途停止或急停时，各动作机构要返回原点位置。因此，需要设计一个能自动返回原点的顺序控制程序，其流程图如图 10-24 所示。

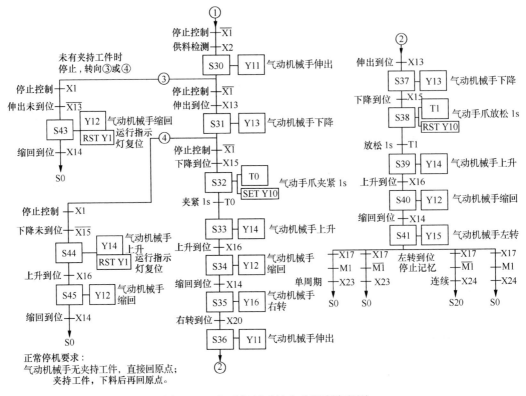

图 10-23　气动机械手的自动程序流程图

4）程序结构

由以上分析可知，自动分拣生产线的程序结构如图 10-25 所示，由初始化程序、自动返回原点程序和自动程序等部分组成。在初始化程序中，X22 是自动返回原点选择开关，CJ 为条件跳转指令，X22=1 时，X22 的常闭触点断开，执行自动返回原点程序，在该程序的最后一步，由于 X22 的常开触点闭合，执行"CJ P1"指令，跳到 END 处结束；如果此时系统选择单周期或连续工作方式，那么 X22=0，其常闭触点闭合，执行"CJ P0"指令，将跳过自动返回原点程序，跳到标号 P0 处，执行自动程序。

初始化程序相对简单，一般采用经验设计法编程。如图 10-25 所示，按下急停按钮 X21 时，在 0 步，执行"ZRST S0 S72"指令，系统停在当前状态。若想重新运行，必须闭合返回原点开关，执行自动返回原点程序，让各动作机构返回到原点位置；再按下启动按钮 X0，开始系统的自动运行；在 11 步将停止信号 X1 的状态用自锁电路进行停止记忆，是为了在正常停止系统时，必须执行完所有的流程后再停止。自动程序运行的首要条件是系统必须处

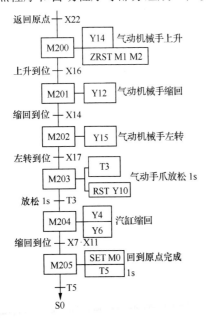

图 10-24　自动返回原点的顺序控制程序流程图

于原点状态，该系统的原点条件见步 15；在 24 步，M8040 是转移禁止状态，在单周期运行状态下，X23=ON，X21=ON，按下停止按钮 X1 时，M8040 通电，系统暂停在当前状态，再按下启动按钮 X0 时，系统从当前状态继续运行；在 31 步，按下启动按钮 X0，并且系统开始运行（Y1=ON）后，控制供料盘的电动机 Y7 才通电运行。当供料传感器检测到工件时，X2 的常闭触点断开，电动机就应该立刻停止运行。没有工件时，电动机又开始运行。

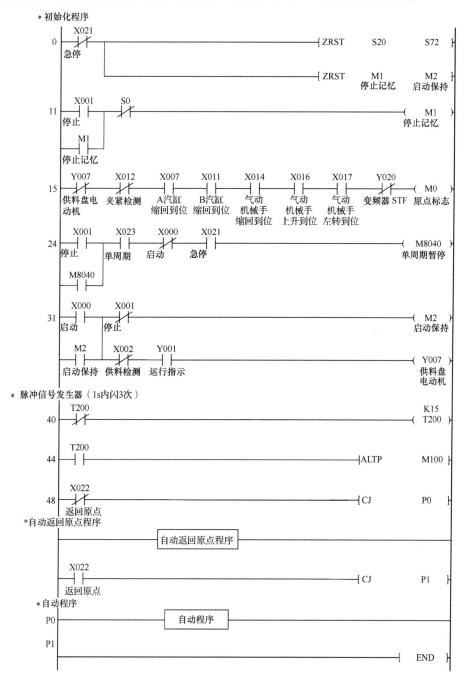

图 10-25　自动分拣生产线的程序结构

自动程序相对复杂，对于顺序控制系统一般采用状态转移图设计程序。先画出其自动工作过程的状态转移图，再运用前面学过的转换方法将状态转移图转换成梯形图程序。

5）变频器参数设置

该控制系统选择三菱 S540 系列功率为 0.75kW 的变频器。该变频器运行在多段速工作模式上，因此，设置如下参数：

P79=3（组合操作模式）；P1=50Hz（上限频率）；P2=0Hz（下限频率）；P4=50Hz（高速）；P5=25Hz（中速）；P6=10Hz（低速）。

6）完整程序设计

自动分拣生产线完整的程序如图 10-26 所示。

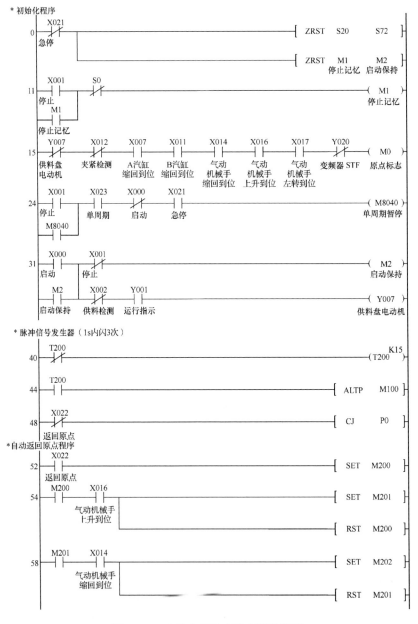

图 10-26　自动分拣生产线完整的程序

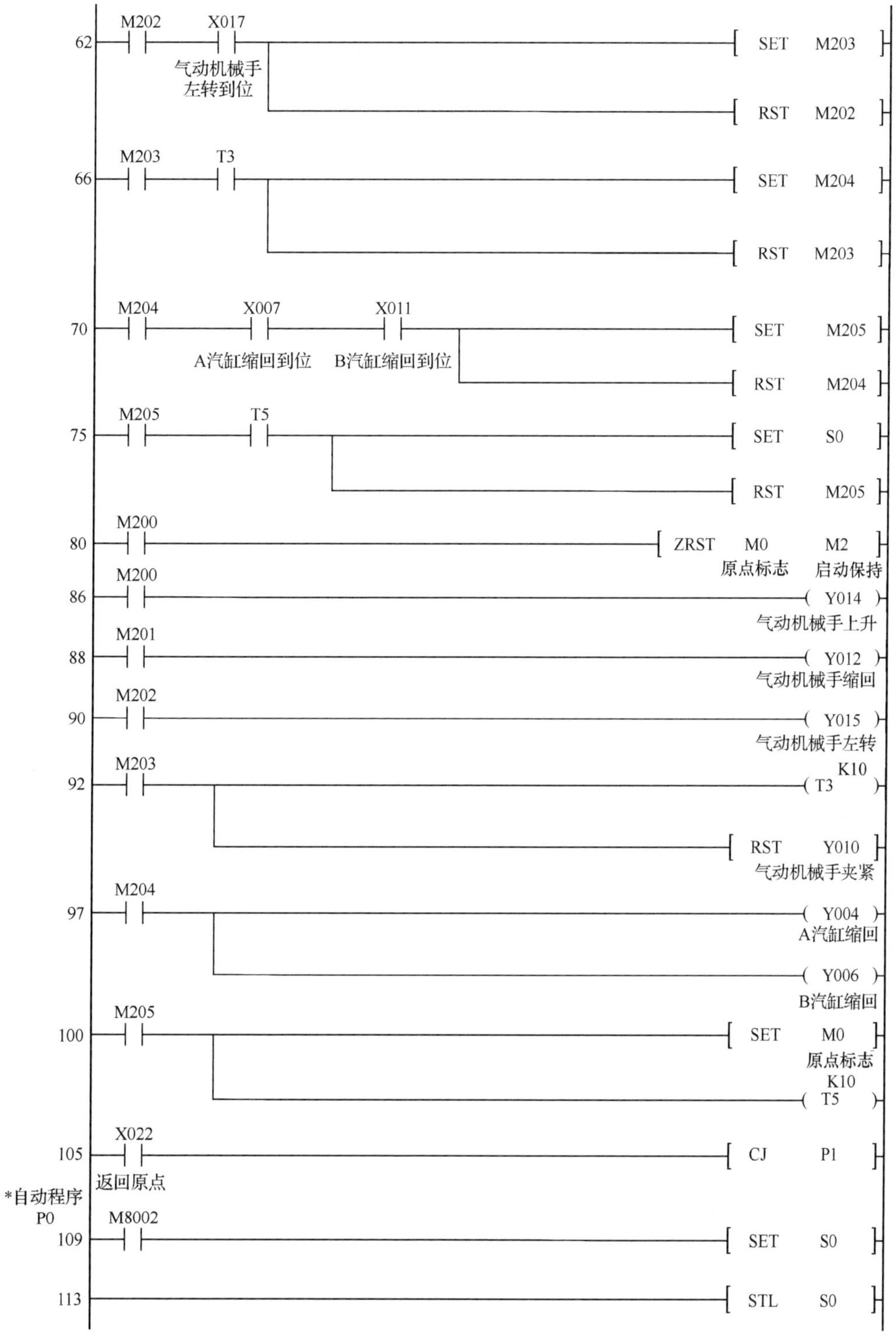

```
 62 ┤ M202 ├─┤ X017 ├────────────────────────────[ SET   M203 ]
         气动机械手
         左转到位
                                                   [ RST   M202 ]

 66 ┤ M203 ├─┤ T3 ├──────────────────────────────[ SET   M204 ]

                                                   [ RST   M203 ]

 70 ┤ M204 ├─┤ X007 ├─┤ X011 ├───────────────────[ SET   M205 ]
              A汽缸缩回到位   B汽缸缩回到位
                                                   [ RST   M204 ]

 75 ┤ M205 ├─┤ T5 ├──────────────────────────────[ SET   S0  ]

                                                   [ RST   M205 ]

 80 ┤ M200 ├────────────────────────────────[ ZRST  M0    M2 ]
                                              原点标志  启动保持
 86 ┤ M200 ├──────────────────────────────────────( Y014 )
                                                   气动机械手上升
 88 ┤ M201 ├──────────────────────────────────────( Y012 )
                                                   气动机械手缩回
 90 ┤ M202 ├──────────────────────────────────────( Y015 )
                                                   气动机械手左转
                                                        K10
 92 ┤ M203 ├──────────────────────────────────────( T3  )

                                                   [ RST   Y010 ]
                                                   气动机械手夹紧
 97 ┤ M204 ├──────────────────────────────────────( Y004 )
                                                   A汽缸缩回

                                                   ( Y006 )
                                                   B汽缸缩回
100 ┤ M205 ├──────────────────────────────────────[ SET   M0  ]
                                                   原点标志
                                                        K10
                                                   ( T5  )

105 ┤ X022 ├──────────────────────────────────────[ CJ    P1  ]
      返回原点
*自动程序
P0
109 ┤ M8002 ├─────────────────────────────────────[ SET   S0  ]

113 ├────────────────────────────────────────────[ STL   S0  ]
```

图 10-26　自动分拣生产线完整的程序（续）

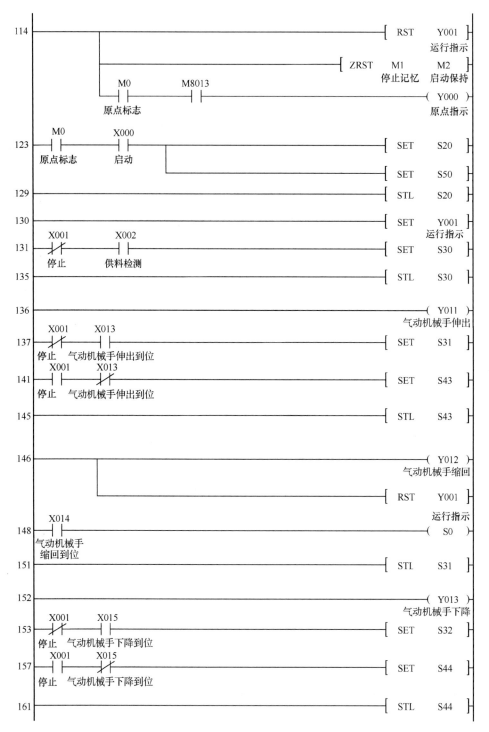

图 10-26　自动分拣生产线完整的程序（续）

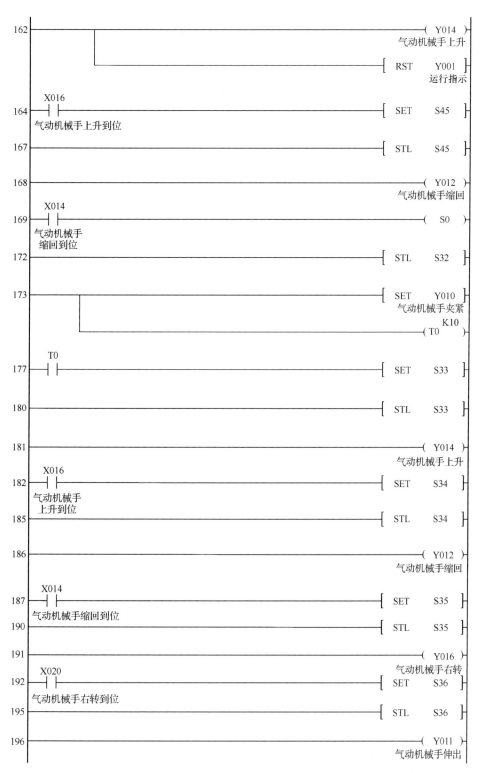

图 10-26 自动分拣生产线完整的程序（续）

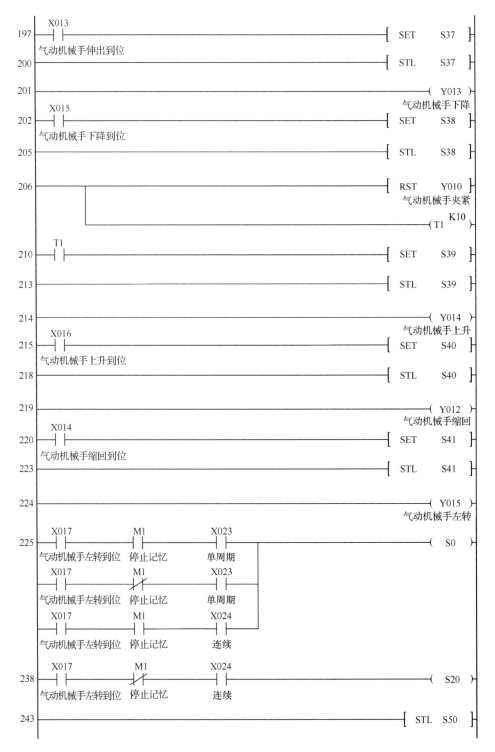

图 10-26　自动分拣生产线完整的程序（续）

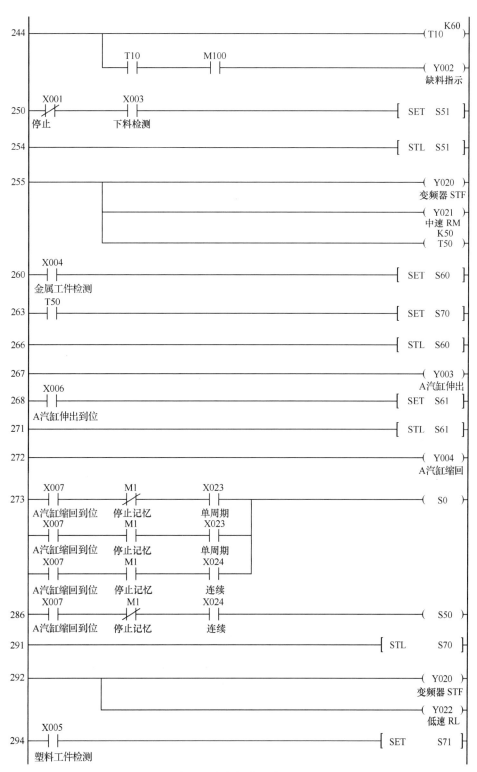

图 10-26 自动分拣生产线完整的程序（续）

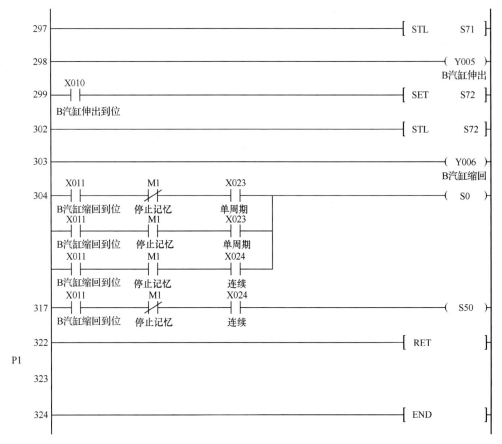

图 10-26 自动分拣生产线完整的程序（续）

习 题 与 思 考 题

10-1 简述可编程序控制器系统设计的基本内容。

10-2 简述可编程序控制器系统设计的基本步骤。

10-3 简述可编程序控制器系统设计的基本原则。

10-4 用 PLC 设计液体混合控制系统，如图 10-27 所示。控制要求如下：按下启动按钮，电磁阀 Y1 闭合，开始注入液体 A，按 L2 表示液体到了 L2 的高度，停止注入液体 A。同时电磁阀 Y2 闭合，注入液体 B，当液体水位达到 L1 时，停止注入液体 B，开启搅拌机 M，搅拌 5s，停止搅拌。同时 Y3 为 ON 状态，开始放出液体至液体高度为 L3 时，再经过 3s 停止放出液体。同时液体 A 注入，开始循环。按下停止按钮，所有操作都停止，需要重新启动。要求列出 I/O 分配表，编写梯形图程序并写出指令表。

10-5 设计控制 3 台电动机 M1、M2、M3 的顺序启动和制动的程序。控制要求：按下启动按钮 1s 后 M1 启动，M1 运行 5s 后 M2 启动，M2 运行 8s 后 M3 启动。制动时，按下停止按钮 1s 后，M3 制动，M3 制动 8s 后，M2 制动，M2 制动 5s 后，M1 制动。

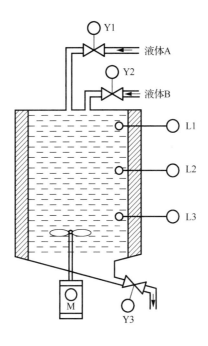

图 10-27　液体混合模拟控制系统

10-6　设计一个八位抢答器电路，要求：当某一位参赛者抢答成功时，显示出该参赛者的号码（用七段译码器输出）。

10-7　试编制能实现下述控制功能的梯形图。要求：用一个按钮控制组合吊灯的三挡亮度：X0 闭合一次，吊灯 1 亮；闭合两次，吊灯 2 亮；闭合三次，吊灯 3 亮；再闭合一次，3 个灯全部熄灭。

第11章
MCGS组态控制系统

监视与控制通用系统（Monitor and Control Generated System，MCGS）是一套基于 Windows 平台的、用于快速构造和生成上位机监控系统的组态软件系统，它主要完成现场数据的采集与监测、前端数据的处理与控制，具有功能完善、操作简便、可视性好、可维护性强的突出特点。通过与其他相关的硬件设备结合，可以快速、方便地开发各种用于现场数据采集、处理和控制的设备。MCGS 有通用版、嵌入版和网络版 3 种，本章重点介绍 MCGS 嵌入版（简称 MCGSE）组态软件的功能特点及应用。

11.1 MCGS 嵌入版组态软件简介

11.1.1 MCGS 嵌入版组态软件的组成

MCGS 嵌入版组态软件生成的用户应用系统由主控窗口、设备窗口、用户窗口、实时数据库和运行策略 5 部分构成。

（1）主控窗口：构造了用户应用系统的主框架，可对工程相关参数进行配置。例如，可设置封面窗口、运行工程的权限、启动画面、内存画面、磁盘预留空间等。

（2）设备窗口：用户应用系统与外部设备联系的媒介，专门用来放置不同类型和功能的设备构件，实现对外部设备的操作和控制。设备窗口通过设备构件采集外部设备的数据，把数据输入实时数据库，或把实时数据库中的数据输送到外部设备。

（3）用户窗口：实现用户应用系统中的数据和流程的可视化。实际工程中所有可视化的界面都是在用户窗口中构建的。用户窗口可以放置 3 种不同类型的图形对象：图元、图符和动画构件。通过在用户窗口内放置不同的图形对象，用户可以构造各种复杂的图形界面，用不同的方式实现应用系统中的数据和流程的可视化。

（4）实时数据库：用户应用系统的核心。实时数据库相当于一个数据处理中心，同时也起到公共数据交换区的作用。从外部设备采集来的实时数据被输入实时数据库，用户应用系统其他部分操作所用的数据也来自实时数据库。

（5）运行策略：对用户应用系统的运行流程进行有效控制的手段。运行策略是用户应用系统提供的一个框架，通过对运行策略的定义，使该系统能够按照设定的顺序和条件操作任务，从而实现对外部设备工作过程的精确控制。

11.1.2 MCGS 嵌入版组态软件的安装

把 MCGS 嵌入版组态软件压缩包解压后，运行其中的 Setup.exe 文件。MCGS 嵌入版组态软件安装程序窗口如图 11-1 所示。在该窗口中，单击"下一步"按钮，进入 MCGS 嵌入版组态软件"自述文件"窗口，如图 11-2 所示。在该窗口中，单击"下一步"按钮，进入"请选择目标目录"窗口，如图 11-3 所示。若不指定安装路径，则系统默认安装到 D:\MCGSE 目录下。根据提示单击"下一步"按钮，开始安装 MCGS 嵌入版组态软件，"正在安装"界面如图 11-4 所示。

在 MCGS 嵌入版主程序安装完成后，继续安装设备驱动程序：选择"是"选项，单击"下一步"按钮，进入驱动程序安装窗口，默认已勾选所有驱动。单击"下一步"按钮，进行安装即可。安装过程结束后，系统弹出对话框提示安装完成，提示是否重新启动计算机。选择重启，完成安装。此时，Windows 操作系统的桌面上添加了如图 11-5 所示的两个快捷方式图标，分别用于启动 MCGS 嵌入版组态环境和模拟运行环境。

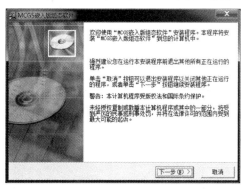

图 11-1 MCGS 嵌入版组态软件安装程序窗口

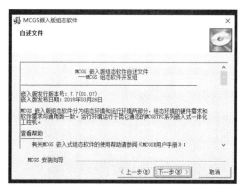

图 11-2 MCGS 嵌入版组态软件"自述文件"窗口

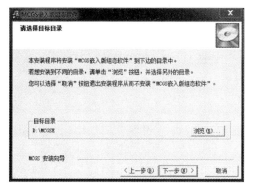

图 11-3 安装目录窗口

图 11-4 "正在安装"界面

图 11-5 两个快捷方式图标

11.2　工程建立和下载

本节以 TPC7062TX 为例，介绍 MCGS 嵌入版组态软件的工程建立、下载以及软件的基本操作。

11.2.1　工程建立

双击计算机桌面上的快捷图标，打开 MCGS 嵌入版组态软件。

单击菜单中的"新建工程"图标，弹出 "新建工程设置"对话框。在该对话框中，对 TPC 类型选择"TPC7062TX"选项，单击"确认"按钮，如图 11-6 所示。执行"文件/工程另存为"操作，保存文件。

选择保存路径，在文件名一栏内输入自定义的工程名，单击"保存"按钮，工程创建完毕。"新建工程"窗口如图 11-7 所示。

图 11-6　"新建工程设置"对话框　　　　　图 11-7　"新建工程"窗口

11.2.2　软件的基本操作

单击工作台上的"设备窗口"标签，打开"设备窗口"。在"设备窗口"中出现的图标上双击，就可进入设备窗口"编辑"界面。

"设备窗口"编辑界面由"设备组态画面"和"设备工具箱"两部分组成。用右键单击该窗口空白处，在弹出的快捷菜单中选择"设备工具箱"，就可打开"设备工具箱"窗口，如图 11-8 所示。"设备组态画面"用于配置该工程需要的通信设备。"设备工具箱"是常用的设备，在"设备工具箱"窗口中的设备名称上双击，可以把选中的设备添加到"设备组态画面"中。

若要添加或删除"设备工具箱"中的设备驱动时，可单击"设备工具箱"窗口顶部的"设备管理"按钮，弹出"设备管理"窗口。在"设备管理"窗口左侧的"可选设备"区域的树形目录中找到需要的设备，双击该图标，即可把它添加到"选定设备"区域。选中"选定设备"区域的某个设备，单击"设备管理"窗口左下方的"删除"按钮，就可以删除该设备。"设备管理"窗口如图 11-9 所示。

图 11-8　"设备工具箱"窗口

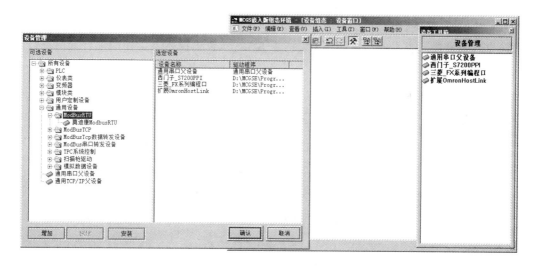

图 11-9　"设备管理"窗口

在 MCGS 嵌入版组态软件中，设备被分成两个层次：父设备和子设备。父设备与硬件接口相对应。子设备放在父设备目录下，用于与该父设备对应接口所连接的设备进行通信。在"设备组态"界面中双击父设备或子设备目录，可以设置通信参数。

在父设备的"通用串口设备属性编辑"窗口中可以设置串口端口号、通信波特率、数据位位数、停止位位数、数据校验方式。子设备的"设备编辑窗口"分为 3 个区域：驱动信息区、设备属性区和通道连接区。驱动信息区里显示的是该设备的驱动版本、路径等信息。设备属性区可设置最小采集周期、设备地址、通信等待时间等通信参数。通道连接区用于构建下位机寄存器与 MCGS 组态软件变量之间的映射，如图 11-10 所示。

图 11-10　通信参数设置

11.2.3　用户窗口的基本操作

用户窗口主界面的右侧有 3 个按钮："动画组态"按钮、"新建窗口"按钮和"窗口属性"按钮。单击"新建窗口"按钮，就可以新建一个窗口；"窗口属性"按钮用于打开已选窗口的属性设置。双击目标窗口图标，或者在选中窗口之后单击"动画组态"按钮，就可以进入该窗口的编辑界面，如图 11-11 所示。

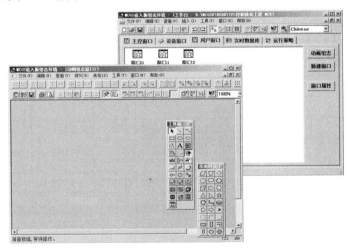

图 11-11　"动画组态窗口 2"的编辑界面

"动态组态窗口 2"编辑界面的主要部分是工具箱面板和窗口编辑区域。工具箱有动画组态要使用的所有构件，窗口编辑区域用于绘制动画，运行时可以看到，所有动画都是在这里添加的。在工具箱面板上单击选中的构件，然后在窗口编辑区域按住鼠标左键并拖动构件，就可以把选中的构件添加到动画中。

工具箱面板上的构件很多，常用的构件有标签、输入框、标准按钮和动画显示。将构件添加到窗口编辑区域之后，双击该构件，就可以打开该构件的属性设置界面。因为构件的作用不同，其属性设置界面也有很大的差异。关于每个构件属性设置的详细说明，都可以通过单击"标准按钮构件属性设置"界面右下角的"帮助"按钮查看，如图 11-12 所示。

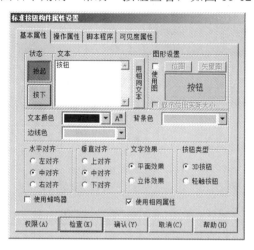

图 11-12　"标准按钮构件属性设置"界面

11.2.4　工程下载

工程建立后，就可以把它下载到触摸屏里运行。本节介绍如何使用 U 盘下载工程：将 U 盘插到计算机上，待计算机识别出 U 盘后，单击工具条中的下载按钮（或按键盘上的 F5 键），弹出"下载配置"窗口。单击该窗口中的"制作 U 盘综合功能包"按钮，弹出"U 盘功能包内容选择对话框"，如图 11-13 所示。

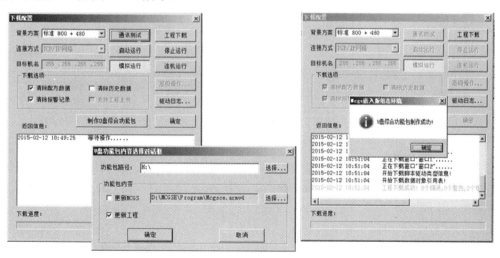

图 11-13　"制作 U 盘综合功能包"界面

在"U 盘功能包内容选择对话框"中，对"功能包内容"勾选"更新工程"复选框，单击"确定"按钮。在"下载配置"窗口下方的返回信息中可以看到相关信息，更新完成后，弹出

"U 盘综合功能包制作成功！"的提示窗口。

在 TPC 上插入 U 盘，出现"正在初始化 U 盘……"后，稍等片刻，便会弹出询问是否继续的对话框。单击"是"按钮，弹出功能选择界面，如图 11-14 所示。

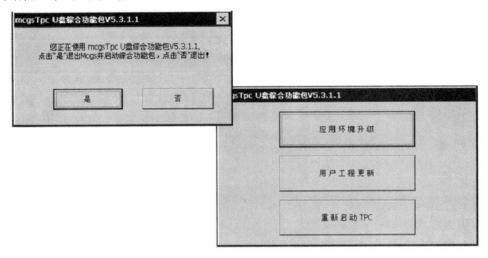

图 11-14　功能选择界面

进入 U 盘综合功能包功能选择界面后，按照提示，单击"用户工程更新"→"开始"→"开始下载"选项，进行工程更新。下载完成后拔出 U 盘，触摸屏会在 10s 后自动重启，也可手动选择"重启 TPC"。重启之后，工程就成功地更新到触摸屏中了，如图 11-15 所示。

图 11-15　"用户工程更新"和"U 盘下载"界面

11.3　MCGS 与可编程序控制器连接的实例

本节通过实例，介绍在 MCGS 嵌入版组态软件中建立与三菱 FX 系列可编程序控制器通信的快捷步骤，实际操作地址是三菱 FX 系列可编程序控制器中的 Y0、Y1、Y2、D0 和 D2。演示效果如图 11-16 所示。

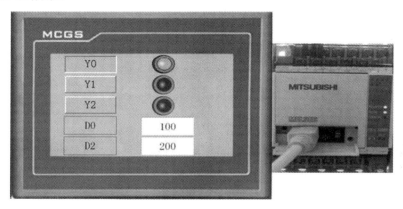

图 11-16　演示效果

11.3.1　设备组态

新建一个工程，选择对应产品型号，将该工程另存为"三菱 FX 系列 PLC 通信"。在工作台中激活设备窗口，双击 设备窗口 图标，进入设备组态界面。在该界面单击工具条中的 图标，打开"设备工具箱"。在"设备工具箱"中，按顺序先后双击"通用串口父设备"和"三菱_FX系列编程口"，将其添加至设备组态界面，如图 11-17 所示。

图 11-17　设备窗口

此时，弹出信息提示窗口，提示是否使用"三菱_FX系列编程口"驱动的默认通信参数设置串口父设备参数，单击"是"按钮，如图11-18所示。

图11-18　信息提示窗口

所有操作完成后，保存文件并关闭设备窗口，返回工作台。

11.3.2　窗口组态

在工作台中激活用户窗口，单击其中的"新建窗口"按钮，建立新画面"窗口0"。然后，单击"窗口属性"按钮，弹出"用户窗口属性设置"对话框。在"基本属性"界面，将窗口名称修改为"三菱FX控制画面"，单击"确认"按钮，保存文件，如图11-19所示。

在用户窗口双击 图标，进入窗口编辑界面，单击 图标，打开工具箱。

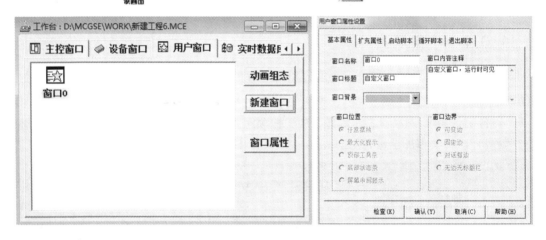

图11-19　新建窗口

1. 建立基本元件

（1）按钮：从工具箱中单击"标准按钮"构件，在窗口编辑位置按住鼠标左键拖放出一定大小后，松开鼠标左键，一个按钮构件就绘制在窗口中了，如图11-20所示。然后，双击该按钮，打开"标准按钮构件属性设置"对话框，在基本属性界面将"文本"修改为Y0，单击"确认"按钮保存。

按照同样的操作步骤，分别绘制其他两个按钮，"文本"分别修改为Y1和Y2。按住光标拖动光标，同时选中3个按钮，使用编辑条中的等高宽、左（右）对齐和纵向等间距对使排列对齐，如图11-21所示。

图 11-20　基本元件建立窗口与按钮属性设置

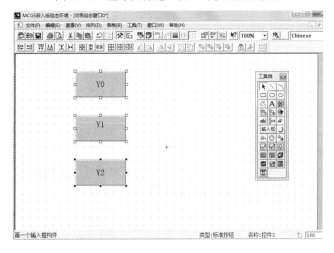

图 11-21　绘制按钮

（2）指示灯：单击工具箱中的"插入元件"按钮，打开"对象元件库管理"对话框，选中图形对象库指示灯中的一款，单击"确认"按钮，把它添加到窗口画面中，并调整大小。用同样的方法再添加两个指示灯，摆放在窗口中按钮旁边的位置，如图 11-22 所示。

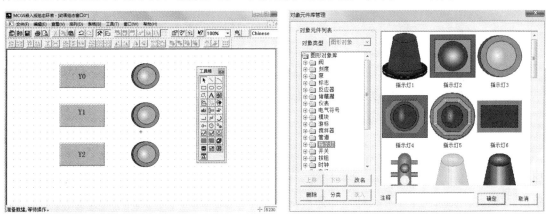

图 11-22　添加指示灯

（3）标签：单击工具箱中的"标签"构件，在窗口按住鼠标左键，拖放出一定大小的标签。然后双击该标签，弹出"标签动画组态属性设置"对话框，在"扩展属性"界面中的"文本内容输入"中输入 D0，单击"确认"按钮，如图 11-23 所示。

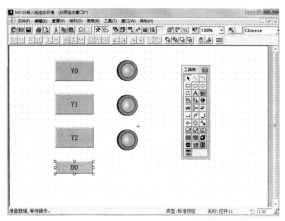

图 11-23 绘制标签

用同样的方法，添加另一个标签，在"文本内容输入"一栏输入 D2，如图 11-24 所示。

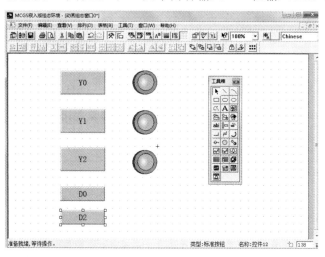

图 11-24 绘制标签 D2

（4）输入框：单击工具箱中的"输入框"构件，在窗口按住鼠标左键，拖放出两个一定大小的输入框，分别摆放在 D0、D2 标签的旁边位置，如图 11-25 示。

2. 建立数据链接

（1）如图 11-25 所示。双击 Y0 按钮，弹出"标准按钮构件属性设置"对话框。在"操作"页，把默认"抬起功能"按钮设置为按下状态，勾选"数据对象值操作"，选择"清 0"。弹出"变量选择"对话框，选择"根据采集信息生成"，对通道类型选择"Y 输出寄存道地址设为"0"，对读写类型选择"读写"。设置完成后，单击"确认"按钮，即可起时，对三菱 FX 系列 PLC 的 Y0 地址清 0。

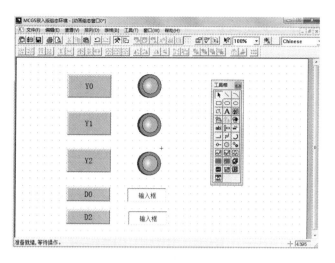

图 11-25　绘制输入框

　　双击 Y0 按钮，弹出"标准按钮构件属性设置"对话框。在该对话框中，单击"抬起功能"选项卡，对"数据对象值操作"选择"清 0"选项，把数据对象的连接类型设置为"设备 0_读写 Y0000"，如图 11-26 所示；单击"按下功能"选项卡，对"数据对象值操作"选择"置 1"选项，如图 11-27 所示，完成"按 1 松 0"的按钮属性设置。

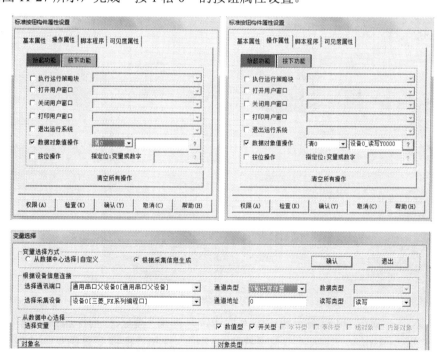

图 11-26　建立数据链接

　　分别对 Y1 和 Y2 的按钮属性进行设置。

　　Y1 按钮为"抬起功能"时"清 0"，为"按下功能"时"置 1"，变量选择 Y 输出寄存器，通道地址为 1。

Y2 按钮为"抬起功能"时"清 0"，为"按下功能"时"置 1"，变量选择 Y 输出寄存器，通道地址为 2。

图 11-27　按钮属性设置

（2）指示灯：双击 Y0 旁边的指示灯构件，弹出"单元属性设置"对话框，如图 11-28 所示。在"数据对象"页，单击 □ 选择数据对象"设备 0_读写 Y0000"，如图 11-26 所示。用同样的方法，将 Y1 按钮和 Y2 按钮旁边的指示灯分别连接变量"设备 0_读写 Y0001"和"设备 0_读写 Y0002"。

图 11-28　单元属性设置

（3）输入框：双击 D0 标签旁边的输入框构件，弹出"输入框构件属性设置"对话框。在"操作属性"页，单击 □ ，进入"变量选择"对话框，选择"根据采集信息生成"；对通道类型选择"D 数据寄存器"，把通道地址设为"0"，对数据类型选择"16 位无符号二进制"；对读写□型选择"读写"，如图 11-29 所示。设置完成后，单击"确认"按钮。

用同样的方法，双击 D2 标签旁边的输入框进行设置。在"操作属性"页，选择对应的数□对通道类型选择"D 数据寄存器"，把通道地址设为"2"，对数据类型选择"16 位无□"，对读写类型选择"读写"选项。

图 11-29　变量选择界面

11.4　在 线 调 试

在调试阶段，可以通过计算机和可编程序控制器直接连接进行在线调试，如图 11-30 所示。在线调试分为设备调试和模拟运行两种。

图 11-30　在线调试的连接

1. 设备调试

在组态环境的"设备编辑窗口"下，完成参数设置及寄存器通道的添加后，可以通过设备调试来验证设备是否通信正常。操作如下：打开设备窗口，双击"子设备"图标，进入"设备编辑窗口"；单击右下侧的"启动设备调试"按钮，在通道连接区查看和调试数据，如图 11-31 所示。

图 11-31　设备窗口

2. 模拟运行

把计算机与可编程序控制器连接，完成工程组态后，单击菜单栏中的"下载"按钮或按键盘上的 F5 键，弹出"下载配置"对话框，如图 11-32 所示。选择"模拟运行"选项，单击"工程下载"，下载完成后，单击"启动运行"按钮，即可运行工程，监控可编程序控制器的数据，模拟运行界面如图 11-33 所示。

注意：模拟运行时，通用串口的父设备串口号与当前计算机的串口号一致。

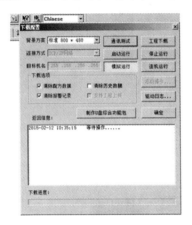

图 11-32　【下载配置】对话框

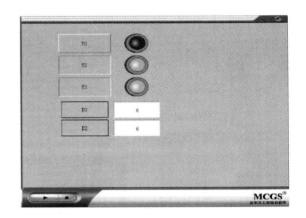

图 11-33　模拟运行界面

习 题 与 思 考 题

11-1　请完成以下操作：
PC1061Ti 与三菱 FX 系列可编程序控制器通信，操作地址为 Y4、Y5、D10 和 D11。

11-2　请完成以下操作：
TPC1061Ti 与西门子 S7-200 通信，操作地址为 Q0.4、Q0.5、VD4 和 VD8。

11-3　请完成以下操作：
TPC1061Ti 与欧姆龙可编程序控制器通信，操作地址为 IR100.0、IR100.1、DM0 和 DM2。

参 考 文 献

[1] 郭艳萍. 电气控制与可编程序控制器应用[M]. 2 版. 北京：人民邮电出版社，2013.

[2] 李西兵. 机床电气与可编程序控制技术[M]. 北京：电子工业出版社，2014.

[3] 常文平. 电气控制与可编程序控制器原理及应用[M]. 西安：西安电子科技大学出版社，2006.

[4] 肖峰. 可编程序控制器编程 100 例[M]. 北京：中国电力出版社，2009.

[5] 张伟林. 电气控制与可编程序控制器应用[M]. 北京：人民邮电出版社，2007.

[6] 梁亮. 自动化生产线安装、调试和维护技术[M]. 北京：机械工业出版社，2017.

[7] 史国生. 电气控制与可编程序控制器技术[M]. 3 版. 北京：化学工业出版社，2010.

[8] 张培志. 电气控制与可编程序控制器[M]. 北京：化学工业出版社，2007.

[9] 李长久. 可编程序控制器原理及应用[M]. 北京：机械工业出版社，2010.

[10] 王永华. 现代电气及可编程序控制技术[M]. 北京：北京航空航天大学出版社，2002.

[11] 廖常初. FX 系列可编程序控制器编程及应用[M]. 北京：机械工业出版社，2006.